快速识读

建筑结构施工图

KUAISU SHIDU JIANZHU JIEGOU SHIGONGTU

王　侠　主编

中国电力出版社
CHINA ELECTRIC POWER PRESS

内 容 简 介

本书重点介绍了结构施工图的图示方法和识读要点，特别介绍了混凝土结构施工图平面整体表示方法的识图。内容包括：识图的基本原理、结构施工图的基本知识、识读钢筋混凝土结构构件详图、识读基础图、识读楼层结构平面图、识读楼梯图、施工图识读实例。

本书可作为建筑行业工程技术人员的岗位培训教材，也可供读者自学，是广大工程技术人员的好帮手。同时本书还可作为高职高专院校教材使用。

图书在版编目（CIP）数据

快速识读建筑结构施工图/王侠主编. —北京：中国电力出版社，2014.4
ISBN 978-7-5123-4809-7

Ⅰ.①快… Ⅱ.①王… Ⅲ.①建筑结构-建筑制图-识别 Ⅳ.①TU3②TU204

中国版本图书馆 CIP 数据核字（2013）第 181606 号

中国电力出版社出版发行
北京市东城区北京站西街 19 号 100005 http：//www.cepp.sgcc.com.cn
责任编辑：王晓蕾 联系电话：010-63412610
责任印制：郭华清 责任校对：傅秋红
北京市同江印刷厂印刷 · 各地新华书店经售
2014 年 4 月第 1 版 · 2014 年 4 月第 1 次印刷
787mm×1092mm 1/16 · 9.75 印张 · 227 千字
定价：**32.00** 元

前　　言

建筑工程图纸是工程技术人员进行设计、施工、管理等的语言，正确识读工程图纸是工程技术人员必备的基本技能。当前社会正处在一个经济飞速发展的时代，房地产业也在迅猛发展，越来越多的人员从事建筑行业。如何快速掌握识读工程图纸的方法和技巧，以满足工作需要，是广大工程技术人员和广大建筑工人首要解决的问题。本书就是根据社会需求，结合多年的实践经验，针对建筑工程技术人员而编写的。

本书是“快速识读建筑施工图系列”之一，主要有以下特点。

(1) 标准新。本书采用 2011 年开始实施的现行最新标准和规范进行编写。

(2) 讲求规范。图样的规范与否是衡量一本好书的重要标准。本书采用了大量的施工图实例，在编写时特别注重图样的规范性，图线务必做到线型、粗细分明，标注务必清晰、完整、准确。

(3) 实用性强。目前在现浇钢筋混凝土结构施工图中，平法表示方法已逐渐取代传统表示方法。但在本书的讲解中，传统表示方法和结施平法并重。传统表示方法是基础，掌握好传统表示方法对平法的学习会起到事半功倍的效果。同时本书紧密联系工程实际，结合工程实例，较全面地介绍了现浇混凝土框架、剪力墙、梁、板、基础和楼梯等的平法施工图的识读。

本书由河北工程技术高等专科学校王侠（第 1、2、3 章）担任主编，参加编写的人员还有河北工程技术高等专科学校孙刚（第 4、7 章）、高级工程师陈根香（第 5 章）和工程师武雪丽（第 6 章）。全书由王侠负责统稿。

限于编写时间和编者水平，书中难免存在缺点和不妥之处，恳请广大读者给予批评指正。

编　者

前言

目　　录

第 1 章　识图的基本原理

工程图样是应用投影的方法绘制的。掌握投影图的成图原理及画法，是识读工程图样的重要基础。

1.1　投影的基本概念

1.1.1　投影法及其分类

物体在光线照射下，会在地面、墙面或其他物体表面上投落影子，如图 1-1（a）所示；当光源移到无限远时，光线互相平行，如图 1-1（b）所示。但是影子只能反映出物体的轮廓，而不能确切表达物体的形状和大小。于是人们对这种自然现象进行了科学的抽象，假设光线能够透过物体，在承影面上把物体所有的内外轮廓线全部表示出来，可见的轮廓线画实线，不可见的轮廓线画虚线，就形成了物体的投影，如图 1-1（c）所示，此时光源称为投射中心（通常用 S 表示），光线称为投射线，承影面称为投影面。

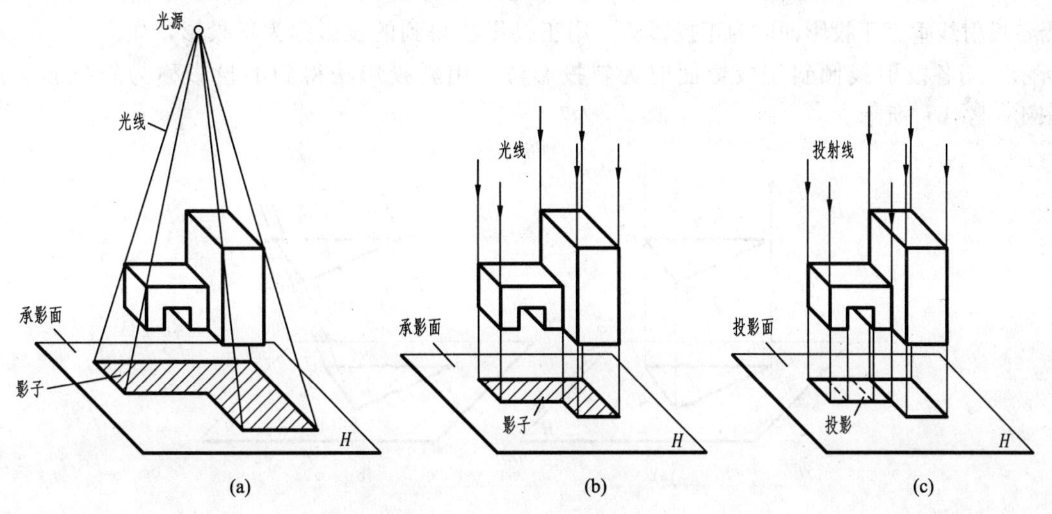

图 1-1 影子和投影

（a）点光源下的影子；（b）平行光下的影子；（c）投影

这种令投射线通过物体，向选定的投影面投射，并在该投影面上得到投影的方法称为投影法。由空间的三维物体转变为平面上的二维图形就是通过投影法实现的。

投影法分为两大类：中心投影法和平行投影法。

1. 中心投影法

投射中心距投影面有限远，各投射线汇交于投射中心的投影法称为中心投影法，如

图 1-2 所示。在中心投影法下，通过△ABC 各顶点的投射线 SA、SB、SC 与投影面 H 的交点 a、b、c 分别是顶点 A、B、C 在 H 面上的投影，△abc 是△ABC 在 H 面上的投影。规定空间几何元素用大写字母表示，投影用相应的小写字母表示。

用中心投影法绘制物体的投影图称为透视图，如图 1-3 所示。透视图的直观性很强、形象逼真，但绘制烦琐且度量性差，常用作建筑效果图，不能作为施工图使用。

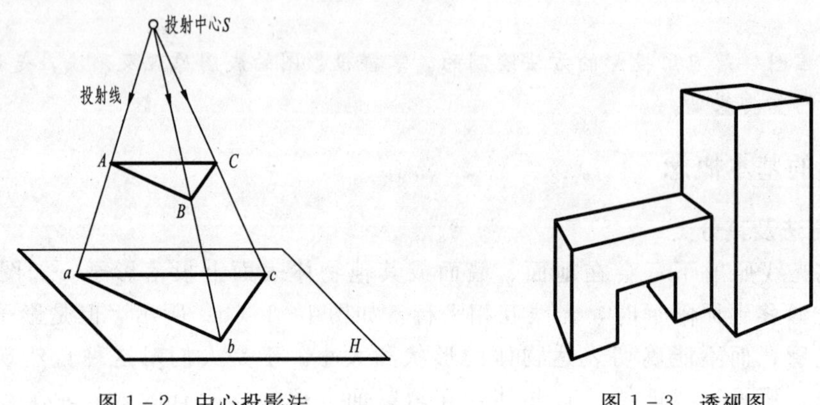

图 1-2　中心投影法　　图 1-3　透视图

2. 平行投影法

投射中心距投影面无限远，各投射线互相平行的投影法称为平行投影法，如图 1-1（c）和图 1-4 所示。根据投射线与投影面的相对位置，平行投影法又可分为正投影法和斜投影法。当各投射线垂直于投影面时为正投影法，用正投影法得到的投影称为正投影，如图 1-4（a）所示；当各投射线倾斜于投影面时为斜投影法，用斜投影法得到的投影称为斜投影，如图 1-4（b）所示。

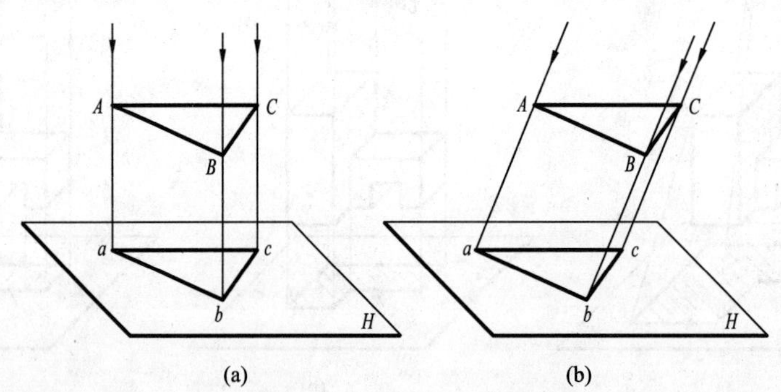

图 1-4　平行投影法

(a) 正投影法；(b) 斜投影法

图 1-5 为物体的轴测图，轴测图是用平行投影法（正投影法或斜投影法）将空间物体向单一投影面投射得到的具有立体感的图形。可以看出，物体上互相平行的线段，在轴测图上仍平行。轴测图直观性强但度量性差，工程上常用作辅助图样，本书中出现的立体图均为轴测图。

图 1-6 为物体的多面正投影图，多面正投影图是用正投影法将在互相垂直的两个或多

个投影面上所得到的正投影，按一定的规律展开在一个图面上，并使各投影图有规律的配置，用以表达物体的真实形状。这种投影图的图示方法简单，可真实地反映形体的形状和大小，度量性好，是用于绘制施工图的主要方法。

正投影在工程图样中应用最广泛，本书主要介绍正投影，以后如无特殊说明，所称投影均为正投影。

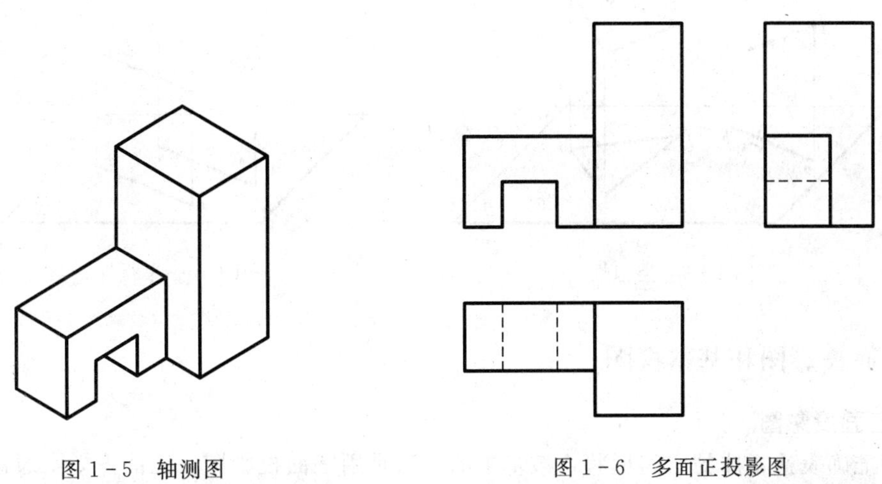

图 1-5　轴测图　　　图 1-6　多面正投影图

1.1.2　正投影的基本性质

正投影的基本性质是作图识图的依据，主要有以下几点。

1. 实形性

当直线、平面与投影面平行时，投影反映实形，这种投影特性称为实形性。如图 1-7 所示，直线 AB 的实长和平面 $ABCD$ 的实形可从投影图中直接确定和度量。

2. 积聚性

当直线、平面与投影面垂直时，投影分别积聚成点和直线，这种投影特性称为积聚性，如图 1-8 所示。

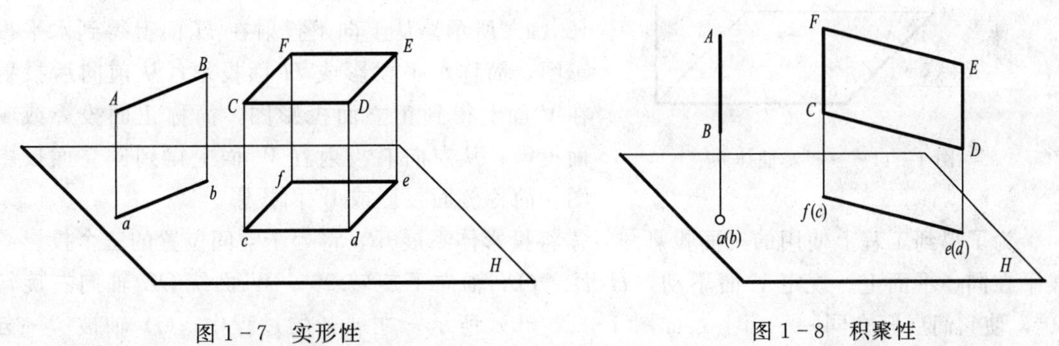

图 1-7　实形性　　　图 1-8　积聚性

3. 类似性

当直线、平面与投影面倾斜时，其投影是实形的类似形，这种投影特性称为类似性。如图 1-9 所示，直线 AB 的投影仍为直线，但是长度缩短；三角形 DEF 的投影仍是三角形，但是面积缩小。

4. **平行性**

两平行直线的同面投影（同一投影面上的投影）仍互相平行，这种投影特性称为平行性，如图 1-10 所示。

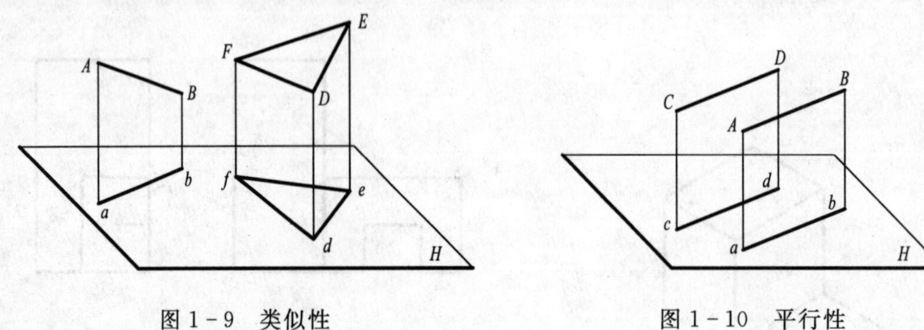

图 1-9　类似性　　　图 1-10　平行性

1.2　三面投影图和基本视图

1.2.1　三面投影图

为了准确表达物体的空间形状，最基本的方法是用三面投影图，三面投影图通常又称为三视图。

1. **三投影面体系的建立**

建立符合国家标准规定的三投影面体系，如图 1-11 所示。三个投影面互相垂直，两两相交，分别称为正立投影面（用 V 表示，简称 V 面）、水平投影面（用 H 表示，简称 H 面）、侧立投影面（用 W 表示，简称 W 面）。两投影面交线称为投影轴，分别用 OX、OY、OZ 表示。三轴交汇于原点 O。

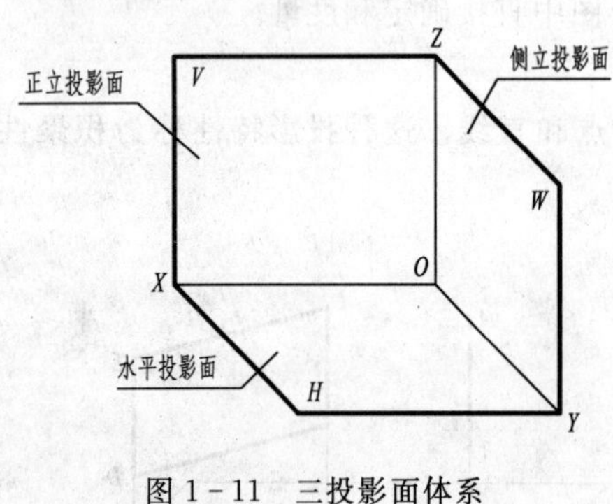

图 1-11　三投影面体系

2. **三面投影图的形成**

将物体置于三投影面体系中，使物体的各表面尽可能多地平行于投影面，摆放端正后，分别向三个投影面投射，得到物体的三个投影图，如图 1-12（a）所示。从上向下投射在 H 面上得到水平投影图，简称水平投影或 H 面投影；从前向后投射在 V 面上得到正立面投影图，简称正面投影或 V 面投影；从左向右投射在 W 面上得到侧立面投影图，简称侧面投影或 W 面投影。

为了得到工程上使用的三面投影图，需将投影体系展开，将处于空间位置的三个投影图摊平在同一平面上。规定 V 面不动，H 面绕 OX 轴向下旋转 90°，W 面绕 OZ 轴向右旋转 90°，使它们展开在同一平面上，如图 1-12（b）所示。在展开的过程中，OY 轴被“一分为二”，随 H 面旋转的标记为 OY_H，随 W 面旋转的标记为 OY_W，摊平后的三个投影图如图 1-12（c）所示。实际作图时，不需绘注投影面的名称和边框，在表示物体的三面投影图中，三条投影轴省略不画，如图 1-12（d）所示。

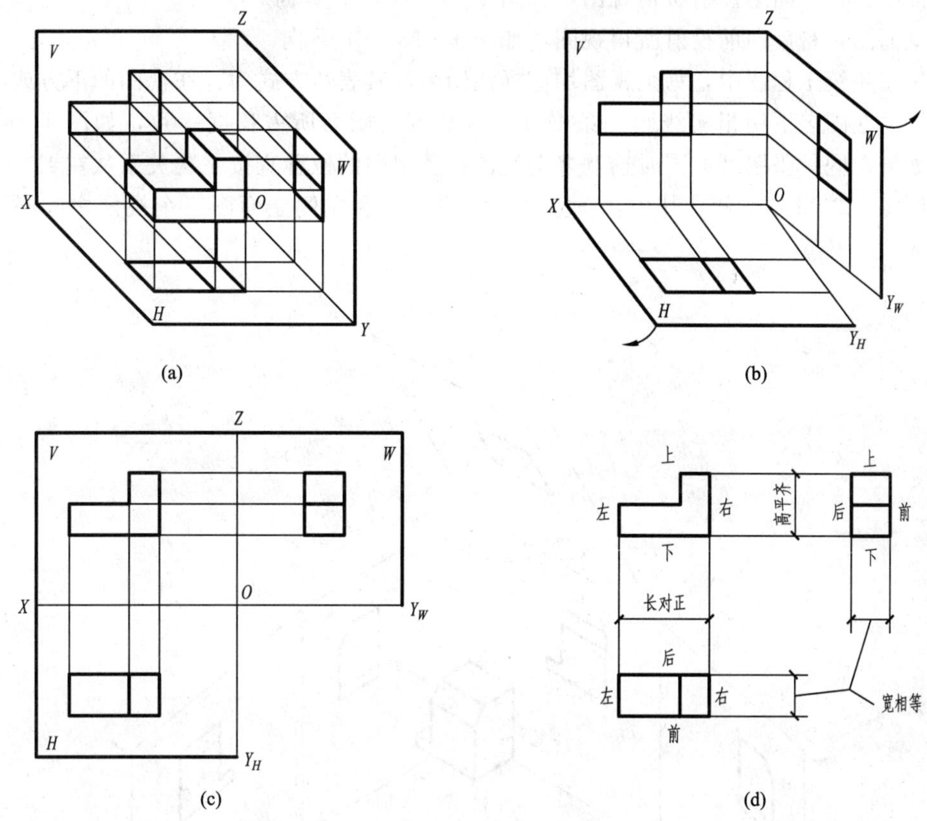

图 1-12　三面投影图的形成及投影规律

3. 三面投影图的投影规律

在三投影面体系中，规定 OX 轴方向为物体的长度方向，表示左、右方位；OY 轴方向为物体的宽度方向，表示前、后方位；OZ 轴方向为物体的高度方向，表示上、下方位。因此，H 投影反映物体的长度、宽度和前后、左右方位；V 投影反映物体的长度、高度和上下、左右方位；W 投影反映物体的宽度、高度和上下、前后方位。并且 V、H 投影之间长对正，V、W 投影之间高平齐，H、W 之间宽相等，如图 1-12（d）所示。

"长对正，高平齐，宽相等"是三面投影图的投影规律，称作"三等规律"。三等规律是画图和读图的基本规律，对于物体无论是整体还是局部，都必须符合这一规律。

1.2.2　基本视图

基本视图是将物体向基本投影面直接作正投影所得的视图。制图标准规定，用正六面体的六个面作为六个基本投影面，将物体放在其中，分别向六个基本投影面投射，即得到物体的六个基本视图。在房屋建筑图中，六个基本视图的名称如下。

正立面图：自前向后投射所得视图，如图 1-13（a）中 A 向。

平面图：自上向下投射所得视图，如图 1-13（a）中 B 向。

左侧立面图：自左向右投射所得视图，如图 1-13（a）中 C 向。

右侧立面图：自右向左投射所得视图，如图 1-13（a）中 D 向。

底面图：自下向上投射所得视图，如图 1-13（a）中 E 向。

背立面图：自后向前投射所得视图，如图 1-13（a）F 向。

在房屋建筑工程图中，每个视图均应标注图名，其表达方式为：在视图的下方或一侧标注图名，并在图名下用粗实线画一条横线，其长度与图名所占长度一致，如图 1-13（b）所示。如果在同一张图纸上同时绘制多个视图，各视图的位置宜按主次关系从左到右依次排列，如图 1-13（b）所示。其中，正立面图、平面图和左侧立面图三个视图之间必须保持三等规律。

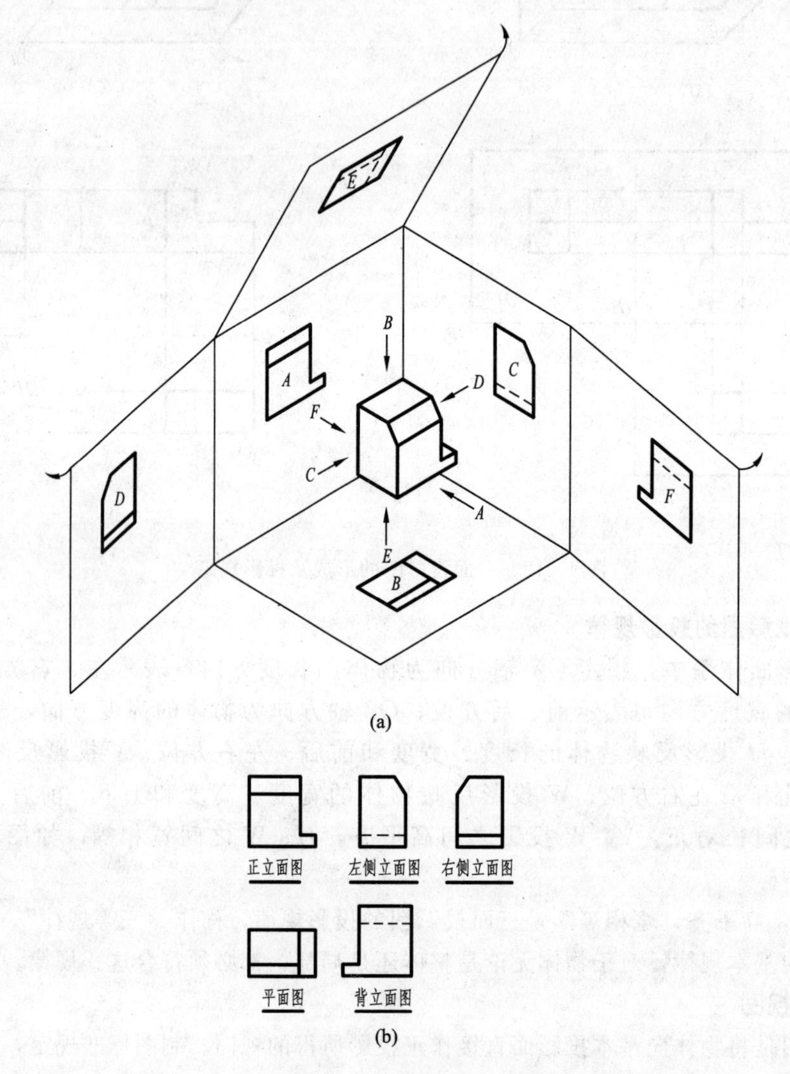

图 1-13　基本视图

(a) 空间投影；(b) 各投影面视图

房屋建筑不一定都要用三视图或六视图表示，而应在完整、清晰表达的前提下，视图数量尽量少。图 1-14 为表达房屋形状的基本视图。

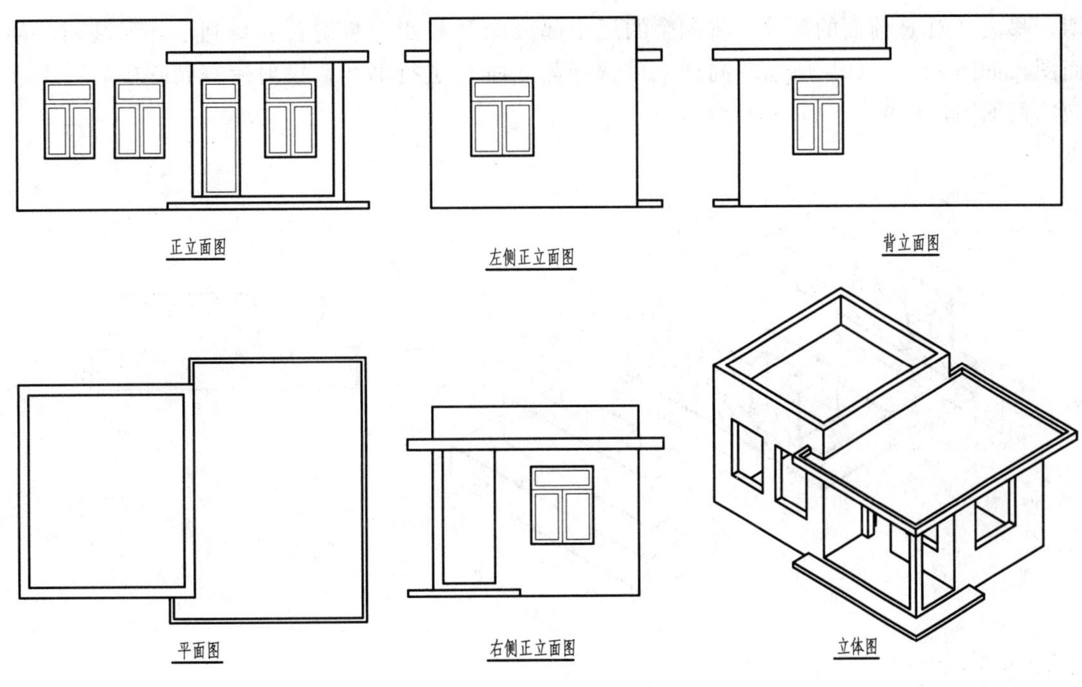

图1-14 房屋的基本视图

1.3 剖面图

1.3.1 剖面图的概念

由于建筑形体内外结构都比较复杂，视图中往往有较多的虚线，使得图面虚实线交错，混淆不清，给读图和尺寸标注带来不便。为了清楚地表达形体的内部结构，假想用剖切面剖开形体，把剖切面和观察者之间的部分移去，将剩余部分向投影面作正投影，所得的图形称为剖面图。剖面图是工程实践中广泛采用的一种图样。

如图1-15所示为双柱杯形基础的三视图。为表明其内部结构，假想用正立面 P 进行剖

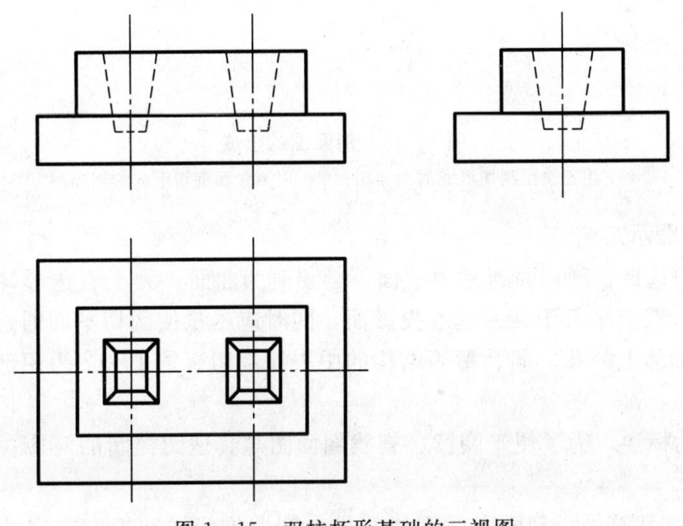

图1-15 双柱杯形基础的三视图

切，移去平面 P 前面的部分，将剩余的后半部分向 V 投影面投射，就得到了杯形基础的剖面图，如图 1－16（a）所示。同样，可选择侧立面 Q 进行剖切，投射后得到基础另一个方向的剖面图，如图 1－16（b）所示。

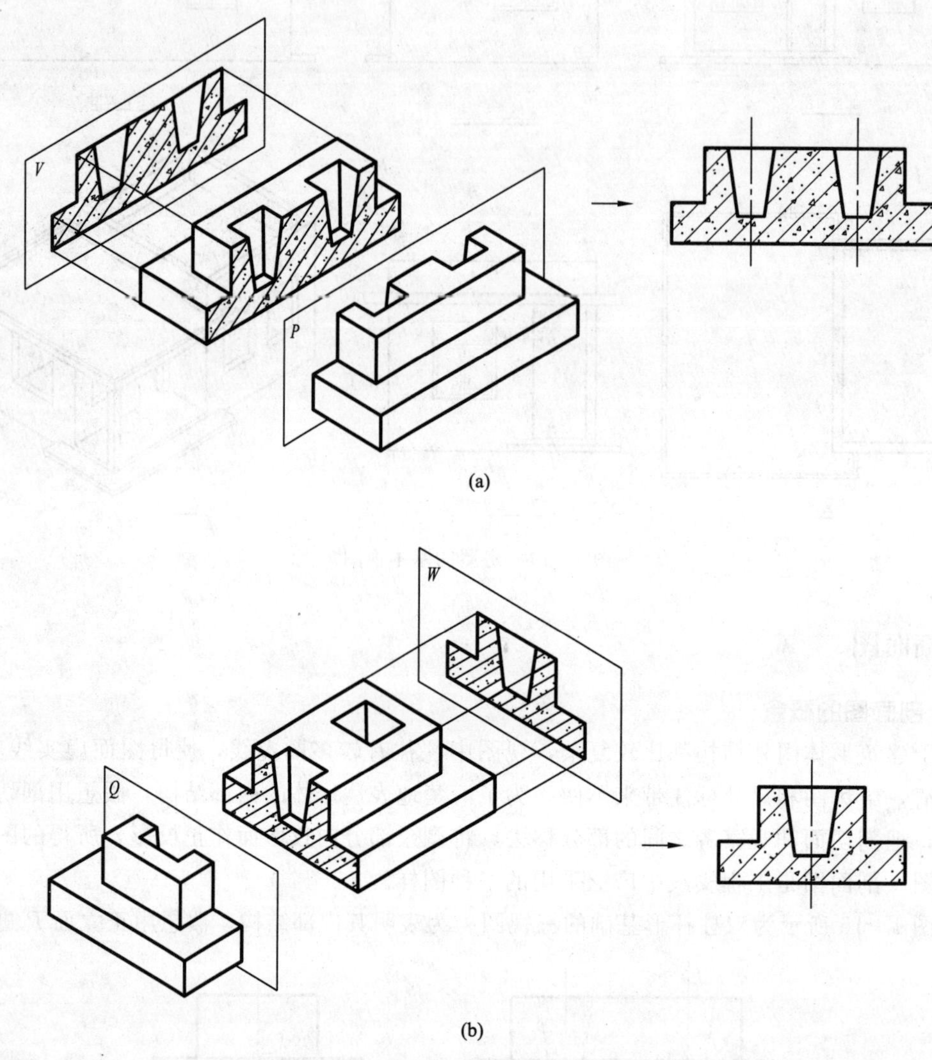

图 1－16　剖面图的形成

(a) 用正立面剖切形成的剖面图；(b) 用侧立面剖切形成的剖面图

1.3.2　剖面图的图示方法

（1）剖切面的选择。剖切面通常为平面，必要时为曲面。为了表达形体内部结构的真实形状，剖切平面一般应平行于某一基本投影面，同时应尽量使剖切平面通过形体的对称面或主要轴线，以及形体上的孔、洞、槽等结构的中心线剖切。图 1－17 为用剖面图表示的杯形基础。

（2）剖面图的标注。为了便于阅读、查找剖面图与其他图样间的对应关系，剖面图应进行标注。

1）剖面图的剖切符号。剖面图的剖切符号由剖切位置线和投射方向线组成。均以粗实

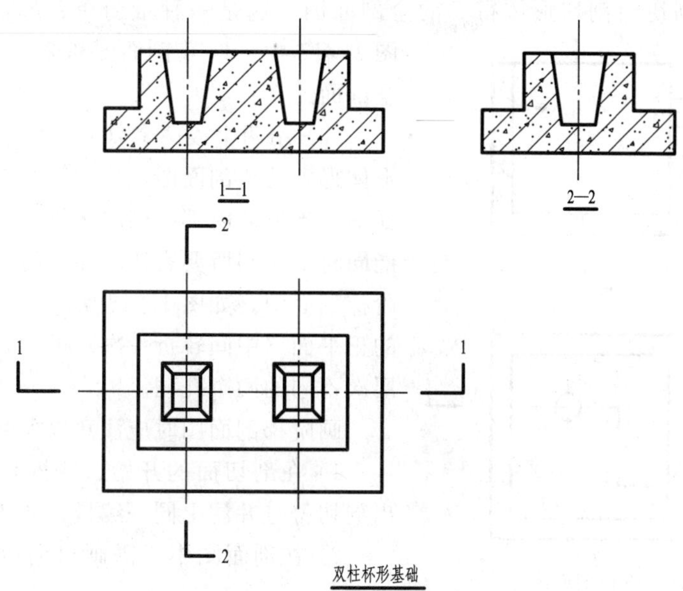

图1-17　用剖面图表示的双柱杯形基础

线绘制，如图1-17所示。剖切位置线实质上是剖切平面的积聚投影，标准规定用两小段粗实线表示，每段长度宜为6～10mm；投射方向线表明剖面图的投射方向，画在剖切位置线的两端同一侧且与其垂直，长度短于剖切位置线，宜为3～6mm。

绘图时，剖切符号应画在与剖面图有明显联系的视图上，且不宜与图面上的图线相接触。

2）剖切符号的编号及剖面图的图名。剖切符号的编号宜采用阿拉伯数字，并注写在投射方向线的端部，如图1-17所示。

剖面图的图名以剖切符号的编号命名。如剖切符号编号为1，则相应的剖面图命名为“1—1剖面图”，也可简称作“1—1”，如还有其他剖面图，应同样依次进行命名和标注。图名一般标注在剖面图的下方或一侧，并在图名下绘一与图名长度相等的粗横线。如图1-17所示。

3）材料图例。在剖面图中，形体被剖切后得到的断面轮廓线用粗实线绘制，并规定要在断面上画出材料图例，以区分断面部分和非断面部分，同时表明形体的材料。图1-17所示断面上画的是钢筋混凝土图例。当断面轮廓过小时，断面的材料图例可涂黑表示。

（3）剖面图中不可见的虚线，当配合其他图形能够表达清楚时，一般省略不画。若因省略虚线而影响读图，则不可省略。

（4）剖面图的位置一般按投影关系配置，必要时也允许配置在其他适宜位置。

1.3.3　剖面图的种类

按剖切范围的大小，可以将剖面图分为全剖面图、半剖面图和局部剖面图三种。

1. 全剖面图

用剖切面完全剖开形体所得到的剖面图称为全剖面图。全剖面图以表达内部结构为主，常用于外部形状较简单的不对称形体。

(1) 用单一剖切面剖切形体得到的全剖面图。这是一种最简单、最常用的剖切方法。图 1-17 中，1—1 剖面图和 2—2 剖面图均为单一全剖面图。

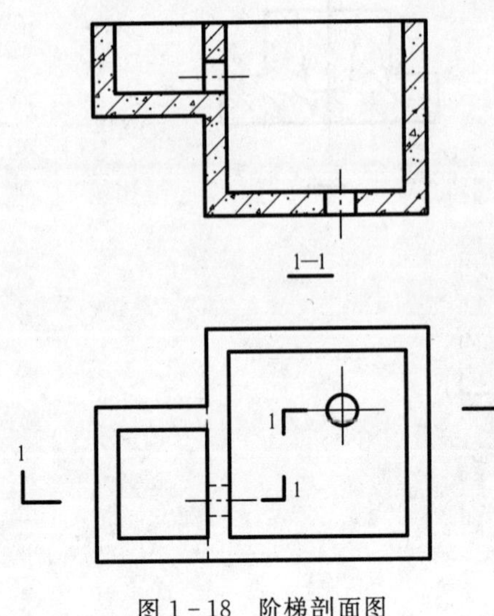

图 1-18 阶梯剖面图

(2) 用两个或两个以上互相平行的剖切面剖切形体得到的全剖面图。这种剖面图通常称为阶梯剖面图。当形体内部结构层次较多，用一个剖切面不能同时剖切到所要表达的几处内部构造时，常采用阶梯剖面图。如图 1-18 所示，采用两个相互平行的正平面（中间转折一次）可同时剖到形体上前后层次不同的两个孔洞。

画阶梯剖面图时应注意以下两点。

1) 在剖切面的开始、转折和终了处，都要画出剖切符号并注上同一编号，如图 1-18 所示。

2) 在剖面图中不需画出剖切平面转折处的分界线。

2. 半剖面图

对于对称形体，作剖面图时，可以以对称线为分界线，一半画剖面图表达内部结构；一半画视图表达外部形状。这种剖面图称为半剖面图。它适用于内外形状都较复杂的对称形体。如图 1-19 所示，杯形基础前后、左右都对称，正立面图和左侧立面图均画成半剖面图，以同时表示基础的内部结构和外部形状。由于平面图配合两个半剖面图已能完整、清晰地表达这个基础，所以平面图中不必用虚线画出不可见的轮廓线。

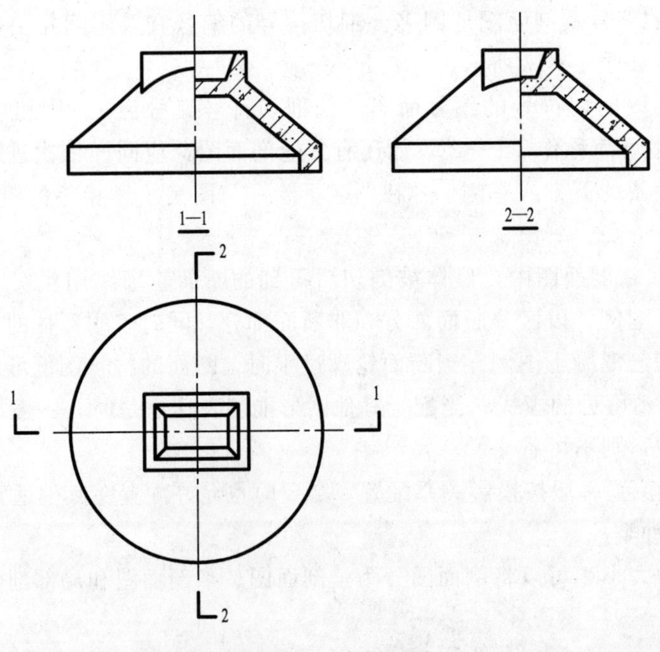

图 1-19 半剖面图

画半剖面图应注意以下几点。

（1）半个剖面图与半个视图之间要画对称线。

（2）半剖面图中一般虚线均省略不画。如图1－19所示，两个半剖面图中都未用虚线画出不可见的轮廓线，但如有孔、洞，仍需将孔、洞的中心线画出。

（3）当对称中心线竖直时，剖面图部分一般画在中心线右侧；当对称中心线水平时，剖面图部分一般画在中心线下方。

（4）半剖面图的标注方法同全剖面图，如图1－19所示。

3. 局部剖面图

用剖切平面局部剖开形体后所得的剖面图称为局部剖面图。局部剖面图常用于外部形状比较复杂，仅需要表达某局部内部形状的形体。

如图1－20所示，杯形基础的平面图中将其局部画成剖面图，从而表明了基础内部钢筋的配置情况。基础的正立面图也是剖面图，由于图上已画出了钢筋的配置情况，所以断面上便不再画钢筋混凝土的材料图例。

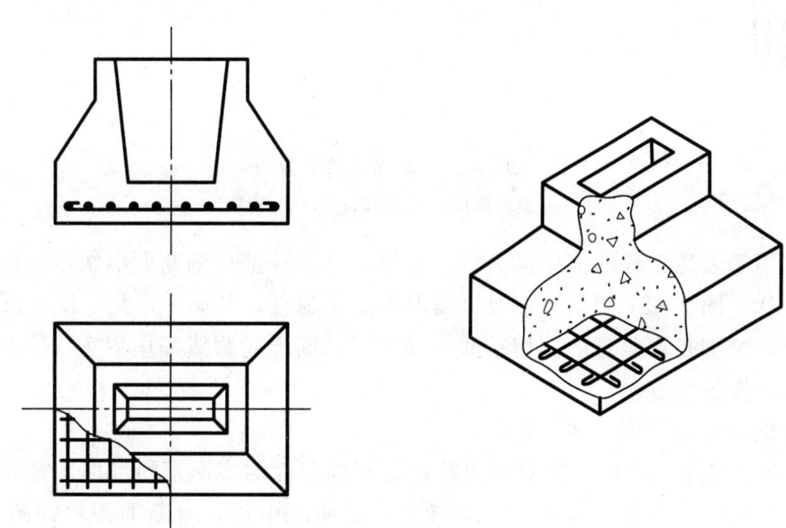

图1－20　局部剖面图

画局部剖面图应注意以下几点。

（1）局部剖面图大部分投影表达外形，局部表达内形，剖开与未剖开处以徒手画的波浪线为界，波浪线可看作断裂痕迹的投影。

（2）局部剖面图中表达清楚的内部结构，在视图中虚线一般省略不画。如图1－20所示。

（3）局部剖面图的剖切位置明显，一般不标注。

1.4　断面图

1.4.1　断面图的概念

用一个假想剖切平面剖开形体，将剖得的断面向与其平行的投影面投射，所得的图形称为断面图或断面，如图1－21（a）、（c）所示。

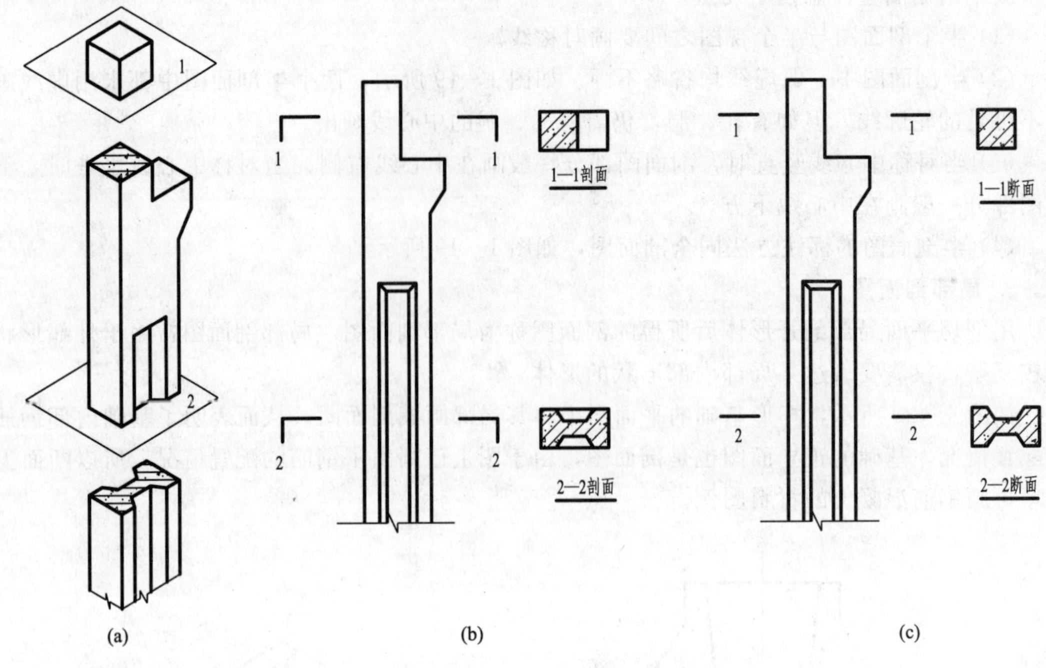

图 1-21 断面图的形成

(a) 空间图；(b) 剖面图；(c) 断面图

断面图常用于表达工程形体中梁、板、柱等构件某一部位的断面形状，也用于表达工程形体的内部形状。图 1-21 所示为一根钢筋混凝土牛腿柱，从图中可见，断面图与剖面图有许多共同之处，如都是用假想的剖切平面剖开形体；断面轮廓线都用粗实线绘制；断面轮廓范围内都画材料图例等。

断面图与剖面图的区别主要有两点。

(1) 表达的内容不同。断面图只画出被剖切到的断面的实形；而剖面图是将被剖切到的断面连同断面后面剩余形体一起画出。实际上，剖面图中包含着断面图，如图 1-21 (b)、(c) 所示。

(2) 标注不同。断面图的剖切符号只画剖切位置线，用粗实线绘制，长度为 6～10mm，不画投射方向线，而用剖切符号编号的注写位置来表示投射方向，编号所在一侧即为该断面的投射方向。图 1-21 (c) 中 1—1 断面和 2—2 断面表示的投射方向都是由上向下。

1.4.2 断面图的种类及图示方法

根据断面图与视图配置位置的不同，可分为移出断面和重合断面。

1. 移出断面

配置在视图以外的断面图，称为移出断面。如图 1-21 (c) 所示，钢筋混凝土柱按需要采用 1—1、2—2 两个断面图来表达柱身的形状，这两个断面都是移出断面。

移出断面根据其配置位置的不同，标注的方法也不相同。

(1) 在一个形体上需作多个断面图时，可按剖切符号的次序依次排列在视图旁边，如图 1-21 (c) 所示。必要时断面图也可用较大比例画出。

(2) 当移出断面图是对称图形，其位置紧靠原视图，中间无其他视图隔开时，用剖切线的延长线作为断面图的对称线，画出断面图。可省略剖切符号和编号，如图 1 - 22 中钢筋混凝土梁左端的断面图。

(3) 对于具有单一截面的较长杆件，其断面可以画在靠近其端部或中断处，如图 1 - 23 所示。这时可不标注，中断处用波浪线或折断线画出。

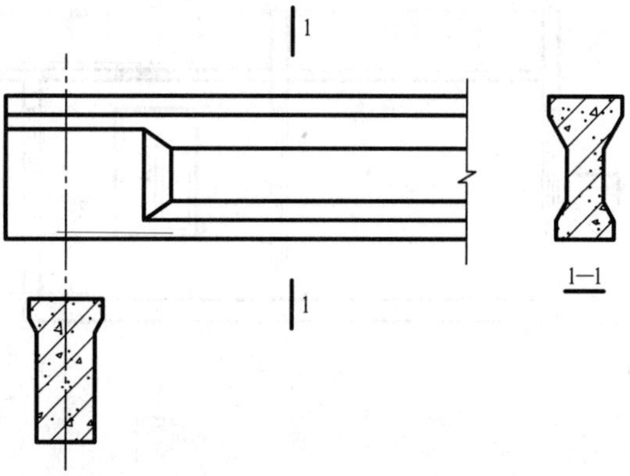

2. 重合断面

配置在视图之内的断面图，称为重合断面。重合断面是将断面旋转 90°后，画在剖切处与原视图重合。重合断面不标注。

图 1 - 22　钢筋混凝土梁的断面图

重合断面的轮廓线用粗实线画出，断面轮廓内画上材料图例。当断面尺寸较小时，可将断面涂黑，如图 1 - 24 所示。在结构布置平面图上有一涂黑的重合断面，表达浇筑在一起的梁与板的断面。

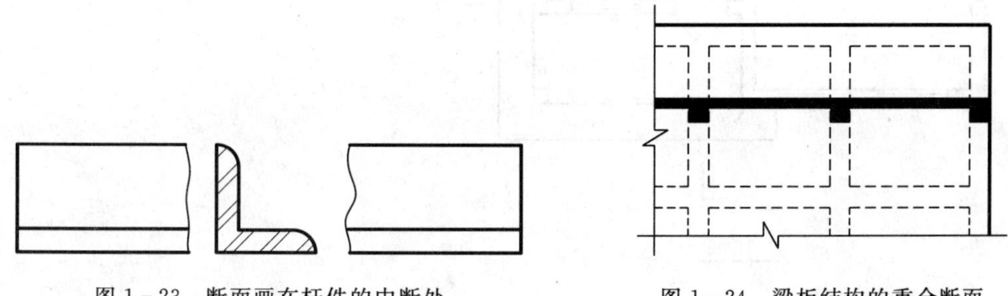

图 1 - 23　断面画在杆件的中断处　　图 1 - 24　梁板结构的重合断面

1.5　综合实例读图

通常，基本视图与剖面图、断面图相互配合，选取最佳方案，使工程形体的图样表达得完整、清晰、简明。综合读图的步骤一般如下。

(1) 分析视图。首先，明确形体由哪些视图共同表达。对于剖面图和断面图，要根据图名找到对应的剖切符号，以确定其剖切位置和投射方向。

(2) 分部分想形状。运用形体分析法和线面分析法读图。将形体大致分成几个部分，逐个部分进行识读。对于每个部分，要各视图联系起来一起分析，抓特征、定空实，读懂其形状。遇到剖面图或断面图时，除了要看懂形体被剖切后的内部形状，还应同时想象形体被假想剖去部分的形状。

(3) 综合起来想象整体。读懂了形体各组成部分的形状后，再按各视图显示出的前后、左右、上下方位，读懂各部分间的相对位置，综合想象形体的整体形状。

下面举例进行说明。

[**例 2 - 1**]　识读图 1 - 25 所示的房屋的视图。

(1) 分析视图。如图 1 - 25 所示，该房屋由三个剖面图共同表达，三个剖面图按投影关系配置。1—1 剖面图为单一全剖面图，其剖切符号在 2—2 剖面图中，剖视方向从前向后；

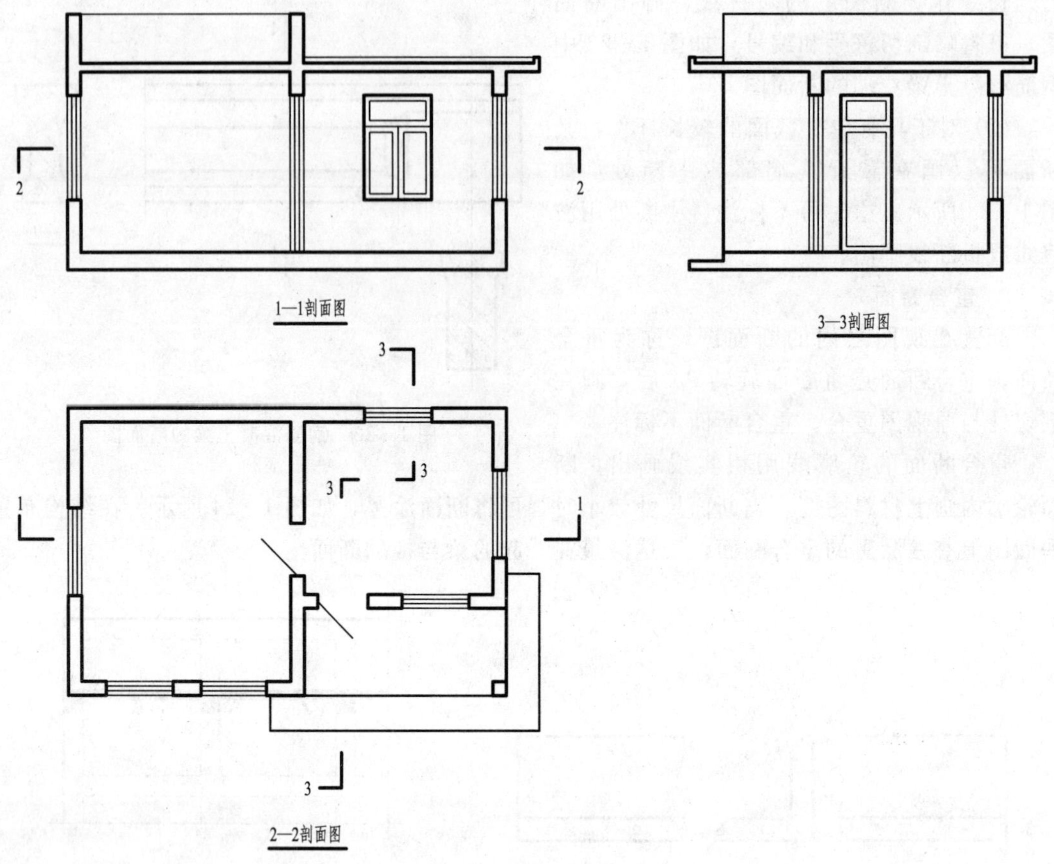

图 1-25　房屋的视图

2—2 剖面图为单一全剖面图，其剖切符号在 1—1 剖面图中，剖视方向从上向下；3—3 剖面图为阶梯剖面图，其剖切符号在 2—2 剖面图中，剖视方向从右向左。

(2) 分部分想形状。该房屋由地面、墙体、门窗和屋面组成。首先，看地面，由 2—2 剖面图和 3—3 剖面图可看出，从室外进到室内需上两级台阶，到达平台后进入室内，即室内室外地面有两级台阶的高差；然后，看墙体和门窗的位置，该房屋共里外两间，外面房间较小，三面墙上有窗，里面房间较大，两面墙上有窗；最后，看屋面，由 1—1 剖面图和 3—3 剖面图可看出屋面的构造，外面房间屋顶为平屋顶，四周有挑檐，里面房间屋顶四周有女儿墙。

(3) 综合起来想象整体。综合上面的分析，可知该房屋共一层，有里外两个房间。屋顶构造较为复杂，外面房间屋顶为四周挑檐平屋顶，里面房间屋顶为女儿墙屋顶。门口平台角上有一根立柱，用于支撑挑出的屋面。该房屋的空间形状如图 1-14 中立体图所示。

需要指出，该房屋构造比较复杂，仅用这三个剖面图不能完整表达，还需配合基本视图，如图 1-14 所示。剖面图主要表达剖切后的内部构造，而基本视图重点表达外部形状，在实际的房屋施工图中，即是用这两种图样进行综合表达。

[例 2-2] 识读图 1-26 (a) 所示的钢筋混凝土梁、柱节点的具体构造。

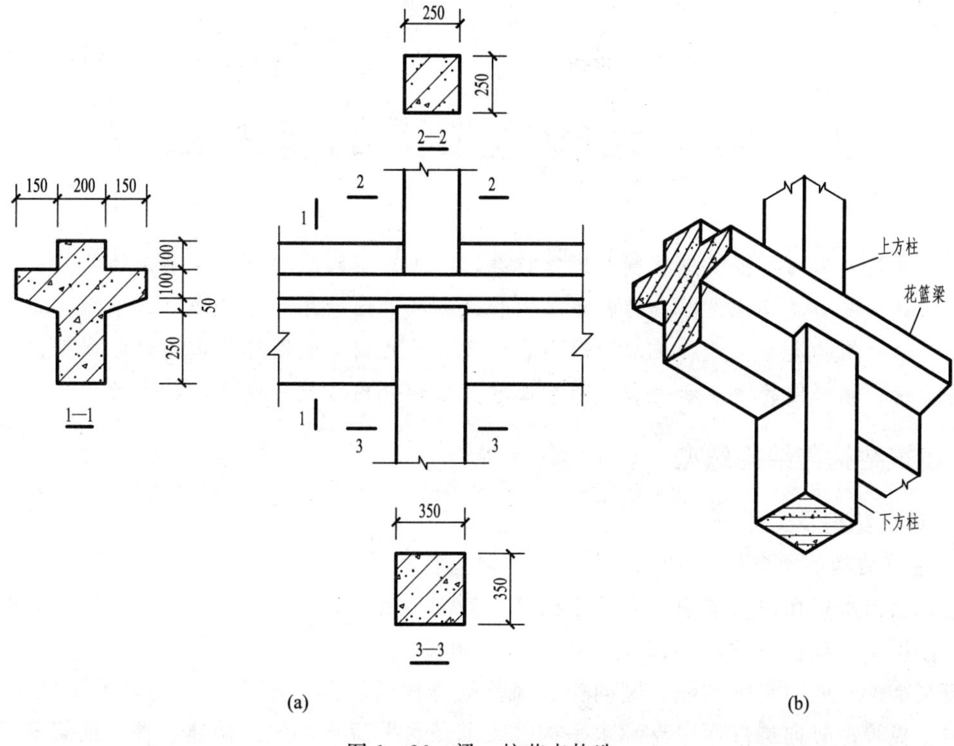

图 1-26　梁、柱节点构造

(1) 分析视图。由图 1-26 (a) 可知，该节点构造由一个正立面图和三个断面图共同表达，三个断面图均为移出断面，按投影关系配置，画在构件断裂处。

(2) 分部分想形状。由各视图可知该节点构造由三部分组成。水平方向的为钢筋混凝土梁，由 1—1 断面可知梁的断面形状为“十”字形，俗称“花篮梁”，尺寸见 1—1 断面。竖向位于梁上方的柱子，由 2—2 断面可知其断面形状及尺寸。竖向位于梁下方的柱子，由 3—3 断面可知其断面形状及尺寸。

(3) 综合起来想象整体。由各部分形状结合正立面图可看出，断面形状为方形的下方柱由下向上通至花篮梁底部，并与梁底部产生相贯线，从花篮梁的顶部开始向上为断面变小的楼面上方柱。该梁、柱节点构造的空间形状如图 1-26 (b) 所示。

第 2 章　结构施工图的基本知识

房屋施工图是根据建筑制图国家标准，按正投影的原理及规律绘制的。一整套房屋施工图由建筑施工图、结构施工图和设备施工图等几部分组成。本章简要介绍了房屋的结构类型、结构施工图的内容以及有关的国家制图标准，同时给出了识读房屋结构施工图的方法和步骤，为后面学习各部分内容起一个全面指导的作用。

2.1　建筑结构与结构选型

2.1.1　建筑结构及类型

1. 建筑结构的概念

建筑结构是指在建筑物中，由若干构件（如梁、板、柱、基础等）连接而构成的用来承受各种作用力（或称荷载），以起骨架作用的空间受力体系。

建筑结构一般由水平构件、竖向构件和基础等构成。其中水平构件用以承受竖向荷载，包括梁、板等；竖向构件用以支承水平构件或承受水平荷载，包括墙体、柱、框架等。

2. 建筑结构的类型

（1）按建筑结构的材料划分。

1）砌体结构。是指用钢筋混凝土楼（屋）盖和砌体砌筑的承重墙组成的结构体系，砌体包括砖、石、砌块等。一般民用和工业建筑的墙、柱和基础都可采用砌体结构。

2）钢筋混凝土结构。指以钢筋混凝土构件为主要承重构件的建筑。它是当今建筑领域中应用最广泛的一种结构形式。

3）钢结构。指以型钢作为主要承重构件的建筑。这种结构形式多用于高层、大跨度的建筑。

4）木结构。指以木材作为主要承重构件的建筑。一般仅用于低层、规模小的建筑物。

（2）按建筑结构的主体结构型式划分。

1）墙体结构。

2）框架结构。

3）框架-剪力墙结构。

4）筒体结构。

5）拱形结构。

6）网架结构。

7）空间薄壳结构。

8）悬索结构。

（3）按建筑结构的体形划分。

1）单层结构。

2）多层结构（2～7 层）。

3）高层结构（一般为 8 层以上）。

4）大跨度结构（跨度在 40～50m 以上）。

（4）按建筑结构的设计使用年限分类。

一类：设计使用年限为 5 年，适用于临时性结构。

二类：设计使用年限为 25 年，适用于易替换结构构件的建筑。

三类：设计使用年限为 50 年，适用于普通房屋和构筑物。

四类：设计使用年限为 100 年，适用于纪念性建筑和特别重要的建筑结构。

2.1.2　多层与高层建筑结构选型

在建筑技术设计作图中，首先要根据建筑平面布置和房屋的层数、高度，选用合理的结构体系。以下主要介绍砌体结构、框架结构、剪力墙结构、框架-剪力墙结构和框支剪力墙结构。

1. 砌体结构

在砌体结构中，砖砌体结构（也称砖混结构）应用最为广泛。砖砌体结构是指由钢筋混凝土楼（屋）盖和砖墙承重的结构体系，多用于七层及七层以下的一般建筑。

（1）砌体结构的承重墙体系。

1）横墙承重体系。横墙是指横向承重墙体。横墙承重体系指楼层的荷载通过板梁传至横墙，再经横墙基础传至地基的结构体系。纵墙仅起围护、分隔、自承重及形成整体的作用。由于横墙承重体系中纵墙不承受荷载，因而在纵墙上可开设较大的门窗洞口，适用于宿舍、住宅等建筑物。

2）纵墙承重体系。纵墙是指纵向承重墙体。纵墙承重体系指楼层的荷载通过板梁传至纵墙，再经纵墙基础传至地基的结构体系。纵墙承重体系的横墙间距一般较大，使得建筑物可以有较大的房间，适用于教学楼、办公楼、实验室、医院等。

3）内框架承重体系。内框架体系指四周外墙（包括纵墙和横墙）和室内钢筋混凝土（或砖）柱共同承受楼（屋）盖竖向荷载的承重结构体系。内框架承重体系由于内柱代替承重内墙可有较大空间的房间，使室内布置灵活，适用于商店、实验楼、旅馆等。

4）底框承重体系。底框承重体系指底部一层或几层采用较大柱网的框架结构而上部几层采用砌体结构的混合承重结构体系。这种结构体系的优点是其下部框架结构获得较大的空间效果，上部又可作为满足小开间划分要求的住宅或公寓使用，能够满足复合的建筑功能要求，同时上部砌体结构相比框架结构造价低。

（2）砌体结构构造要求。

1）砌体结构房屋墙体上下洞口宜对齐，使上下层荷载能直接传递，门窗洞口上方均需设有钢筋混凝土过梁。

2）房屋的楼（屋）盖、阳台、雨篷等采用现浇或预制构件。

3）建筑平面转折部位、高差或荷载差较大的部位以及长高比过大的砌体结构的适当部位应设置沉降缝。

4）为了增强结构的整体性，在墙体中还应按规定设置钢筋混凝土圈梁和构造柱。钢筋混凝土构造柱的主要作用是约束墙体的变形，构造柱与墙连接处应砌成马牙槎，并应沿墙高设拉结筋，构造柱设置的部位通常在外墙四角和对应转角处、较大洞口两侧、大房间内外墙交接处、楼电梯间四角、楼梯段上下端对应的墙体处。圈梁的主要作用是增强纵横墙的连接，限制墙体的变形，加强房屋的整体性和空间刚度，是有效的抗震措施之一。通常每层均应设置圈梁，圈梁应封闭，并且宜与预制板设在同一标高处或靠近板底。

2. 框架结构

框架结构的承重体系全部由钢筋混凝土的梁、柱、板、基础等构件构成，墙体只起分隔和围护空间的作用。在这种结构中，由钢筋混凝土梁和柱刚性连接形成的框架为建筑物的骨架，屋面板、楼板上的荷载通过板传递给梁，由梁传递到柱，由柱传递到基础。这种结构整体性好，承载能力和抗震能力较强，门窗开设和房间布置灵活，适用于多层、中高层的建筑。

3. 剪力墙结构

剪力墙结构的承重体系由钢筋混凝土墙板和楼板构成。在这种结构中，钢筋混凝土墙板代替框架结构中的梁、柱，承担各类荷载引起的内力，并能有效控制结构的水平力。剪力墙结构空间整体性好，房间内不外露梁、柱棱角，便于室内布置，但剪力墙的间距受到楼板构件跨度的限制，在平面布局中较难设置大空间的房间，因而只适用于具有小房间的住宅、公寓、旅馆等建筑。

4. 框架-剪力墙结构

框架-剪力墙结构也称框剪结构，这种结构是在框架结构中布置一定数量的剪力墙，是框架结构和剪力墙结构两种体系的结合，吸取了各自的长处，既能为建筑平面布置提供灵活、自由的使用空间，又具有良好的抗侧力性能，是一种比较好的结构体系，在多层及高层建筑中得到广泛应用。

5. 框支剪力墙结构

当剪力墙结构的底部需要大空间，剪力墙无法全部落地时，就需要采用框支剪力墙结构。框支剪力墙结构指的是结构中的局部，部分剪力墙因建筑要求不能落地，直接落在下层框架梁上，再由框架梁将荷载传至框架柱上，这样的梁就叫框支梁，柱就叫框支柱，上面的墙就叫框支剪力墙。这是一个局部的概念，因为结构中一般只有部分剪力墙是框支剪力墙，大部分剪力墙一般都会落地。

2.2 结构施工图概述

2.2.1 全套房屋施工图的分类及编排顺序

房屋施工图是建造房屋的主要依据，整套图纸应该完整统一、尺寸齐全、明确无误。施工图按工种分类，分为建筑施工图、结构施工图和设备施工图。

1. 建筑施工图

建筑施工图简称“建施”，主要表达建筑物的总体布局、外部造型、内部布置、细部构造和做法等。包括首页图（图纸目录、建筑施工总说明等）、总平面图、平面图、立面图、剖面图和建筑详图等。

2. 结构施工图

结构施工图简称“结施”，主要表达房屋承重结构的类型、构件的布置、材料、尺寸、配筋等。包括结构设计说明、基础图、结构平面布置图和构件详图等。

3. 设备施工图

设备施工图简称“设施”，包括给水排水施工图（简称“水施”）、采暖通风施工图（简称“暖施”）、电气施工图（简称“电施”）。主要表达室内给水排水、采暖通风、电气照明等设备的布置、线路敷设和安装要求等。包括各种管线的平面布置图、系统图、构造和安装详图等。

整套图纸的编排顺序是：首页图、建筑施工图、结构施工图、给水排水施工图、采暖通风施工图、电气施工图、装饰施工图等。各专业施工图的编排顺序是：全局性的在前，局部性的在后；先施工的在前，后施工的在后。

2.2.2 结构施工图的形成和作用

1. 结构施工图的形成

根据房屋建筑的安全与经济施工的要求，首先进行结构选型和构件布置，再通过内力分析和力学计算，确定建筑物各承重构件（如基础、墙、梁、板、柱等）的形状、尺寸、材料及构造等，最后将计算、选择结果绘成图样，即为结构施工图。结构设计大体可以分为三个阶段：结构方案设计阶段、结构计算阶段和施工图设计阶段。

（1）方案设计阶段。根据工程地质勘察报告，建筑所在地的抗震设防烈度，建筑平面布置及高度、层数等来确定建筑的结构体系。确定了结构类型后，就要根据不同结构形式的特点和要求来布置结构的承重体系和受力构件。首先，合理地确定和布置竖向承重构件和抗侧力构件，一般包括承重墙体、柱、框架等；然后，合理地选择楼（屋）盖体系，主要包括楼板和梁；最后，应合理地选择基础类型，根据不同的结构体系、建筑体形和场地土类别为竖向承重构件选取合理的基础类型。

（2）结构计算阶段。在结构计算阶段，就是根据方案设计阶段确定的结构类型，结合工程的实际情况，依据规范上规定的具体的计算方法来进行详细的结构计算。结构计算阶段的内容包括以下内容。

1）荷载的计算。荷载包括外部荷载（如风荷载、雪荷载、施工荷载、地下水的荷载、地震荷载、人防荷载等）和内部荷载（如结构的自重荷载、使用荷载、装修荷载等）。上述荷载的计算要根据荷载规范的要求和规定，采用不同的组合值系数和准永久值系数等来进行不同工况下的组合计算。

2）构件的试算。根据计算出的荷载值、构造措施要求、使用要求及各种计算手册上推荐的试算方法，来初步确定构件的截面。

3）内力的计算。根据确定的构件截面和荷载值来进行内力的计算，包括弯矩、剪力、扭矩、轴心压力及拉力等。

4）构件的计算。根据计算出的结构内力及规范对构件的要求和限制（如轴压比、剪跨比、跨高比、裂缝和挠度等），来复核结构试算的构件是否符合规范规定和要求；如不满足要求，则要调整构件的截面或布置，直到满足要求为止。

（3）施工图设计阶段。根据上述计算结果，最终确定构件布置、构件尺寸和配筋以及根据规范的要求来确定结构构件的构造措施，并且按照国家制图标准绘制出一套详尽、完整的施工图样。

2. 结构施工图的作用

结构施工图主要用于基础施工、钢筋混凝土构件的制作，同时也是计算工程量、编制预算和进行施工组织设计的依据。

2.2.3 结构施工图的内容

结构施工图包括三方面内容。

(1) 结构设计总说明。主要包括：结构设计的依据；抗震设计；地基情况；各承重构件的材料、强度等级；施工要求；选用的标准图集等。

(2) 结构平面图。主要包括：基础平面图、楼层结构平面图、屋面结构平面图等。

(3) 结构详图。主要包括：基础详图；梁、板、柱构件详图；楼梯结构详图；屋架结构详图等。

2.3 建筑结构制图标准的基本规定

2.3.1 建筑制图国家标准

工程图样是工程界的共同语言，是指导工程施工、生产、管理等环节重要的技术文件。为使工程图样规格统一，便于生产和技术交流，要求绘制图样必须遵守统一的规定，即制图标准。在我国由国家职能部门制定、颁布的制图标准，是国家标准，简称“国标”，代号为GB。国家标准是在全国范围内使图样标准化、规范化的统一准则，有关技术人员都要遵守。制图标准的规定不是一成不变的。随着科学技术的发展和生产工艺的进化，制图标准要不断进行修改和补充。

目前现行最新的建筑制图国家标准有六本，分别是《房屋建筑制图统一标准》(GB/T 50001—2010)、《总图制图标准》(GB/T 50103—2010)、《建筑制图标准》(GB/T 50104—2010)、《建筑结构制图标准》(GB/T 50105—2010)、《给水排水制图标准》(GB/T 50106—2010)、《暖通空调制图标准》(GB/T 50114—2010)。该标准由中国建筑标准设计研究院会同有关单位在原有标准的基础上修订而成，自 2011 年 3 月 1 日起实施。

绘制结构施工图要遵守《房屋建筑制图统一标准》(GB/T 50001—2010) 和《建筑结构制图标准》(GB/T 50105—2010)。

2.3.2 建筑结构制图标准的基本规定

1. 图线

根据图样的复杂程度与比例大小，首先选用适当的基本线宽 b，再选用相应的线宽组。根据表达内容的层次，基本线宽 b 和线宽比可适当地增加或减少。在同一张图纸中，相同比例的图样，应选用相同的线宽组。建筑结构专业制图应选用表 2-1 所示的图线。

表 2-1 建筑结构专业制图选用的图线

名称		线型	线宽	一般用途
实线	粗	————	b	螺栓、钢筋线、结构平面图中的单线结构构件线，钢、木支撑及系杆线，图名下横线、剖切线
	中粗	————	$0.7b$	结构平面图及详图中剖到或可见的墙身轮廓线，基础轮廓线，钢、木结构轮廓线，钢筋线
	中	————	$0.5b$	结构平面图及详图中剖到或可见的墙身轮廓线、基础轮廓线、可见的钢筋混凝土构件轮廓线、钢筋线
	细	————	$0.25b$	标注引出线、标高符号线、索引符号线、尺寸线

续表

名称		线型	线宽	一般用途
虚线	粗		b	不可见的钢筋线，螺栓线，结构平面图中不可见的单线结构构件线及钢、木支撑线
	中粗		0.7b	结构平面图中的不可见构件，墙身轮廓线及不可见钢、木结构构件线，不可见的钢筋线
	中		0.5b	结构平面图中的不可见构件，墙身轮廓线及不可见钢、木结构构件线，不可见的钢筋线
	细		0.25b	基础平面图中的管沟轮廓线、不可见的钢筋混凝土构件轮廓线
单点长画线	粗		b	柱间支撑、垂直支撑、设备基础轴线图中的中心线
	细		0.25b	定位轴线、对称线、中心线、重心线
双点长画线	粗		b	预应力钢筋线
	细		0.25b	原有结构轮廓线
折断线			0.25b	断开界线
波浪线			0.25b	断开界线

2. 比例

绘图时，根据图样的用途和被绘物体的复杂程度，应选用表 2－2 中的常用比例，特殊情况下也可选用可用比例。

表 2－2　建筑结构专业制图选用的比例

图名	常用比例	可用比例
结构平面图、基础平面图	1∶50、1∶100、1∶150	1∶60、1∶200
圈梁平面图、总图中管沟、地下设施等	1∶200、1∶500	1∶300
详图	1∶10、1∶20、1∶50	1∶5、1∶30、1∶25

3. 字体

图纸上所有的文字、数字和符号等，应字体端正、排列整齐、清楚正确、避免重叠。

图样及说明中的汉字宜采用长仿宋体，图样下的文字高度不宜小于 5mm，说明中的文字高度不宜小于 3mm。

拉丁字母、阿拉伯数字、罗马数字的高度，不应小于 2.5mm。

4. 定位轴线

房屋施工图中的定位轴线是确定房屋各承重构件位置及标注尺寸的基准，是设计和施工中定位放线的重要依据。在建筑物中，主要墙、柱等重要承重构件处都应画定位轴线并进行编号。通常把平行于房屋宽度方向的定位轴线称为横向定位轴线，把平行于房屋长度方向的定位轴线称为纵向定位轴线。

（1）定位轴线的画法及编号。定位轴线一般用细单点长画线绘制，轴线编号注写在轴线端部细实线绘制的圆内，圆的直径为 8mm，在详图中可增加至 10mm，圆心应在定位轴线的延长线或延长线的折线上，如图 2-1（a）所示。平面图上定位轴线的编号，宜标注在图样的下方与左侧。横向定位轴线编号用阿拉伯数字，从左至右顺序编写；纵向定位轴线编号用大写拉丁字母（除 I、O、Z 外）从下至上顺序编写。

在标注非承重的分隔墙或次要承重构件时，可添加附加轴线，附加轴线的编号用分数表示，分母表示前一轴线的编号，分子表示附加轴线的编号，编号宜用阿拉伯数字顺序编写，如图 2-1（b）所示。

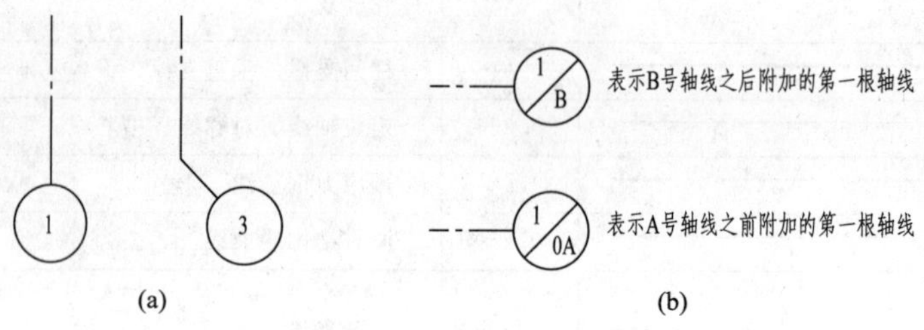

图 2-1　定位轴线及其编号

（2）砖混结构的承重墙与定位轴线的关系。砖混结构的承重内墙定位轴线一般与顶层墙身中心线重合，如图 2-2（a）、（b）所示；承重外墙定位轴线一般位于距顶层墙身内缘 120mm 处，如图 2-3（a）、（b）所示。

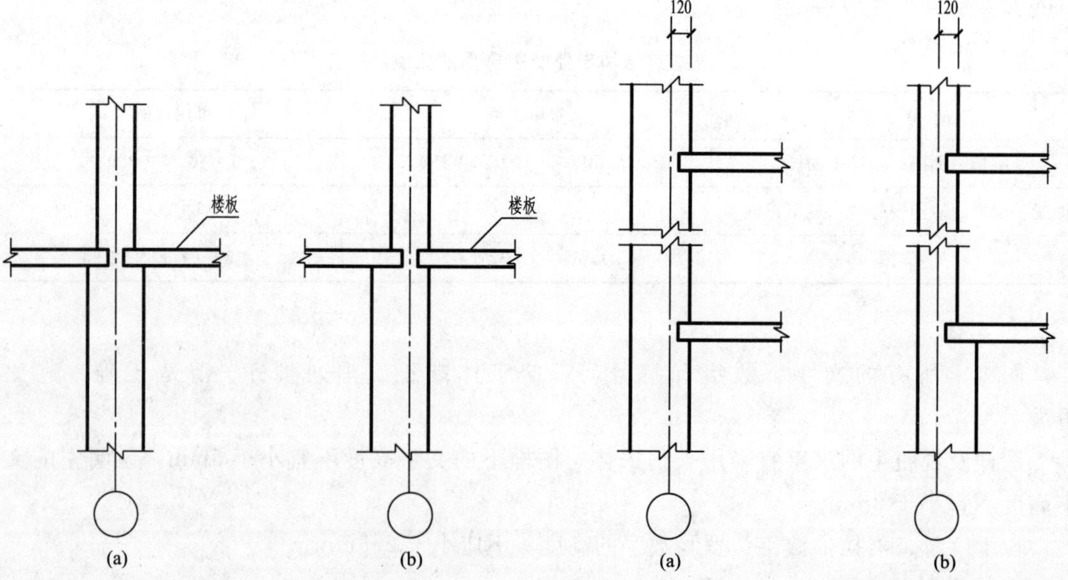

图 2-2　承重内墙与定位轴线的关系
（a）定位轴线中分底层墙体；
（b）定位轴线偏分底层墙体

图 2-3　承重外墙与定位轴线的关系
（a）底层与顶层墙厚相同；
（b）底层与顶层墙厚不同

(3) 框架结构的柱与定位轴线的关系。框架结构的中柱定位轴线一般与顶层柱截面中心线重合，如图 2-4 (a) 所示；边柱定位轴线一般与顶层柱截面中心线重合或位于距顶层柱外缘 250mm 处，如图 2-4 (b)、(c) 所示。

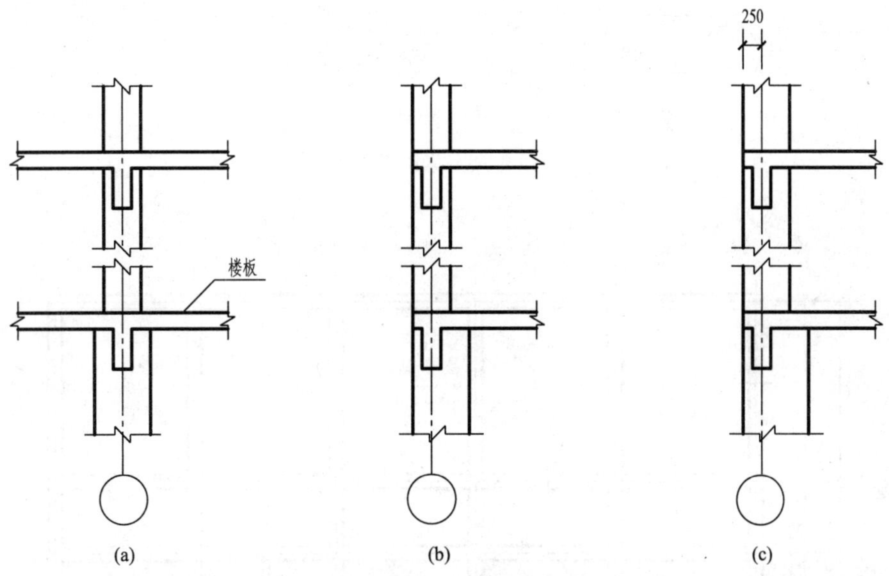

图 2-4　框架柱与定位轴线的关系

(a) 中柱；(b) 边柱，轴线与顶层柱中心线重合；(c) 边柱，轴线距顶层柱外缘 250mm

结构专业的平面图上的定位轴线必须与建筑图纸一致。

5. 索引符号和详图符号

图样中的某一局部构造需要用详图表示时，应以索引符号注明需要画详图的位置、详图的编号以及详图所在图纸的图纸号。在所画的详图上，用详图符号表示详图的编号和被索引图样所在图纸的编号。并用索引符号和详图符号之间的对应关系，建立详图与被索引图样之间的联系，以便对照查阅。

(1) 索引符号。索引符号的圆及水平直径线均以细实线绘制，圆的直径为 8～10mm。索引符号需用引出线引出，且引出线应指在需要另见详图的位置上。

索引出的详图，如与被索引的图样在一张图纸内，应在索引符号的上半圆中用阿拉伯数字注明该详图的编号，并在下半圆中间画一段水平细实线，如图 2-5 (a) 所示；索引出的详图，如与被索引的图样不在一张图纸内，应在索引符号的上半圆中用阿拉伯数字注明该详图的编号，在下半圆中用阿拉伯数字注明该详图所在图纸的图纸号，如图 2-5 (b) 所示；索引出的详图，如采用标准图，应在索引符号的引出线上加注该标准图所在图集的编号，如图 2-5 (c) 所示；当索引出的是剖面详图时，应在被剖切的部位用粗实线绘制剖切位置线，引出线所在的一侧为投射方向，如图 2-5 (d) 所示。

在结构平面图中索引的剖视详图、断面详图应采用索引符号表示，其编号顺序应符合以下规定：外墙按顺时针方向从左下角开始编号；内横墙从左至右，从上至下编号；内纵墙从上至下，从左至右编号，如图 2-6 所示。

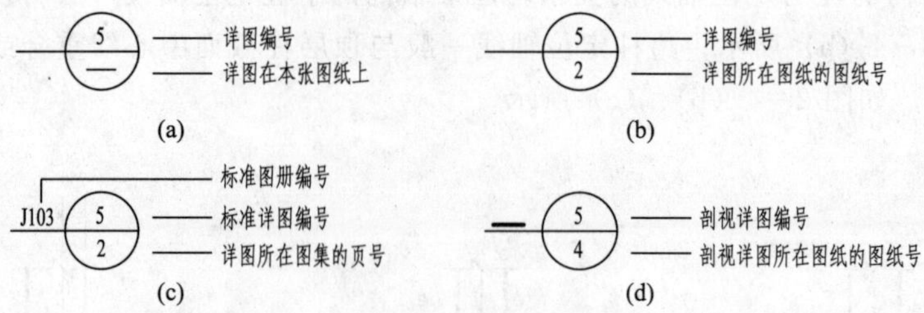

图 2-5 索引符号

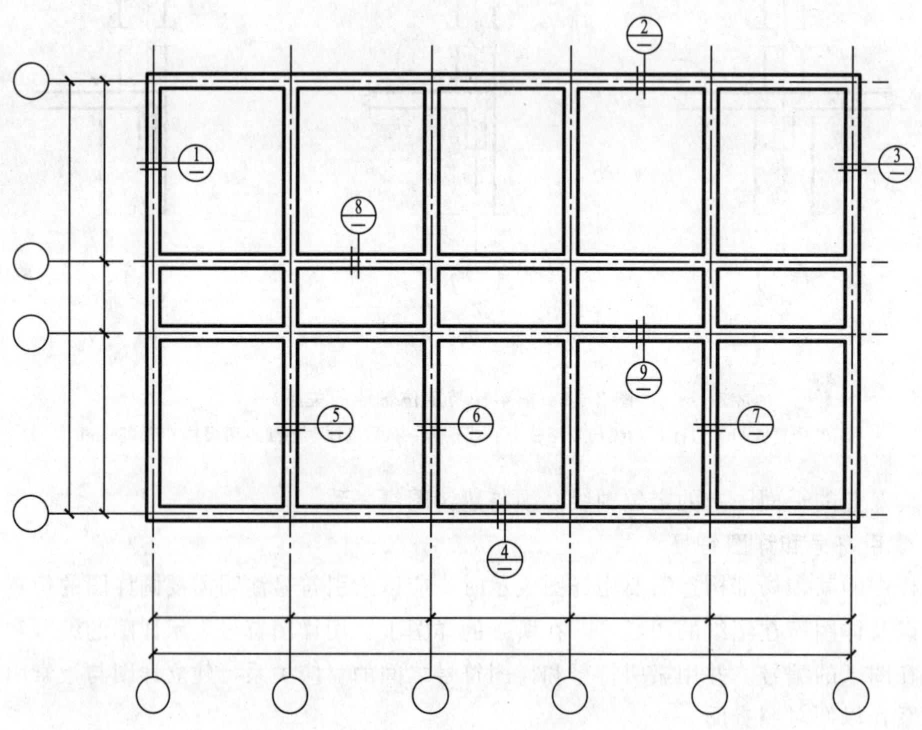

图 2-6 结构平面图中索引剖视详图、断面详图编号顺序表示方法

(2) 详图符号。详图符号是用粗实线绘制的直径为 14mm 的圆。

当详图与被索引的图样同在一张图纸内时，应在详图符号内用阿拉伯数字注明详图的编号，如图 2-7 (a) 所示。

当详图与被索引的图样不在同一张图纸上时，应用细实线在详图符号内画一水平直径，在上半圆中注明详图编号，在下半圆中注明被索引图样所在的图纸号，如图 2-7 (b) 所示。

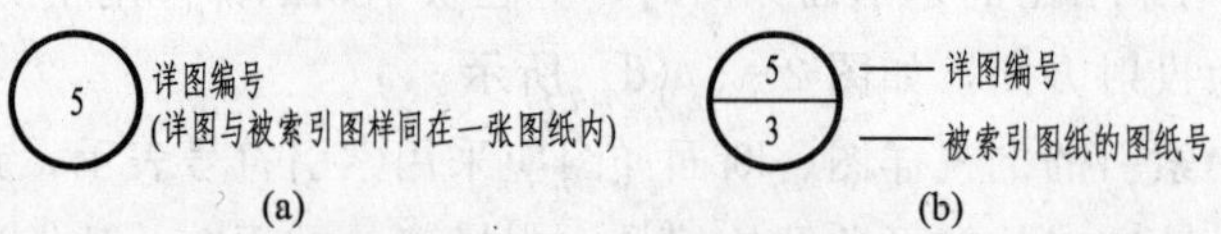

图 2-7 详图符号

6. **标高**

(1) 标高的标注形式。标高是标注房屋建筑高度的一种尺寸标注形式，由标高符号和标高数字组成。标高符号用细实线绘制的等腰直角三角形表示，具体画法如图 2-8 (a) 所示。如标注位置不够，也可按图 2-8 (b) 所示形式绘制。总平面图中，室外地坪的标高符号宜涂黑表示，如图 2-8 (c) 所示。标高符号的尖端应指至被注高度的位置，尖端一般应向下，也可向上，如图 2-8 (d) 所示。标高数字以 m 为单位，一般注写到小数点后第三位，零点标高应注写为±0.000，正数标高不注"+"，负数标高应注"－"，如 3.000、－0.600。若在图样的同一位置需表示几个不同标高时，标高数字可按图 2-8 (e) 的形式注写。

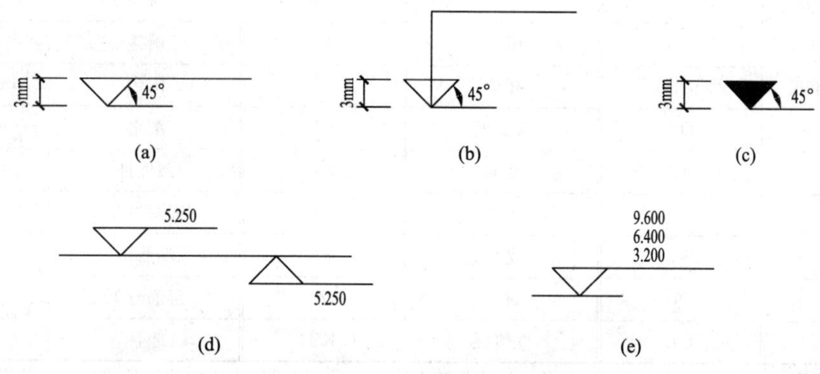

图 2-8　标高符号及其规定画法

(2) 标高的分类。标高按基准面选取的不同分为绝对标高和相对标高。绝对标高以青岛附近的黄海平均海平面为零点，相对标高是以房屋底层的室内主要地面为零点。房屋施工图中一般只有建筑总平面图使用绝对标高，其他图样中均使用相对标高。

房屋各部位的标高还有建筑标高和结构标高的区别。建筑标高是构件包括粉饰层在内、装修完成后的表面标高；结构标高则是不包括构件表面粉饰层厚度的毛面标高，如图 2-9 所示。结构施工图中一般标注结构标高。

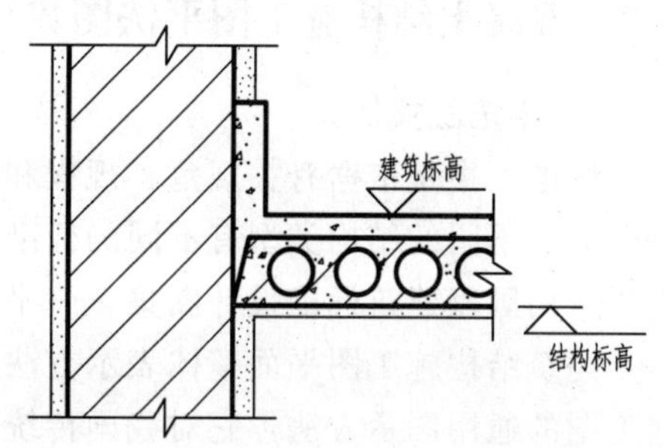

图 2-9　建筑标高与结构标高

7. **常用构件代号**

在结构施工图中常用代号来表示构件的名称。代号后应用阿拉伯数字标注该构件的型号或编号，也可为构件的顺序号。根据《建筑结构制图标准》(GB/T 50105—2010) 规定，部分常用构件代号见表 2-3。当采用标准图或通用图集中的构件时，应标注相应图集中的构件代号或型号。

表 2-3 常用构件代号

名称	代号	名称	代号	名称	代号
板	B	过梁	GL	构造柱	GZ
屋面板	WB	连系梁	LL	基础	J
空心板	KB	基础梁	JL	设备基础	SJ
槽形板	CB	楼梯梁	TL	桩	ZH
折板	ZB	框架梁	KL	柱间支撑	ZC
密肋板	MB	框支梁	KZL	垂直支撑	CC
楼梯板	TB	屋面框架梁	WKL	水平支撑	SC
盖板或沟盖板	GB	檩条	LT	梯	T
挡雨板或檐口板	YB	屋架	WJ	雨篷	YP
吊车安全走道板	DB	托架	TJ	阳台	YT
墙板	QB	天窗架	CJ	梁垫	LD
天沟板	TGB	框架	KJ	预埋件	M
梁	L	刚架	GJ	天窗端壁	TD
屋面梁	WL	支架	ZJ	钢筋网	W
吊车梁	DL	柱	Z	钢筋骨架	G
圈梁	QL	框架柱	KZ	暗柱	AZ

注 1. 预制混凝土构件、现浇混凝土构件、钢构件和木构件，一般可采用本表中的构件代号。在绘图中，除混凝土构件可以不注明材料代号外，其他材料的构件可在构件代号前加注材料符号，并在图纸中加以说明。
2. 预应力混凝土构件的代号，应在构件代号前加注“Y”，如 YKB 表示预应力混凝土空心板。

2.4 混凝土结构施工图平法图集

2.4.1 平法图集简介

标准图集是依据有关规范、规程和标准制定的国家和省市地方统一的设计标准和施工构造做法。不同的结构类型有不同的标准图集。在现浇钢筋混凝土结构施工图的设计中，目前广泛采用国家建筑标准设计图集——平法图集。

建筑结构施工图平面整体表示方法，简称平法，是目前设计框架、剪力墙等混凝土结构施工图的通用图示方法，它对我国传统混凝土结构施工图的表示方法作了重大改革，被原国家科委列为《“九五”国家级科技成果重点推广计划》项目。平法自 1996 年推出以来，历经十几年的推广与改进，已被广大的工程技术人员所接受，并产生了很大的社会效益和经济效益。

目前现行最新的平法系列图集共有三本，自 2011 年 9 月 1 日起实施。该系列图集由中国建筑标准设计研究院等有关单位以《混凝土结构设计规范》GB 50010—2010、《建筑抗震设计规范》GB 50011—2010、《高层建筑混凝土结构技术规程》JGJ 3—2010、《建筑结构制图标准》(GB/T 50105—2010) 等新规范为编制依据，在原有图集的基础上修订而成。

(1) 11G101-1——适用于现浇混凝土框架、剪力墙、梁、板。该图集全称为《混凝土结构施工图平面整体表示方法制图规则和构造详图（现浇混凝土框架、剪力墙、梁、板）》。本图集适用于非抗震和抗震设防烈度为 6～9 度地区的现浇混凝土框架、剪力墙、框架-剪力墙和部分框支剪力墙等结构施工图设计，以及各类结构中的现浇混凝土楼面与屋面板（有梁楼盖及无梁楼盖）、地下室结构部分的墙体、柱、梁、板结构施工图的设计。图集中包括基础顶面以上的现浇混凝土柱、墙、梁、楼面与屋面板（有梁楼盖及无梁楼盖）等构件的平面整体表示方法制图规则和标准构造详图两部分内容。

(2) 11G101-2——适用于现浇混凝土板式楼梯。该图集全称为《混凝土结构施工图平面整体表示方法制图规则和构造详图（现浇混凝土板式楼梯）》。本图集适用于非抗震及抗震设防烈度为 6～9 度地区的现浇钢筋混凝土板式楼梯。图集中现浇混凝土板式楼梯包括 11 种类型，其中 AT～HT 用于非抗震设计及不参与主体结构抗震设计的楼梯，ATa、ATb 用于采取滑动措施减轻楼梯对主体（框架）影响的楼梯，ATc 用于框架中参与主体结构抗震设计的楼梯。

(3) 11G101-3——适用于独立基础、条形基础、筏形基础及桩基承台。该图集全称为《混凝土结构施工图平面整体表示方法制图规则和构造详图（独立基础、条形基础、筏形基础及桩基承台）》。本图集适用于各种结构类型下现浇混凝土独立基础、条形基础、筏形基础及桩基承台施工图设计。图集中包括现浇混凝土独立基础、条形基础、筏形基础（分为梁板式和平板式）、桩基承台的平面整体表示方法制图规则和标准构造详图两部分内容。

2.4.2　平法图集的内容

平法图集包含平面整体表示方法制图规则和标准构造详图两部分内容。

1. 平面整体表示方法制图规则

平面整体表示方法制图规则规定了混凝土结构中各类构件编号、尺寸和配筋的表示方法。制图规则既是设计者完成平法施工图的依据，也是施工、监理人员准确理解和实施平法施工图的依据。

2. 标准构造详图

标准构造详图是根据国家现行有关规定，对各类构件的混凝土保护层厚度、钢筋搭接和锚固长度、钢筋接头做法、纵筋切断点位置、箍筋构造做法、连接节点构造以及其他细部构造进行适当的简化和归并后给出的标准做法，供设计人员选用。设计人员也可根据工程的实际情况，按照国家有关规范对其作出必要的修改，或者另行设计，但应注明。

2.4.3　平法图集的表示方法

平法的表达形式是按照平面整体表示方法的制图规则，把结构构件的尺寸和配筋等，整体直接表达在各类构件的结构平面布置图上，再与标准构造详图相配合，即构成一套新型、完整的结构设计。

用平法绘制结构施工图时，应将所有柱、剪力墙、梁、板、基础、楼梯等构件进行编号，编号中含有类型代号和序号。其中，类型代号的主要作用是指明所选用的标准构造详图。在标准构造详图上，已经按其所属构件类型注明代号，以明确该详图与平法施工图中该类型构件的一一对应关系，使两者结合，构成完整的结构施工图。

《建筑结构制图标准》(GB/T 50105—2010) 中规定，对于现浇混凝土结构中的构件，可按照平法采用文字注写方式表达，在按结构层绘制的平面布置图中，直接用文字表达各类构件的编号、断面尺寸、配筋及有关数值。文字注写方式分平面注写方式、列表注写方式和截面注写方式。例如，混凝土柱、混凝土剪力墙可采用列表注写方式和截面注写方式，混凝土梁可采用平面注写方式和截面注写方式，混凝土楼面板采用平面注写方式等，具体的表达方式和注写内容将在后面第四、五、六章中详细讲解。

采用文字注写表达方式时，应绘制相应的节点构造做法和构造详图，也可以选用标准构造详图中的相应做法。

特别注意，当用平法表示时，需在结构施工图中写明以下几项内容。

(1) 应写明所选用平法标准图的图集号，以免图集升版后在施工中用错版本。

(2) 当有抗震设防时，应写明抗震设防烈度及框架的抗震等级，以明确选用相应抗震等级的标准构造详图；当无抗震设防时也应写明，以明确选用非抗震的标准构造详图。

(3) 对钢筋的混凝土保护层厚度、钢筋搭接和锚固长度，除在结构施工图中另有注明者外，均需按标准构造详图中的有关构造规定执行。

(4) 当标准构造详图有多种可选择的构造做法时，应写明在何部位选用何种构造做法。

(5) 写明结构不同部位所处的环境类别。

2.4.4 平法表示方法与传统表示方法

首先说，传统表示方法是各种房屋结构施工图的基本表示方法。而平法仅适用于表达现浇钢筋混凝土结构的房屋建筑。

在结构施工图的传统表示方法中，将各构件从结构平面布置图中索引出来，逐个绘制构件详图，构件详图通常由配筋平面图、配筋立面图、配筋断面图、钢筋详图和钢筋表等组成。传统表达方法十分烦琐，存在着信息分散和信息重复的缺陷。平法是对传统表示方法的重大改革，平法将传统方法中分散的信息集约化，重复的信息归纳化，把大量重复性的非创造性的设计内容编制成统一的平法标准构造详图，与平法平面配筋图合并构成完整的设计配套使用，大大减少了施工图纸的数量。

但是对于复杂构件，传统表示方法更精准和易于理解，在设计和施工中仍然沿用。因此，《建筑结构制图标准》(GB/T 50105—2010) 中规定，对于重要的构件或较复杂的构件，其截面尺寸和配筋不宜采用文字注写方式表达，宜采用传统的绘制构件详图的方式表达。

2.5 识读结构施工图的方法和步骤

一幢房屋工程的结构施工图样往往数量较多。根据房屋结构的复杂程度，可能有几张、十几张，甚至更多。因此，熟练掌握读图的方法与步骤，是迅速识图、减少盲目性的关键。

2.5.1 识读结构施工图的方法

识图方法主要有以下几点。

(1) 培养良好的空间想象力。结构施工图样都是根据正投影原理绘制的二维图形，没有立体感。因此，在识图的过程中，如何想象空间构造是难点。要具备良好的空间想象力，首先在掌握投影图形成规律的基础上，由实物画三面投影图或由三面投影图想象实物，进行反复训练，逐渐地培养空间想象力。同时，在日常的学习和生活中要善于观察身边周围的房屋结构，看得越多、心中积累得越多，识图时空间想象的能力就越强。

(2) 学会看懂每一张图样。明确每张图样的成图原理、图示内容和图示方法。要认真学习国家制图标准中的有关规定，熟记各种图线、图例和符号的含义，对于图样上的一字一线都明了其意义。

(3) 学会寻找各图样之间的联系，对照读图。在整套图纸中，图样与图样之间都有着内在联系。它们组合起来，从不同角度和方位共同表达。图样与图样之间可能是通过投影关系

（如上下、前后或左右等）进行关联，图样之间也可能是通过某种符号（如剖切符号、索引符号或详图符号、定位轴号等）进行关联。因此，识图过程中只有明确图样与图样之间的关联，才能将一张张图纸对照起来配合识读。

（4）识读结构施工图前，首先要看懂建筑施工图。在房屋工程的整个设计过程中，建筑设计是先行，建筑施工图是首先完成的图样，建筑施工图主要用于表达建筑物的外部造型、内部空间构造、各部位的材料做法和尺寸标高等。而结构设计是在建筑设计的基础上完成的，结构施工图是结构师在熟读建筑施工图，完全明了建筑师的设计构思和意图，完全熟悉房屋各部分构造做法，并与建筑、水、暖、电等各专业协调后绘制的图样。有关建筑施工图的内容、表达方法和识读方法，请参阅与本书配套的《快速识读建筑施工图》。

（5）识读结构施工图的难点和重点是配筋。要把结构施工图看懂，必须弄清楚各构件中钢筋的分布配置情况，因此，必须熟练掌握传统表示方法和平法中有关钢筋的表达方法。

2.5.2　识读结构施工图的步骤

识读结构施工图的具体步骤如下。

1. 概括了解

阅读时，应首先通过图纸目录、施工说明和标题栏，对整套图纸进行大体了解，了解这套图纸共有多少类别，每类有多少张。如果需要用到标准图集，应及时备齐。再按照建筑施工图、结构施工图、设备施工图的顺序粗略阅读，大致了解工程的概况，如工程设计单位、建设单位、房屋建筑的位置、周围环境、建筑物的规模、结构类型、重要部位的构造、施工技术要求等。

2. 深入读图

先读懂建筑施工图。阅读时，应先整体后局部、先文字说明后图样、先图形后尺寸等依次仔细阅读。读懂后，应能在头脑中形成整栋房屋的立体形象，想象出大体轮廓，为下一步识读结施图打好基础。

再重点深入地看结构施工图。识读结构施工图的基本顺序是：先看结构平面图，再看构件详图。首先，阅读结构设计总说明；然后，分析图样，明确各图样的表达方法及各图样之间的关系；再详细阅读各平面图中每一个构件的编号、尺寸、配筋及其构造详图，分析并想象房屋的结构类型、构件布置、节点与连接。识读结构施工图时，通常按照基础、墙柱、梁、楼面、屋面、楼梯及其他的顺序进行识读。

在阅读结施图的同时应对照建施图，只有把两者结合起来看，才能全面地理解结构施工图。

3. 综合整理

最后，经过反复多次前后对照识读，将房屋结构从整体到局部进行梳理，最终想象出整个房屋结构体系的全貌。

第 3 章　识读钢筋混凝土结构构件详图

钢筋混凝土结构的整个承重体系由若干钢筋混凝土构件组成。本章重点讲述钢筋混凝土构件详图的传统表示方法。

3.1　钢筋混凝土构件简介

3.1.1　钢筋混凝土构件

钢筋混凝土构件是由钢筋和混凝土两种材料组成的共同受力构件。钢筋混凝土构件有现浇和预制两种。现浇是指在施工现场通过支模板、绑扎钢筋、浇筑混凝土、养护等工序制作成型；预制是指在预制构件厂浇筑完成后运到工地进行吊装，有的预制构件也可在工地上预制完成后吊装。

3.1.2　混凝土的基本知识

混凝土是由水泥、砂、石子和水按一定比例拌和，经一定时间硬化而成的一种人工石材，俗称“砼”。混凝土抗压强度高，但混凝土的抗拉强度低，一般仅为抗压强度的 1/10～1/20，受拉时容易开裂。

混凝土强度等级应按立方体抗压强度标准值确定。立方体抗压强度标准值系指按标准方法制作养护的边长为 150mm 的立方体试件，在 28d 或设计规定龄期以标准试验方法测得的具有 95％保证率的抗压强度值。混凝土的强度等级按《混凝土结构设计规范》(GB 50010—2010) 规定，分为 C15、C20、C25、C30、C35、C40、C45、C50、C55、C60、C65、C70、C75、C80 十四个等级，数字越大，抗压强度越高。

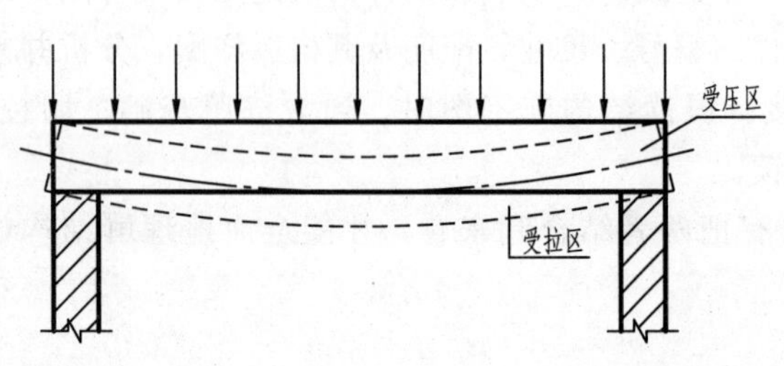

图 3-1　钢筋混凝土简支梁受力情况示意图

钢筋具有良好的抗压、抗拉强度，而且与混凝土有良好的粘结力，其热膨胀系数与混凝土相近，两者结合在一起，可得到具有良好使用性能的钢筋混凝土构件。如图 3-1 所示，支承在两端砖墙上的钢筋混凝土简支梁，在均布荷载的作用下产生弯曲变形，上部为受压区，主要由混凝土承受压力；下部为受拉区，主要由钢筋承受拉力。

3.1.3　钢筋的基本知识

1. 钢筋的作用及分类

配置在钢筋混凝土构件中的钢筋，按其所起的作用可分为如下几种。

(1) 受力筋。承受拉力、压力或剪力的钢筋。在梁、板、柱等各种钢筋混凝土构件中都有配置。如图 3-2 (a) 所示的梁下部的三根钢筋，图 3-2 (b) 所示板下部的受力筋。

(2) 架立筋。一般只在梁中使用，与受力筋、箍筋一起形成钢筋骨架，用以固定箍筋位置。如图 3-2 (a) 中所示梁上部的两根钢筋。

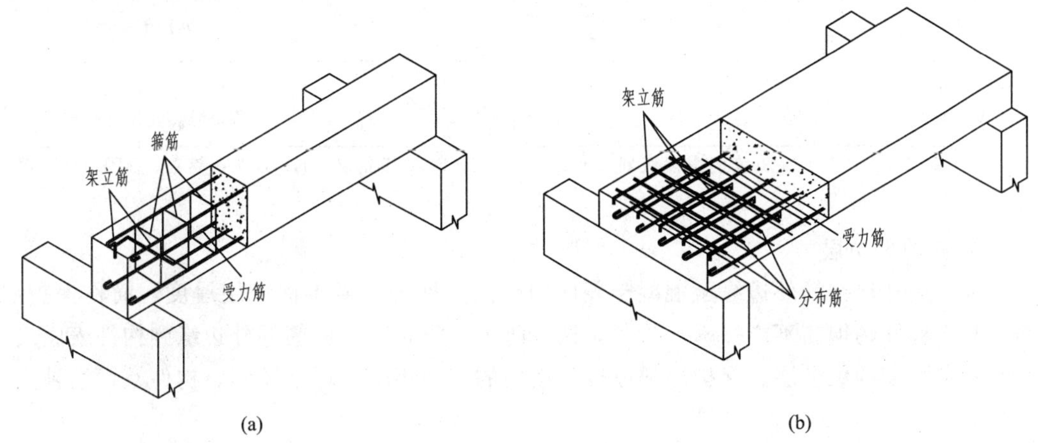

图 3-2　钢筋的分类

(a) 钢筋混凝土梁；(b) 钢筋混凝土板

(3) 箍筋。一般用于梁、柱内，用以固定受力筋的位置，并承受一定的斜拉应力。

(4) 分布筋。一般用于板内，与受力筋垂直，用以固定受力筋的位置，与受力筋一起构成钢筋网片，使作用力均匀分布给受力筋。

(5) 构造筋。因构件在构造上的要求或根据施工安装的需要而配置的钢筋。如板上的吊环，在吊装预制构件时使用。构件中的架立筋和分布筋也属于构造筋。

2. 钢筋的种类及符号

普通热轧钢筋是建筑工程中用量最大的钢筋，主要用于钢筋混凝土和预应力混凝土配筋。钢筋按其外形有光圆钢筋和带肋钢筋之分。热轧光圆钢筋的牌号为 HPB300；常用热轧带肋钢筋的牌号有 HRB335、HRB400 和 HRB500 几种，HRBF 是细晶粒热轧带肋钢筋，RRB 是余热处理带肋钢筋。钢筋经冷拉或冷拔后，也能提高强度，对于预应力构件中常用的钢绞线、钢丝等可查阅有关的资料，此处不再细述。

《混凝土结构设计规范》(GB 50010—2010) 中规定了各种钢筋的符号，以便标注和识别，常用的钢筋见表 3-1。《混凝土结构设计规范》(GB 50010—2010) 自 2011 年 7 月 1 日开始实施，新规范淘汰了 HPB235 级低强钢筋，代之以 HPB300 级钢筋；增加了 500MPa 级高强钢筋；并明确优先使用 400MPa 级钢筋，积极推广 500MPa 级钢筋，逐步限制淘汰 335MPa 级钢筋。

表 3-1　普通钢筋的牌号及符号

牌号	符号	公称直径 d/mm	强度级别/MPa	说明
HPB300	Φ	6～22	300	热轧光圆钢筋
HRB335 HRBF335	Φ $Φ^{F}$	6～50	335	普通热轧带肋钢筋 细晶粒热轧带肋钢筋

续表

牌号	符号	公称直径 d/mm	强度级别/MPa	说明
HRB400 HRBF400 RRB400	Φ $Φ^F$ $Φ^R$	6～50	400	普通热轧带肋钢筋 细晶粒热轧带肋钢筋 余热处理带肋钢筋
HRB500 HRBF500	Φ $Φ^F$	6～50	500	普通热轧带肋钢筋 细晶粒热轧带肋钢筋

注　表中钢筋牌号的数字是钢筋的强度级别，可分别称为 HPB300 级钢筋、HRB335 级钢筋、HRB400 级钢筋、RRB400 级钢筋等。

3. 钢筋的保护层

构件中最外层钢筋外边缘至混凝土表面的距离，称为混凝土保护层厚度，简称保护层。钢筋混凝土构件的钢筋不能外露，为了防锈、防火、防腐蚀，钢筋的外边缘到构件表面之间应留有一定厚度的保护层。保护层的厚度与结构的使用年限、环境类别、构件及钢筋种类等因素有关。

《混凝土结构设计规范》（GB 50010—2010）规定，设计使用年限为 50 年的混凝土结构，最外层钢筋的保护层厚度应符合表 3-2 的规定。设计使用年限为 100 年的混凝土结构，最外层钢筋的保护层厚度不应小于表 3-2 中数值的 1.4 倍。

表 3-2　　混凝土保护层的最小厚度　　mm

环境类别	板、墙	梁、柱
一	15	20
二 a	20	25
二 b	25	35
三 a	30	40
三 b	40	50

注　1. 混凝土强度等级不大于 C25 时，表中保护层厚度数值应增加 5mm。
　　2. 钢筋混凝土基础宜设置混凝土垫层，基础中钢筋的混凝土保护层厚度应从垫层顶面算起，且不应小于 40mm。

混凝土结构暴露的环境类别应按表 3-3 的要求划分。

表 3-3　　混凝土结构的环境类别

环境类别	条　件
一	室内干燥环境 无侵蚀性静水浸没环境
二 a	室内潮湿环境 非严寒和非寒冷地区的露天环境 非严寒和非寒冷地区与无侵蚀性的水或土壤直接接触的环境 严寒和寒冷地区的冰冻线以下与无侵蚀性的水或土壤直接接触的环境
二 b	干湿交替环境 水位频繁变动环境 严寒和寒冷地区的露天环境 严寒和寒冷地区冰冻线以上与无侵蚀性的水或土壤直接接触的环境

续表

环境类别	条　　件
三 a	严寒和寒冷地区冬季水位变动区环境 受除冰盐影响环境 海风环境
三 b	盐渍土环境 受除冰盐作用环境 海岸环境
四	海水环境
五	受人为或自然的侵蚀性物质影响的环境

注　1. 室内潮湿环境是指构件表面经常处于结露或湿润状态的环境。
　　2. 严寒和寒冷地区的划分应符合现行国家标准《民用建筑热工设计规范》(GB 50176) 的有关规定。
　　3. 暴露的环境是指混凝土结构表面所处的环境。

4. 钢筋的锚固和弯钩

钢筋混凝土结构中钢筋能够受力，主要是依靠钢筋和混凝土之间的黏结锚固作用，因此锚固是混凝土结构受力的基础，如果钢筋的锚固失效，则结构可能丧失承载能力并由此引发结构破坏。受力钢筋端部依靠其表面与混凝土的黏结作用或端部弯钩、锚头对混凝土的挤压作用而达到设计承受应力所需的长度称为钢筋的锚固长度，用 l_a 表示。

为了使钢筋和混凝土之间具有良好的黏结力，钢筋的端部常需做出弯钩。《混凝土结构设计规范》(GB 50010—2010) 中规定，HPB300 级钢筋末端应做 180°弯钩，其弯弧内直径不应小于钢筋直径的 2.5 倍，弯钩的弯后平直部分长度不应小于钢筋直径的 3 倍，但做受压钢筋时可不做弯钩，如图 3-3 (a) 所示；带肋钢筋端部一般不需做弯钩，当纵向受拉普通钢

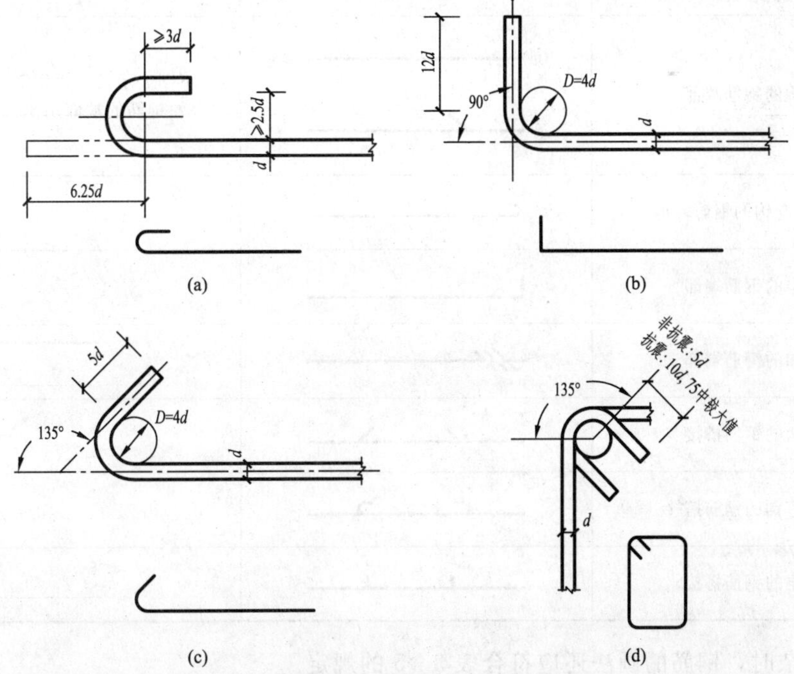

图 3-3　钢筋弯钩的常见形式和简化画法

(a) HPB300 级钢筋的 180°弯钩；(b) 末端带 90°弯钩；(c) 末端带 135°弯钩；(d) 封闭箍筋的弯钩

筋末端采用弯钩时，弯钩的形式和技术要求如图 3-3（b）、（c）所示；箍筋在交接处常做出斜弯钩，弯钩的形式如图 3-3（d）所示。

5. 钢筋的弯起

根据构件受力需要，常需在构件中设置弯起钢筋，即将构件下部的纵向受力钢筋在靠近支座附近弯起，弯起钢筋的弯起角一般为 45°或 60°。如图 3-2（a）所示梁底部中间有一根钢筋在端部向上弯起。

3.2 钢筋混凝土构件详图

3.2.1 钢筋混凝土构件的图示方法与标注

用来表示钢筋混凝土构件的形状尺寸和构件中的钢筋配置情况的图样称为钢筋混凝土构件详图，又称为配筋图，其图示重点是钢筋及其配置。

1. 图示方法

假想混凝土是透明体，构件内的钢筋是可见的。构件外形轮廓线采用细实线，钢筋用粗实线画出。断面图中被截断的钢筋用黑圆点画出，断面图上不画混凝土的材料图例。

配筋图上各类钢筋的交叉重叠很多，为了清楚地表示出有无弯钩及它们相互搭接情况，《建筑结构制图标准》（GB/T 50105—2010）中规定普通钢筋的一般表示方法见表 3-4。

表 3-4　普通钢筋的表示方法

名称	图例	说明
钢筋横断面	•	
无弯钩的钢筋端部	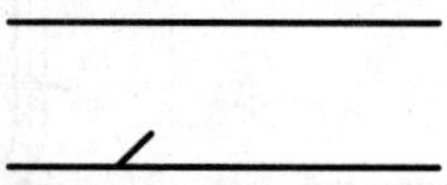	下图表示长、短钢筋投影重叠时，短钢筋的端部用 45°斜画线表示
带半圆形弯钩的钢筋端部		
带直钩的钢筋端部		
带丝扣的钢筋端部		
无弯钩的钢筋搭接		
带半圆弯钩的钢筋搭接		
带直钩的钢筋搭接		

配筋复杂时，钢筋的画法还应符合表 3-5 的规定。

表 3-5　　钢　筋　画　法

序号	说明	图例
1	在结构楼板中配置双层钢筋时，底层钢筋的弯钩应向上或向左，顶层钢筋的弯钩则向下或向右	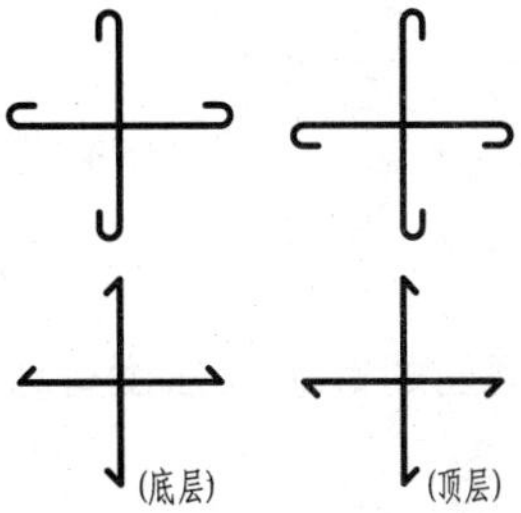 (底层)　(顶层)
2	钢筋混凝土墙体配双层钢筋时，在配筋立面图中，远面钢筋的弯钩应向上或向左，而近面钢筋的弯钩则向下或向右（JM 近面，YM 远面）	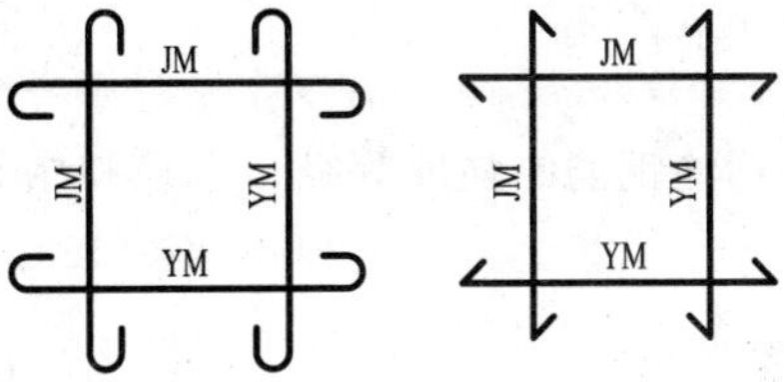 JM YM JM YM　JM YM JM YM
3	若在断面图中不能表达清楚的钢筋布置，应在断面图外增加钢筋大样图（如钢筋混凝土墙、楼梯等）	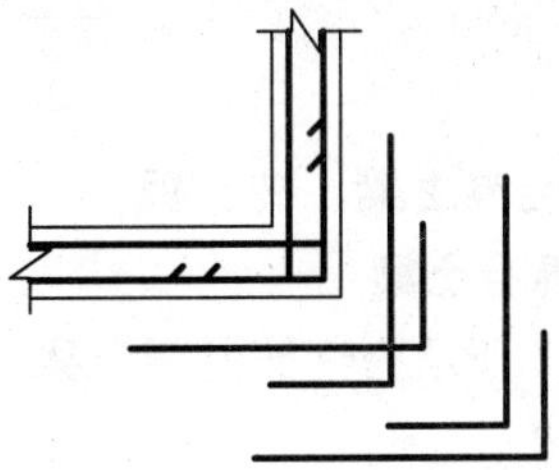
4	图中所表示的箍筋、环筋等若布置复杂时，可加画钢筋大样及说明	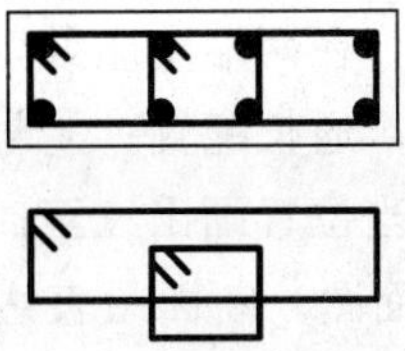
5	每组相同的钢筋、箍筋或环筋，可用一根粗实线表示，同时用一两端带斜短画线的横穿细线，表示其钢筋及起止范围	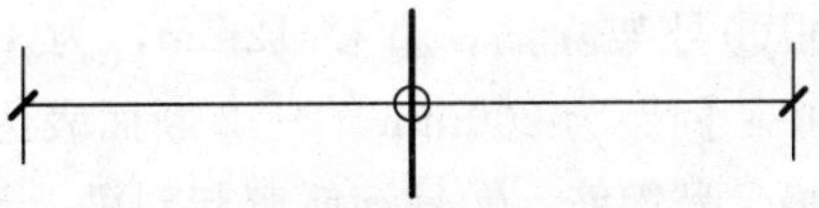

2. 钢筋的标注

构件中的各种钢筋应进行标注，标注内容包括钢筋的编号、数量、强度等级、直径和间距等。

构件中对不同形状、不同规格的钢筋应进行编号。其中，规格、直径、形状、尺寸完全相同的钢筋，编同一个号；上述各项中有一项不同则需分别编号。构件中的所有钢筋宜按先主后次的顺序逐一编号，编号应采用阿拉伯数字，写在直径为5～6mm的细实线圆圈内，如图3-4所示。对于简单构件，钢筋还可不编号。

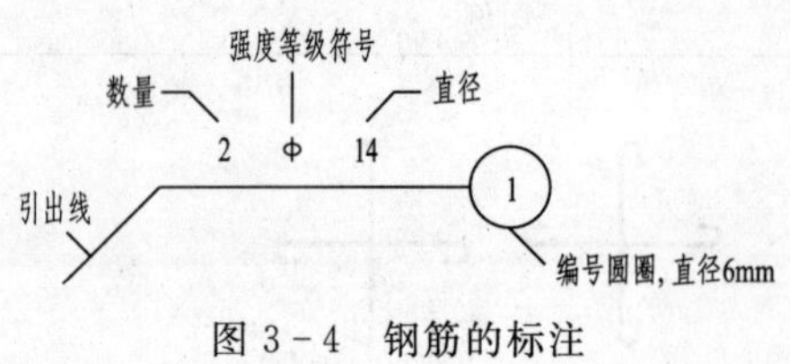

图3-4 钢筋的标注

钢筋标注一般采用以下两种形式。

(1) 标注钢筋的数量、强度等级和直径，如梁、柱内的纵筋。

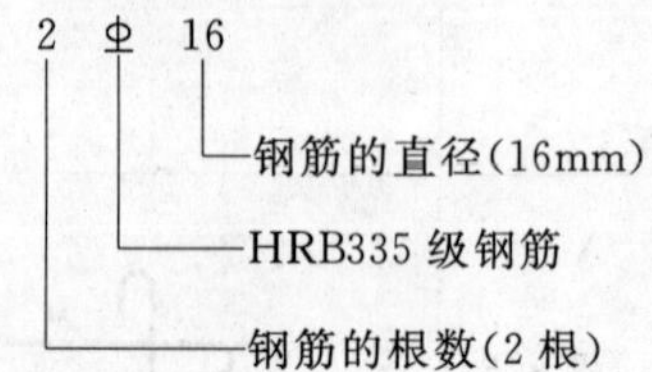

(2) 标注钢筋的强度等级、直径和相邻钢筋的中心距，如梁、柱内箍筋和板内钢筋。

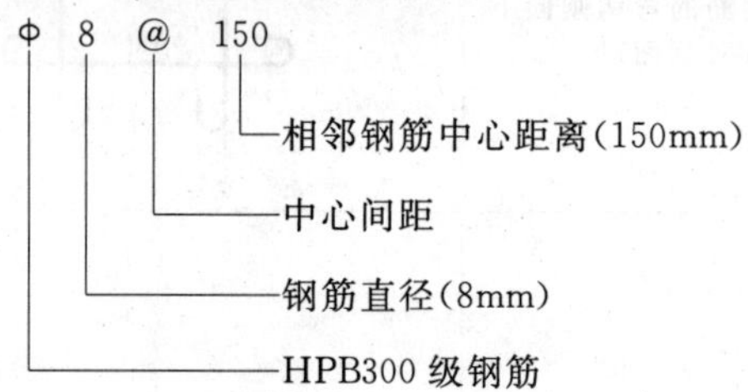

3.2.2 钢筋混凝土梁、柱、板

1. 钢筋混凝土梁

如图3-5所示为钢筋混凝土梁的配筋图，包括配筋立面图、配筋断面图、钢筋大样图和钢筋表。

(1) 配筋立面图。由立面图可知梁的外形尺寸，梁的两端搁置在砖墙上，该梁共配置四种钢筋：①、②号钢筋为受力筋，位于梁下部，通长配置，其中②号钢筋为弯起钢筋，其中间段位于梁下部，在两端支座处弯起到梁上部，图中注出了弯起点的位置；③号钢筋为架立筋，位于梁上部，通长配置；④号钢筋为箍筋，沿梁全长均匀布置，在立面图中箍筋采用了简化画法，在适当位置画出三至四根即可。

(2) 配筋断面图。断面图表达了梁的断面形状尺寸，注明了各种钢筋的编号、根数、强度等级、直径、间距等。1—1断面表达了梁跨中的配筋情况，该处梁下部有三根受力筋，直径20mm，均为HRB400级钢筋，两根①号钢筋在外侧，中间一根为②号弯起钢筋；梁上部是两根③号架立筋，直径12mm，为HPB300级钢筋；箍筋为HPB300级钢筋，直径6mm，中心间距为200mm。2—2断面表达了梁两端支座处的配筋情况。可以看出，梁下部只有两根①号钢筋，②号钢筋弯起到梁上部，其他钢筋没有变化。

(3) 钢筋大样图。钢筋大样图画在与立面图相对应的位置，比例与立面图一致。每个编号只画出一根钢筋，标注编号、根数、强度等级、直径和钢筋上各段长度及单根长度。计算各段长度时，箍筋尺寸为内皮尺寸，弯起钢筋的高度尺寸为外皮尺寸。

(4) 钢筋表。为了便于钢筋用量的统计、下料和加工，要列出钢筋表，钢筋表的内容如

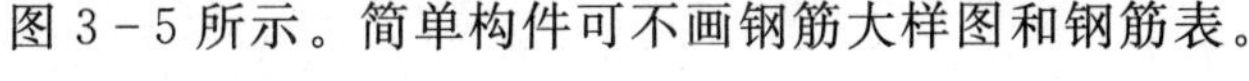

图 3－5 所示。简单构件可不画钢筋大样图和钢筋表。

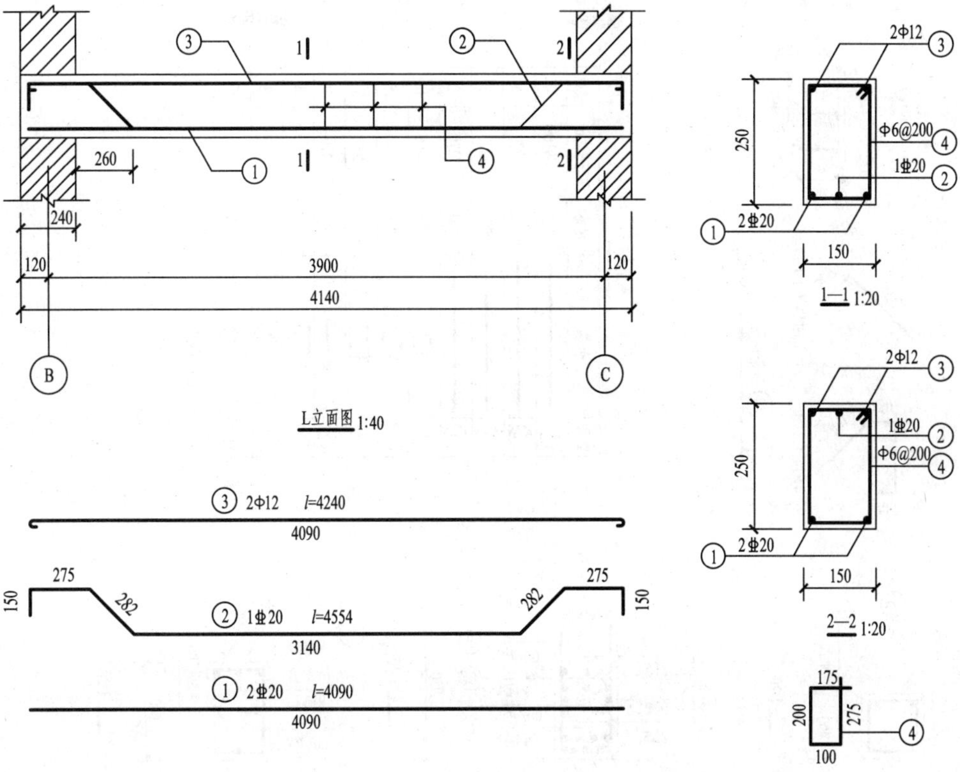

钢筋表

编号	简图	规格	长度	根数	备注
①		Φ20	4090	2	
②		Φ20	4554	1	
③		Φ12	4240	2	
④		Φ6	750	20	

图 3－5　钢筋混凝土梁构件详图

2. 钢筋混凝土柱

钢筋混凝土柱的图示方法基本上和梁相同。其配筋图一般包括配筋立面图、配筋断面图、钢筋大样图和钢筋表。对于形状复杂的构件，还要画出其模板图，表达其具体的形状、尺寸标高以及预埋铁件和预留孔洞的位置等，以便施工时进行支模。

图 3－6 所示为一带有牛腿的预制钢筋混凝土柱 Z－1 的构件详图。在工业厂房中，牛腿常用来支承吊车梁；牛腿之上的柱称为上柱，主要用来支承屋架，断面较小；牛腿之下的柱称为下柱，受力较大，故断面较大，下柱断面有矩形、工字形或双肢柱等形式。

图 3－6 中包括模板图、配筋立面图、配筋断面图、钢筋大样图、钢筋表和预埋件详图。下面逐一识读。

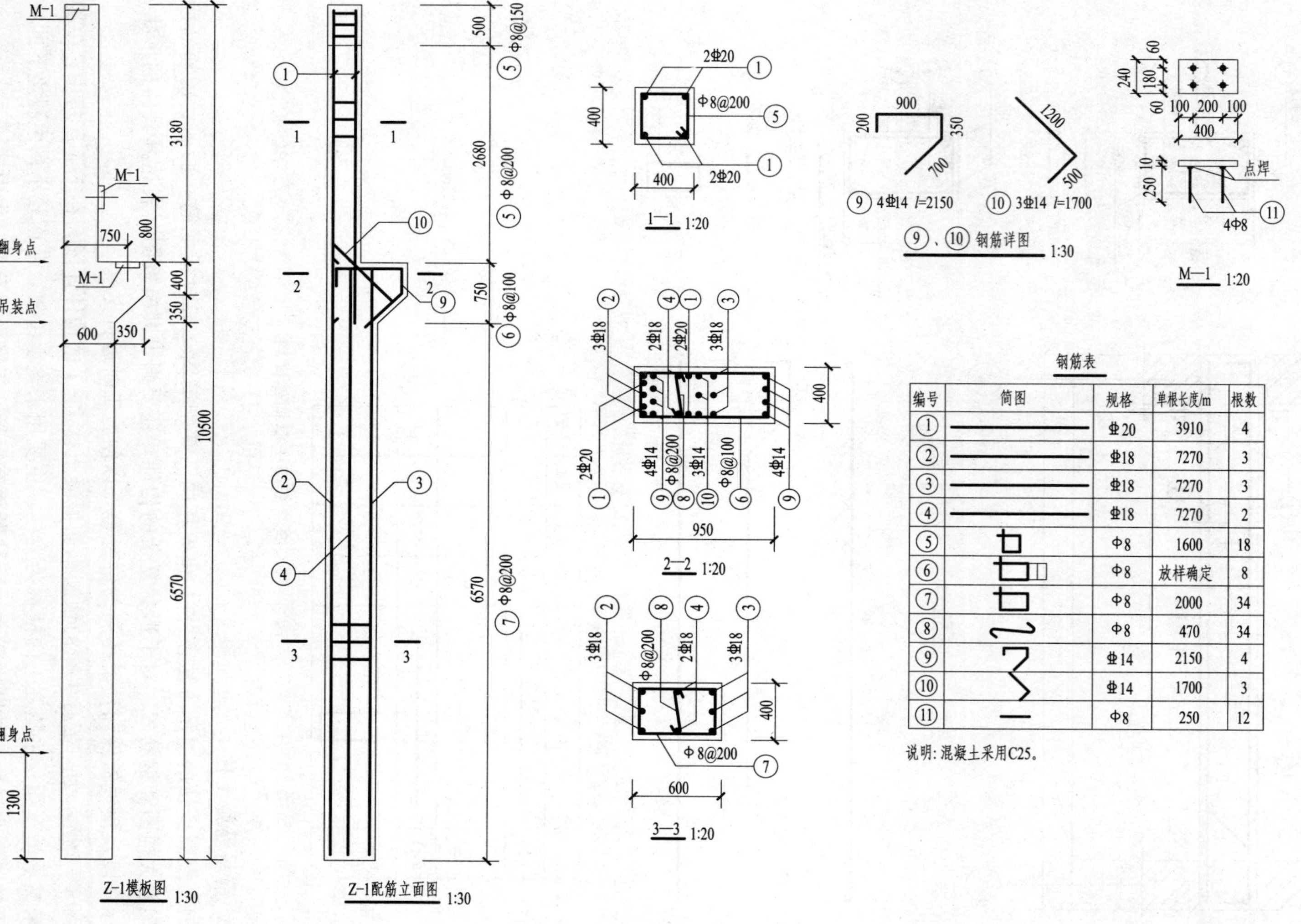

钢筋表

编号	简图	规格	单根长度/m	根数
①		Φ20	3910	4
②		Φ18	7270	3
③		Φ18	7270	3
④		Φ18	7270	2
⑤		Φ8	1600	18
⑥		Φ8	放样确定	8
⑦		Φ8	2000	34
⑧		Φ8	470	34
⑨		Φ14	2150	4
⑩		Φ14	1700	3
⑪		Φ8	250	12

说明：混凝土采用C25。

图 3－6　钢筋混凝土柱构件详图

(1) 柱的形状尺寸。图 3-6 的模板图为柱的立面图，结合柱的配筋断面图 1—1、2—2、3—3 可确定该柱的形状尺寸。该柱一侧有牛腿，上柱的断面为 400mm×400mm，牛腿部位断面为 400mm×950mm，下柱的断面为 400mm×600mm。

(2) 柱的配筋。柱的配筋由配筋立面图、配筋断面图、钢筋大样图和钢筋表共同表达。

首先识读上柱配筋，由配筋立面图和 1—1 断面图可知，上柱受力筋为 4 根 HRB400 级钢筋，直径 20mm，分布在四角，箍筋为 HPB300 级钢筋，直径 8mm，间距 200mm，距上柱顶部 500mm 范围是箍筋加密区，间距 150mm。

然后识读下柱配筋，由配筋立面图和 3—3 断面图可知，下柱受力筋为 8 根 HRB400 级钢筋，直径 18mm，箍筋为 HPB300 级钢筋，直径 8mm，间距 200mm。

最后识读牛腿部位的配筋，由配筋立面图可知上、下柱的受力筋都伸入牛腿，使上下柱连成一体。由于牛腿部位要承受吊车梁的荷载，所以该处钢筋需要加强，由配筋立面图、2—2 断面图以及钢筋详图可知，牛腿部位配置了编号为⑨和⑩的加强弯筋，⑨号筋为 4 根 HRB400 级钢筋，直径 14mm，⑩号筋为 3 根 HRB400 级钢筋，直径 14mm。牛腿部位的箍筋为 HPB300 级钢筋，直径 8mm，间距 100mm，形状随牛腿断面逐步变化。

(3) 埋件图及其他。在该钢筋混凝土柱上设计有多个预埋件。模板图中标注了预埋件的确切位置，上柱顶部的预埋件用于连接屋架，上柱内侧靠近牛腿处和牛腿顶面的两个预埋件用于连接吊车梁。图 3-6 右上角给出了预埋件 M—1 的构造详图，详细表达了预埋钢板的形状尺寸和锚固钢筋的数量、强度等级和直径。

另外，在模板图中还标注了翻身点和吊装点。由于该柱是预制构件，在制作、运输和安装过程中需要将构件翻身和吊起，如果翻身或吊起的位置不对，可能使构件破坏，因此需要根据力学分析确定翻身和起吊的合理位置，并进行标记。

3. 钢筋混凝土板

钢筋混凝土板有预制板和现浇板两种。

(1) 钢筋混凝土预制板。钢筋混凝土预制板有实心板、槽形板和空心板等形式，其中空心板应用最广。空心板是定型构件，一般不必绘制详图，只需标注其型号，根据标注的型号查阅有关的标准图集了解板的长度、宽度和高度。

预应力钢筋混凝土空心板的型号标注方法目前全国尚未统一，各地区有各自的标准图集，本书采用山东省建筑标准设计图集的标注方法。常用空心板的厚度为 120mm 和 180mm，现以 120mm 厚空心板的型号和代号的注释为例，说明如下：

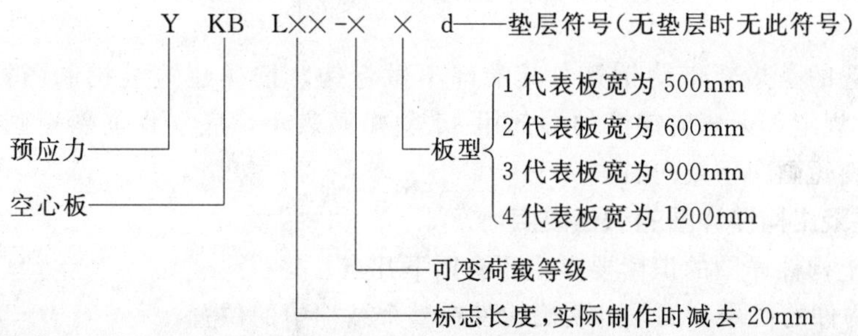

例如 5YKBL33-42 表示：120mm 厚的预应力钢筋混凝土空心板，板数为 5 块，板长为 3300mm，实际制作时减去 20mm；允许的可变荷载等级为 4 级；板宽为 600mm，实际制作时减去 10mm。

（2）混凝土现浇板。钢筋混凝土现浇板需绘制构件详图，一般用平面图表达。图 3－7 所示为现浇板的配筋图。按《建筑结构制图标准》GB/T 50105—2010 规定：底层钢筋弯钩应向上或向左，顶层钢筋弯钩应向下或向右。由图 3－7 可知，在该块板中，①号钢筋为 HPB300 级钢筋，直径 12mm，间距 150mm，两端半圆弯钩向上，配置在板底层；②号钢筋 HPB300 级钢筋，直径 10mm，间距 150mm，两端直弯钩向下，配置在板顶层；③号钢筋 HPB300 级钢筋，直径 8mm，间距 200mm，两端直弯钩向右或向下，配置在板顶层四周支座处；另外，板上留有洞口，在洞口周边配有加强钢筋每边 2φ12，洞口两侧的板上还配置了④、⑤两种钢筋。

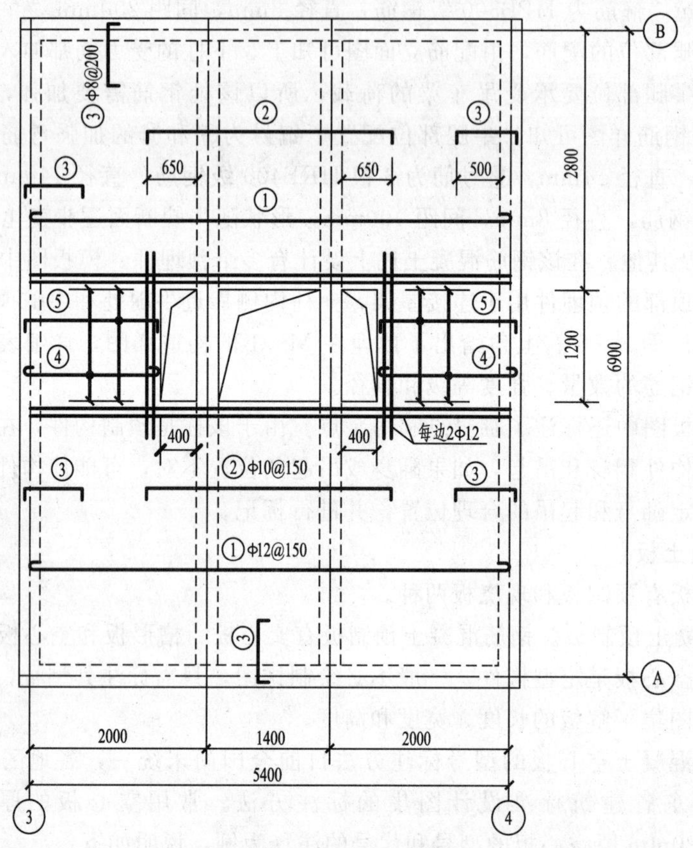

图 3－7　现浇板配筋图

若板中配置的是热轧带肋钢筋，其端部不做弯钩，按《建筑结构制图标准》（GB/T 50105—2010）规定，无弯钩钢筋的端部用 45°斜短画表示，底层钢筋斜短画方向向上或向左，顶层钢筋斜短画向下或向右。

3.2.3　钢筋混凝土构件详图的识读要点

钢筋混凝土构件详图的识读要点主要有以下几点。

（1）识读构件的代号和编号，明确构件在整个结构中的位置。

（2）识读构件的形状和各部位的尺寸、标高。

（3）识读构件的配筋。重点识读构件中不同位置配置钢筋的形状、数量、强度等级、直径、长度等。

第4章　识读基础图

在结构施工图中，基础图是首先识读的图样。基础施工图一般由基础平面布置图和基础详图等组成。本章主要讲述房屋建筑中几种常见基础（现浇混凝土独立基础、条形基础、筏形基础）的施工图纸的图示内容和识读方法。

4.1　建筑物的基础类型与构造

4.1.1　基础类型

基础是建筑物最下部的组成部分，埋于地面以下，负责将建筑物的全部荷载传递给地基。基础作为建筑物的主要承重构件，要求坚固、稳定、耐久，还应具有防潮、防水、耐腐蚀等性能。基础的类型很多，划分方法也不尽相同。

1. 按基础的材料性能和受力特点划分

(1) 刚性基础。指用砖、灰土、混凝土、三合土等抗压强度大而抗拉强度小的刚性材料做成的基础，常用的有砖基础、毛石基础、灰土基础、三合土基础、混凝土基础等。

(2) 柔性基础。一般指钢筋混凝土基础，是用钢筋混凝土制成的受压、受拉均较强的基础。

2. 按基础的构造形式划分

(1) 独立基础。当建筑物上部结构采用框架结构或单层排架结构承重时，柱下常采用独立基础，独立基础是柱下基础的基本形式。独立基础通常有阶梯形和坡形（锥形）两种形式，如图 4－1（a）、（b）所示。

当柱采用预制构件时，则基础做成杯口形，然后将柱子插入并嵌固在杯口内，故称杯口独立基础，如图 4－1（c）所示。

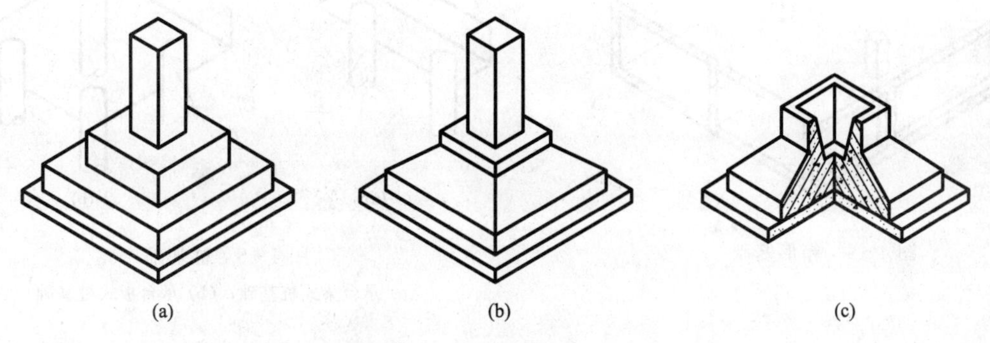

图 4－1　独立基础

(a) 阶梯形独立基础；(b) 坡形独立基础；(c) 杯口独立基础

(2) 条形基础。当建筑物上部结构采用墙承重时，基础沿墙身设置，多做成长条形，这类基础称为条形基础或带形基础，一般用于多层混合结构，如图 4－2 所示。

(3) 筏形基础。建筑物基础由整片的钢筋混凝土板组成，这样的基础称为筏形基础（又称为满堂基础）。筏形基础常用于建筑物上部荷载大而地基又较弱的多层砌体结构、框架结构和剪力墙结构等的墙下和柱下。按其结构布置分为平板式和梁板式两种，其受力特点与倒置的楼板相似，如图 4-3 所示。

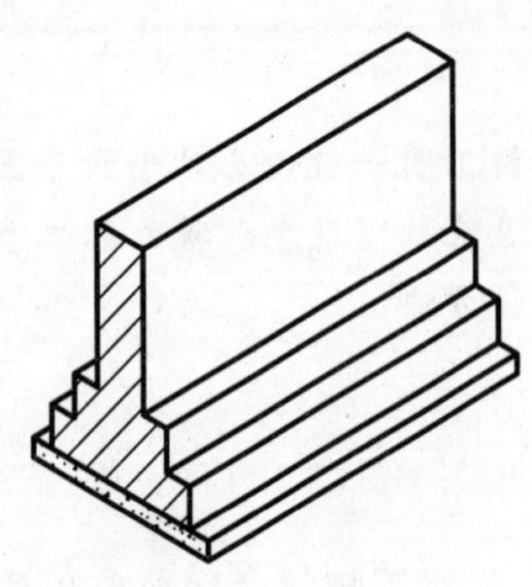

图 4-2　条形基础

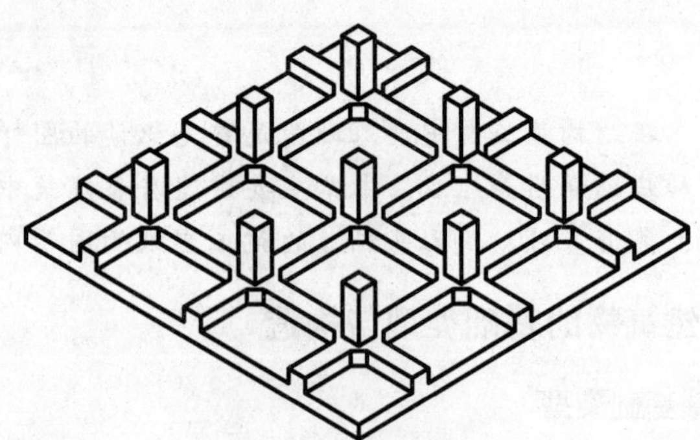

图 4-3　筏形基础

(4) 箱形基础。箱形基础是由钢筋混凝土底板、顶板和若干纵、横隔墙组成的整体结构，基础的中空部分可用作地下室（单层或多层的）或地下停车库。箱形基础整体空间刚度大，整体性强，能抵抗地基的不均匀沉降，较适用于高层建筑或在软弱地基上建造的重型建筑物，如图 4-4 所示。

(5) 桩基础。当浅层地基不能满足建筑物对地基承载力的要求，而又不适宜采取地基处理措施时，就要考虑以下部坚实土层或岩层作为持力层的深基础，可采用桩基础。桩基础一般由设置于土中的桩身和承接上部结构的承台组成，如图 4-5 所示。

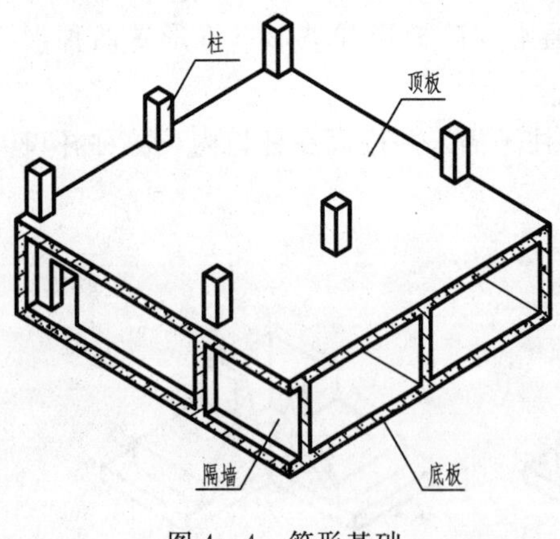

图 4-4　箱形基础

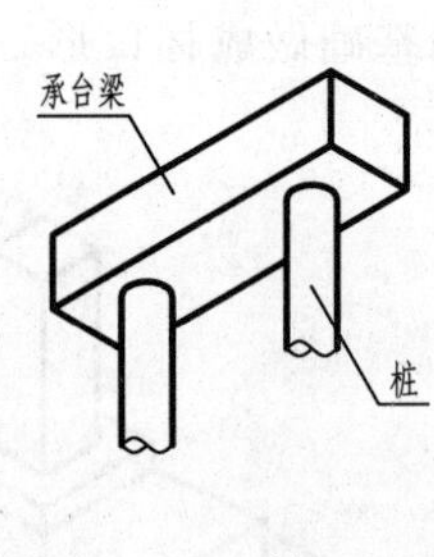

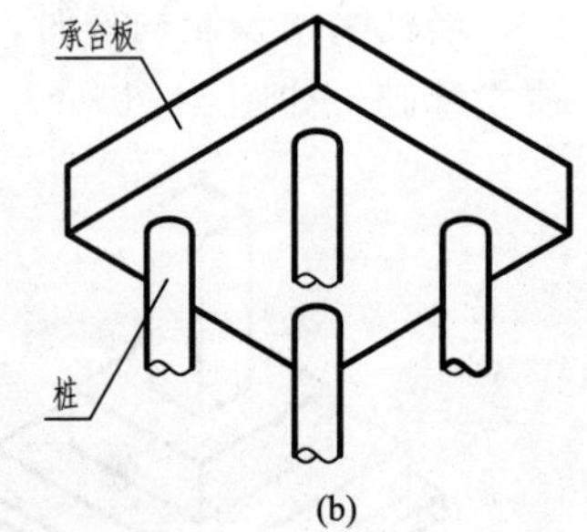

图 4-5　桩基础

(a) 承台梁式桩基础；(b) 承台板式桩基础

4.1.2　基础的构造组成

下面以条形基础为例，介绍一下基础的构造组成，如图 4-6 所示。

(1) 地基。地基是基础下面的土层，承受由基础传递的建筑物的全部荷载。地基必须具有足够的承载力。一般对房屋进行设计之前应对地基土层进行勘察，以了解地基土层的组成、地下水位、承载力等地质情况。

(2) 垫层。垫层位于基础与地基之间，将基础传来的荷载均匀地传递给地基。基础垫层材料一般采用混凝土，荷载比较小时也可采用灰土垫层。

(3) 大放脚。基础底部一阶一阶扩大的部分称为大放脚。大放脚可以增加基础底部与垫层的接触面积，减少垫层上单位面积的压力。

(4) 基础墙。基础顶面以上室内地面以下的墙体称为基础墙。

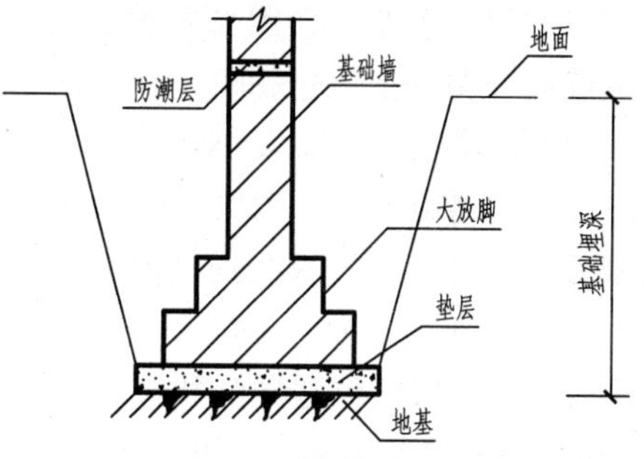

图4-6　条形基础的构造组成

(5) 防潮层。为了防止水分沿基础墙上升，防止墙身受潮，通常在室内地面以下（一般为0.060m处）设置一层防水材料，这层防水层称为防潮层。

(6) 基础埋深。室外地面至基础底面的垂直距离称为基础埋置深度，简称基础埋深。基础按其埋置深度分为浅基础和深基础。基础埋深一般不小于0.5m，埋深小于5m称为浅基础，埋深大于等于5m称为深基础。

4.2　基础平面图和基础详图

无论建筑物采用哪种基础，基础施工图都由基础平面图和基础详图组成。

4.2.1　基础平面图

1. 基础平面图的形成

假想用一个水平剖切面将建筑物沿室内地面以下剖切开，移去剖切面以上的部分和基础回填土后向水平投影面做正投影，得到的投影图称为基础平面图。基础平面图是施工时放灰线、挖基坑的主要依据。

2. 基础平面图的主要内容

基础平面图主要表示基础的平面布置情况，一般应包括以下内容。

(1) 基础墙或柱及其定位轴线。轴线编号与建筑底层平面图相同。

(2) 基础底面边线。基础的最外边线（一般为不包括垫层的基础边线）。

(3) 基础梁。

(4) 剖切符号。不同位置基础的形状、尺寸、配筋、埋置深度及与轴线相对位置不同时，均应绘制相应的基础详图。因此，在基础平面图中要画出剖切符号，注明编号以便与基础详图相对应。

(5) 尺寸标注。基础平面图中的尺寸标注一般需标出定位轴线间的尺寸及总尺寸两道尺寸。

3. 基础平面图的图线要求

基础平面图所采用的比例与建筑底层平面图相同。在基础平面图中，定位轴线用细单点长画线，剖切到的基础墙画中粗实线，基础底面边线画细实线，大放脚等其他可见轮廓线省略不画，梁画粗点划线（单线），剖切到钢筋混凝土柱涂黑表示。

4.2.2　基础详图

基础详图是垂直剖切的断面图。基础断面图表达了基础的形状、大小、构造、材料及埋置深度，并以此作为砌筑基础的依据。基础详图常用较大比例画出，基础断面完全相同的部位可以共用一个基础详图来表示。

基础详图一般应包括以下内容。

(1) 定位轴线及其编号。

(2) 基础墙厚度、大放脚的高度及宽度；基础断面的形状、大小、材料以及配筋情况；基础梁的宽度、高度及配筋情况。

(3) 室内外地面、基础底面的标高。

(4) 防潮层的位置做法和文字说明等。

4.2.3 常见类型基础施工图的识读

1. 独立基础施工图的识读

(1) 独立基础平面图的识读。图 4－7 是某建筑的基础平面图，绘制比例为 1∶100。从图中可看出该建筑基础采用的是柱下独立基础，图中涂黑的方块表示剖切到的钢筋混凝土柱，柱周围的细线方框表示柱下独立基础轮廓：定位轴网及轴间尺寸都已在图中标出。由图 4－7 可看出，独立基础共有 J－1、J－2、J－3 三种编号，每种基础的平面尺寸及与定位轴线的相对位置尺寸都已标出，如 J－1 的平面尺寸为 3000mm×3000mm，两方向定位轴线居中。

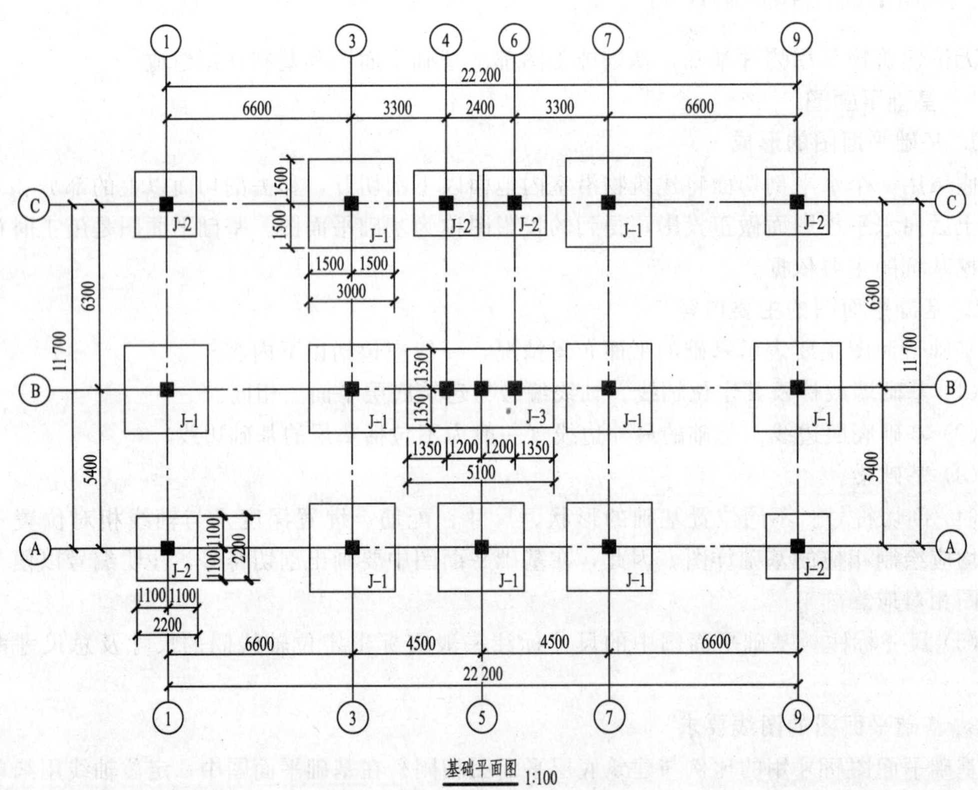

图 4－7 独立基础平面图

(2) 独立基础详图的识读。图 4－8 是与图 4－7 对应的基础 J－1 的基础详图，由平面图和 1—1 断面图组成。从图中可以看出基础为阶梯形独立基础，基础上部柱的断面尺寸为 450mm×450mm，阶梯部分的平面尺寸与竖向尺寸图中都已标出，基础底面的标高为

−1.800m。基础垫层为 100mm 厚 C10 混凝土，每侧宽出基础 100mm。

J－1 的底板配筋两个方向都为直径 12mm 的 HRB335 级钢筋，分布间距 130mm。基础中预放 8 根直径 20mm 的 HRB400 级钢筋，是为了与柱内的纵筋搭接，在基础范围内还设置了两道箍筋 2ϕ8。

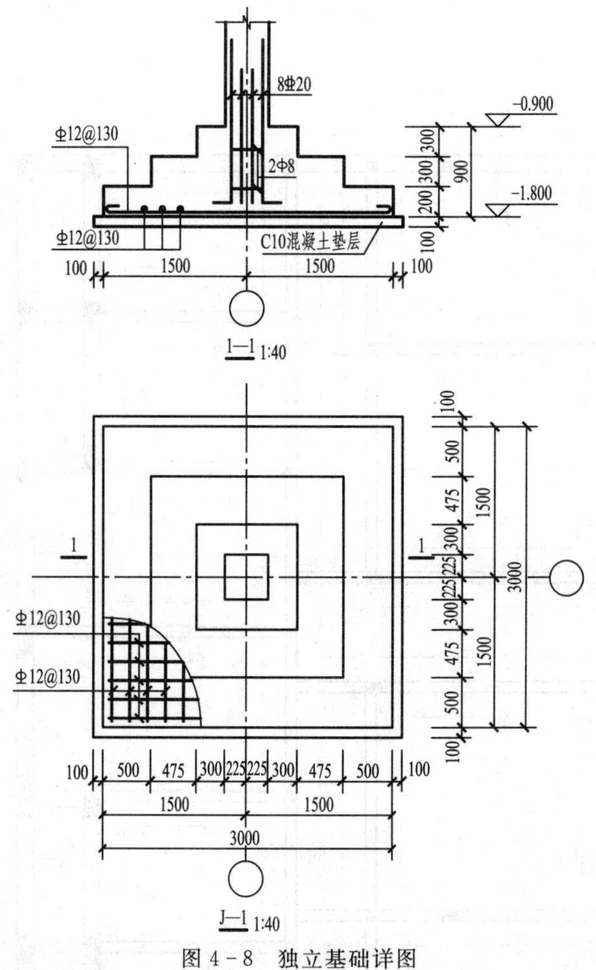

图 4－8　独立基础详图

2. 条形基础施工图的识读

(1) 条形基础平面图的识读。图 4－9 是某建筑的基础平面图，绘制比例为 1∶100。从图中可以看出，该建筑的基础为条形基础。轴线两侧中粗实线表示基础墙，细实线表示基础底面边线，图中标注了基础宽度。以①轴线为例，墙厚 370mm，基础底面宽度尺寸 1300mm，基底左右边线到轴线的定位尺寸分别为 710mm 和 590mm。图中涂黑的表示构造柱，其编号已在图中注明，构造柱的定形、定位尺寸及配筋情况另有详图表示，图 4－10 中给出了 GZ1、GZ2 的配筋断面图，读者可自行识读。图中还画出了多处剖切符号，如 1—1、2—2 等，表明基础详图的剖切位置。

(2) 条形基础详图的识读。图 4－10 是图 4－9 中条形基础的三个断面图及 GZ—1、GZ—2 的配筋断面图。三个基础断面图分别是 370 墙基础断面、240 墙基础断面、和 1—1 断面。

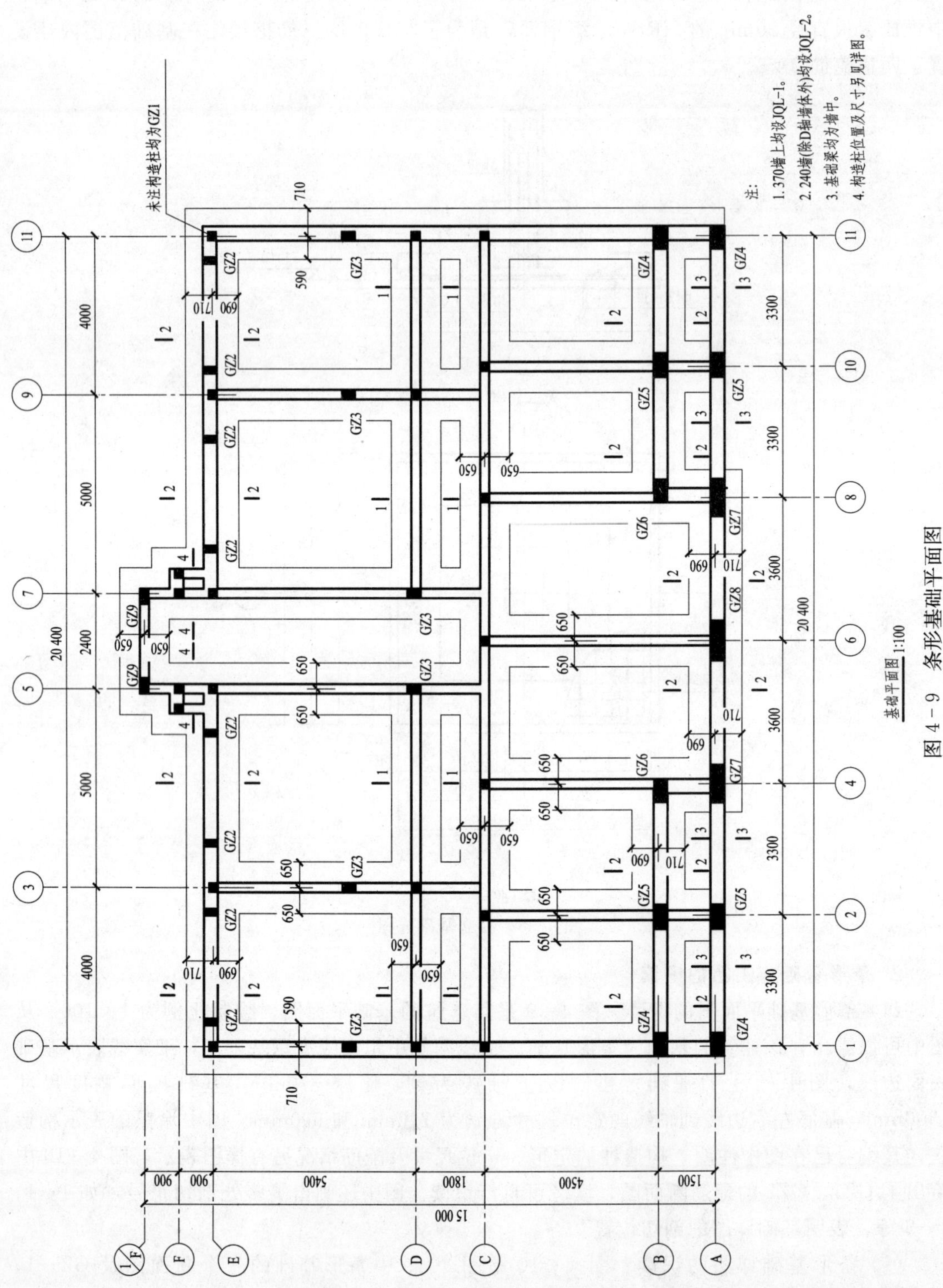
未注构造柱均为GZ1
注：
1. 370墙上均设JQL-1。
2. 240墙(除D轴墙体外)均设JQL-2。
3. 基础梁均为墙中。
4. 构造柱位置及尺寸另见详图。
基础平面图 1:100
GZ1
GZ2
GZ3
GZ4
GZ5
GZ6
GZ7
GZ8
GZ9
20 400
15 000
4000
5000
2400
3300
3600
5400
4500
1800
1500
900
710
690
650
590

图4－9　条形基础平面图

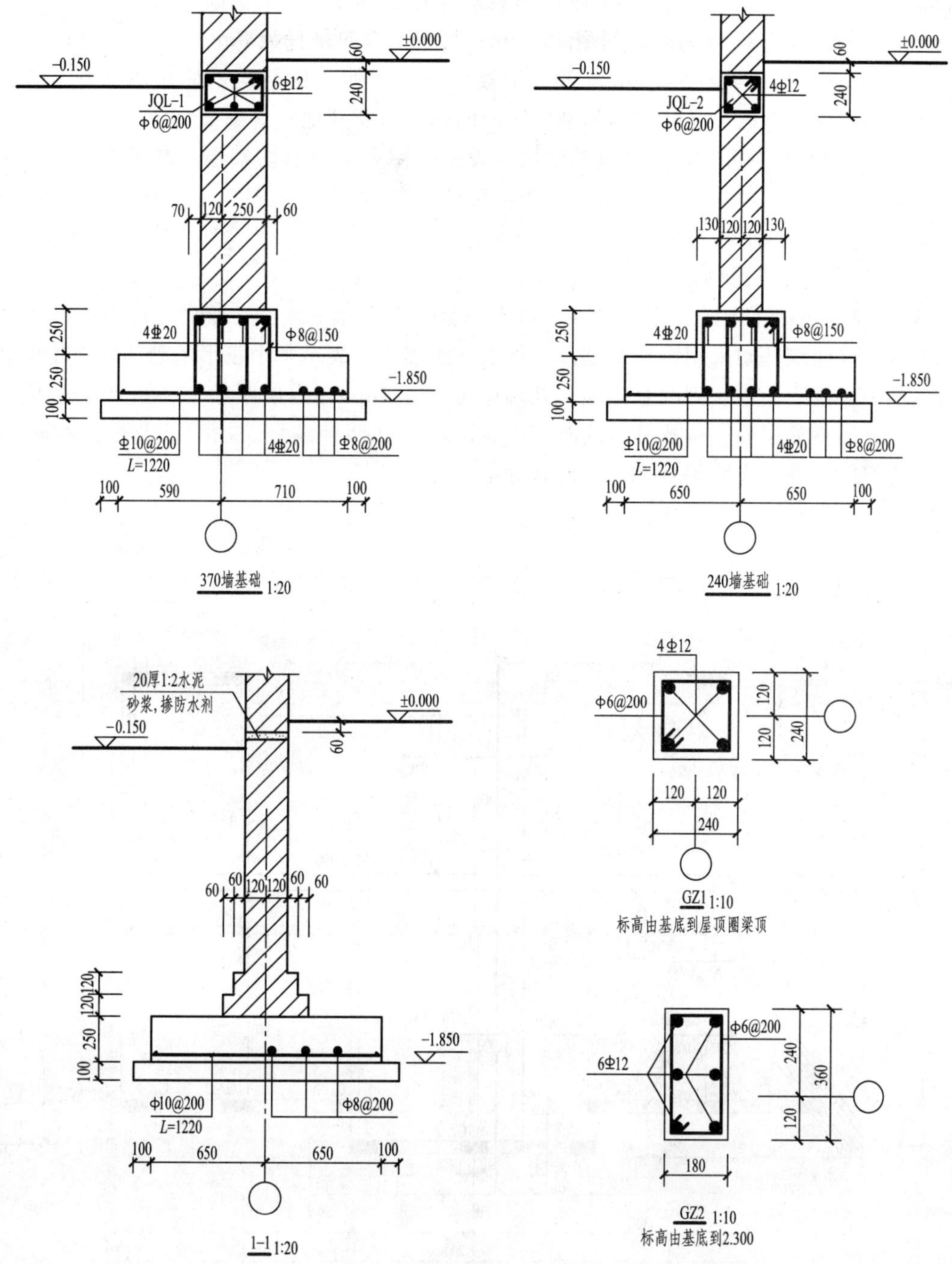

图 4－10　条形基础详图

现以 370 墙断面图为例，识读基础详图。该图比例为 1∶20，因为它是通用详图，所以在定位轴线圆圈符号内未注编号。该条形基础上部是砖砌的 370mm 厚的基础墙，在底层地面以下 60mm 处设有基础圈梁 JQL－1，其断面尺寸为 370mm×240mm，配置 6 根直径为 12mm 的 HRB335 级纵向钢筋和箍筋 ϕ6@200。下面的基础采用钢筋混凝土结构，基础中基础梁配置 8 根直径为 20 的 HRB400 级纵向钢筋和箍筋 ϕ8@150。基础板底配筋一个方向是直径 10mm 的 HRB335 级钢筋，间距 200mm；另一个方向是直径 8mm 的 HRB335 级钢筋，间距 200mm。基础下面设置 100mm 厚的混凝土垫层，使基础与地基的接触良好，传力均匀。图中还标注了室内、室外地面和基础底面的标高以及其他一些细部尺寸。

从 1—1 断面图中可见，该处基础墙内未设基础圈梁，设有防潮层，基础墙的下端为两级大放脚，每一级大放脚高为 120mm（两皮砖的厚度），向两边各放出 60mm（1/4 砖的宽度），基础内未设基础梁。

3. 筏形基础施工图的识读

（1）筏形基础平面图的识读。图 4 - 11 是某建筑的基础平面图，绘制比例为 1∶100。从图中可看出该建筑基础采用筏形基础。最外围一圈细实线表示整个筏形基础的底板轮廓，轴线两侧的中实线表示剖切到的基础墙，外墙厚度为 370mm，内墙厚度为 240mm。墙体中涂黑的部分表示钢筋混凝土构造柱，共有 GZ - 1、GZ - 2 两种编号。在②、④轴线之间，⑥、⑧轴线之间的细虚线表示编号 JL - 1 的基础梁。

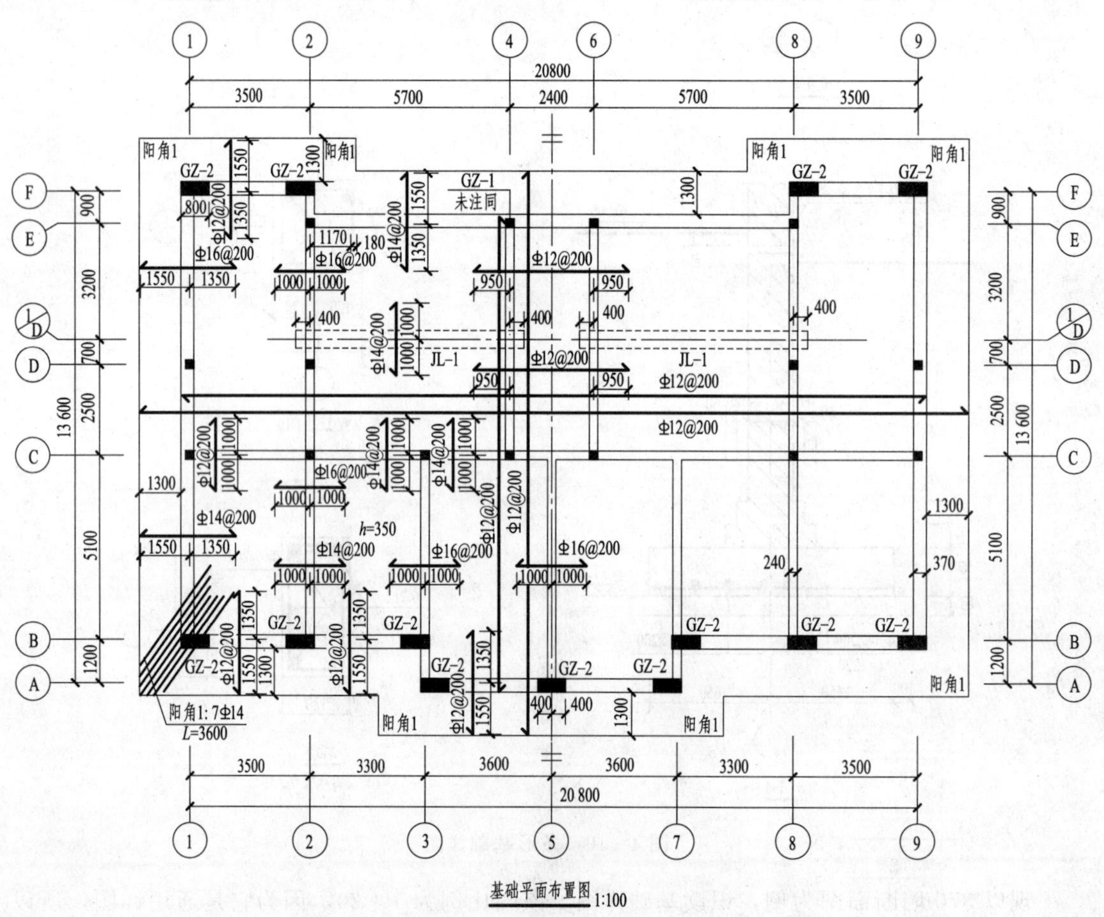

图 4 - 11　筏形基础平面图

整个筏形基础底板的厚度为 350mm。基础底板配筋一般双层双向配置贯通筋，并且底部沿梁或墙的方向需增加与梁或墙垂直的非贯通筋。该底板配筋左右对称，顶部横纵方向均配置直径 12mm 的 HRB335 级钢筋，钢筋间距 200mm，钢筋伸至外墙边缘；底部横纵方向配置的钢筋与顶部相同，钢筋伸至基础底板边缘；另外板底都配置了附加非贯通钢筋。如①轴线墙上配有直径 16mm 和 14mm 的 HRB335 级钢筋，两种钢筋的间距都为 200mm，两侧伸出轴线的长度分别为 1550mm 和 1350mm。另外在每个阳角部位还配有 7 根直径 14mm 的 HRB335 级钢筋，每根长度为 3600mm。

(2) 筏形基础详图的识读。图 4－12 是图 4－11 所示筏形基础的基础详图，图中给出了外墙和内墙部位的基础断面图和 GZ－1、GZ－2、JL－1 的配筋断面图。

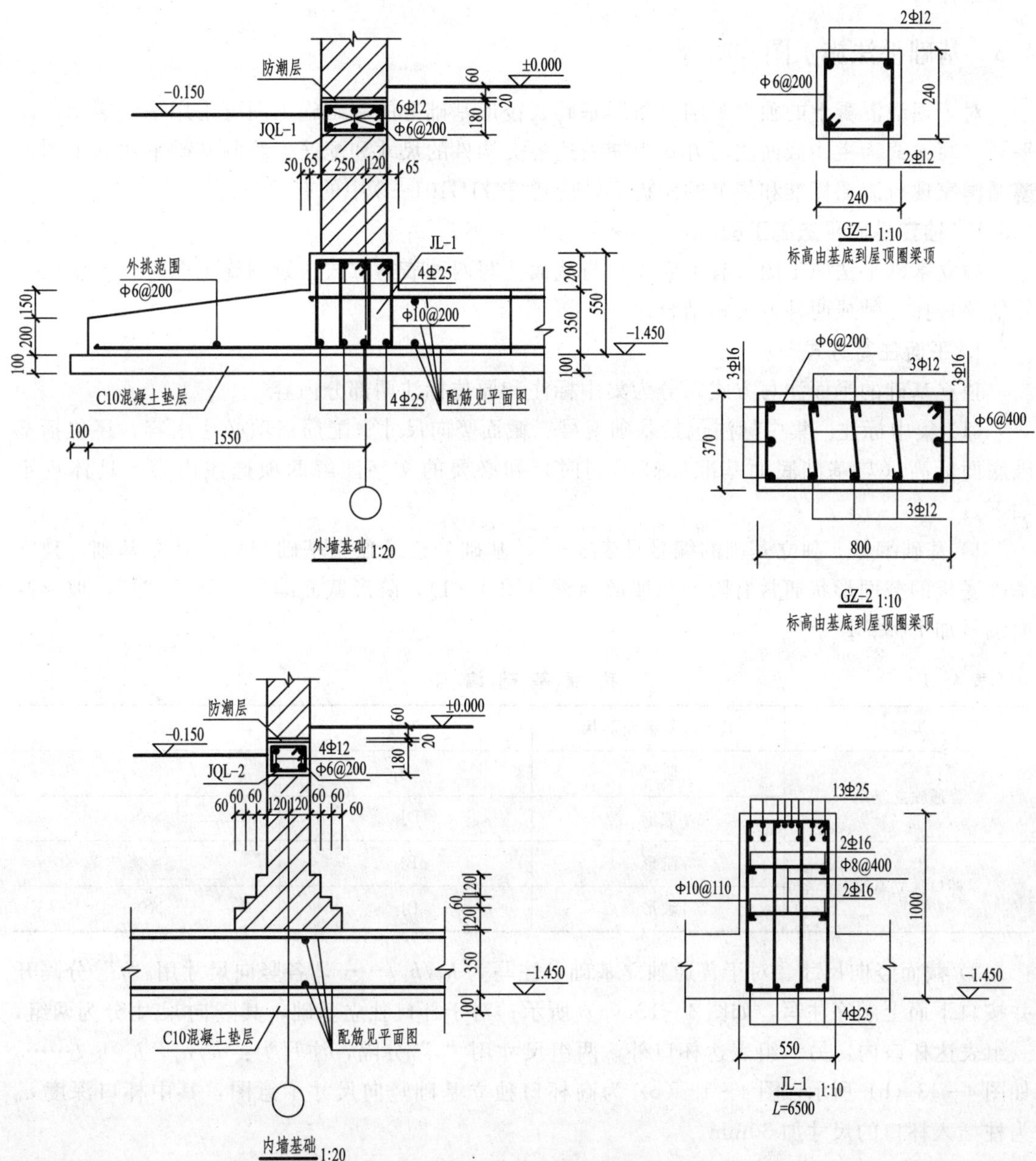

图 4－12　筏形基础详图

以外墙基础详图为例进行识读。从图中可看出基础底板上方外墙厚370mm，墙中有防潮层和基础圈梁JQL－1，JQL－1的截面尺寸为370mm×180mm，底部、顶部分别配置3根直径16mm的HRB335级钢筋，箍筋为直径6mm间距200mm的HPB300级钢筋。墙下为编号JL－1的基础梁，基础梁底部与顶部各配置4根直径25mm的HRB335级钢筋，箍筋为直径10mm间距200mm的HPB300级钢筋，基础梁底部与基础底板底部一平，“一平”是指在同一个平面上。图中外挑部位为坡形，底部配置直径6mm的HPB300级分布筋。由于底板的配筋在平面图中已表示清楚，故在断面图中并未标注。基础各部位的尺寸、标高图中都已标出。

4.3 基础平法施工图

对于现浇混凝土的独立基础、条形基础、筏形基础等的基础施工图可采用平法表示，以平面注写方式为主、截面注写方式为辅表达各类构件的尺寸和配筋。绘制基础平法施工图在遵循国家现行制图标准和规范的前提下，应遵守11G101－3中的有关规定。

4.3.1 独立基础平法施工图

独立基础平法施工图，有平面注写与截面注写两种表达方式。绘制施工图时，可根据具体情况选择一种或两种方式相结合。

1. 平面注写方式

独立基础的平面注写方式，分为集中标注和原位标注两部分内容。

(1) 集中标注。集中标注包括基础编号、截面竖向尺寸、配筋三项必注内容，还包括基础底面标高（与基础底面基准标高不同时）和必要的文字注解两项选注内容。具体规定如下。

1）基础编号。独立基础的编号见表4－1。基础分普通独立基础和杯口独立基础，独立基础底板的截面形状通常有阶形和坡形两种（图4－1），阶形截面编号加下标“J”，坡形截面编号加下标“P”。

表4－1　　独立基础编号

类型	基础底板截面形状	代号	序号
普通独立基础	阶形	DJ_J	××
	坡形	DJ_P	××
杯口独立基础	阶形	BJ_J	××
	坡形	BJ_P	××

2）截面竖向尺寸。对于普通独立基础，注写为 $h_1/h_2/\cdots\cdots$，各竖向尺寸用“/”分隔开并按自下而上顺序注写，如图4－13（a）所示；对于杯口独立基础，其竖向尺寸分为两组，一组表达杯口内，另一组表达杯口外，两组尺寸用“,”分隔，注写为：a_0/a_1，$h_1/h_2/\cdots\cdots$，如图4－13（b）所示，图4－13（c）为高杯口独立基础竖向尺寸示意图，其中杯口深度 a_0 为柱插入杯口的尺寸加50mm。

3）配筋。以B表示各种独立基础底板的底部配筋。X 向配筋以 X 打头；Y 向配筋以 Y 打头；两向配筋相同时以 $X\&Y$ 打头。在平法施工图中规定：当两向轴网正交布置时，图面

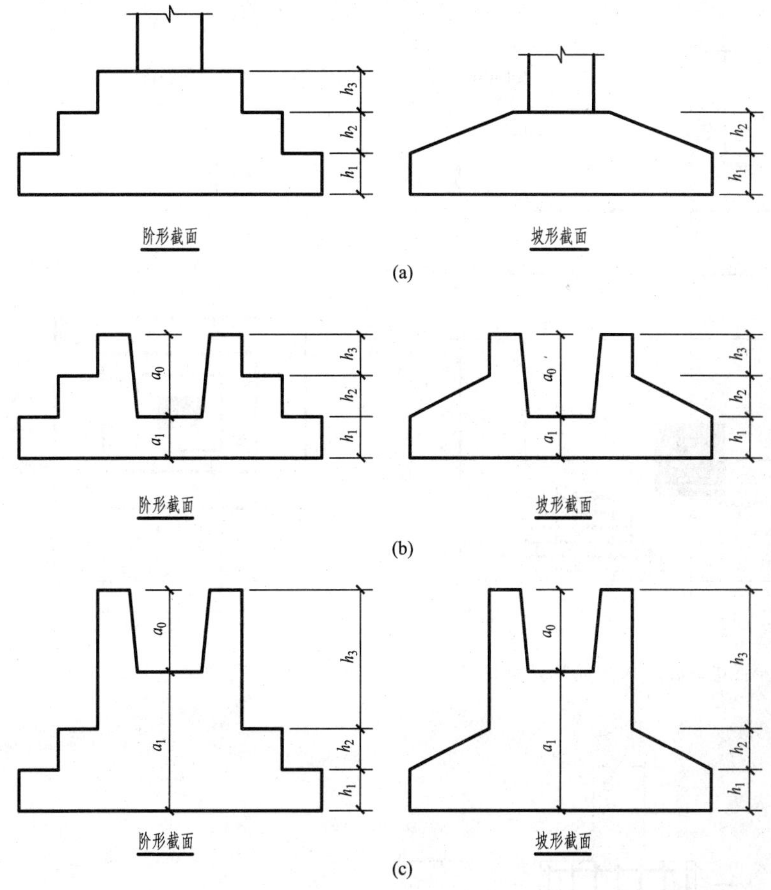

图 4－13　独立基础竖向尺寸

(a) 普通独立基础竖向尺寸；(b) 杯口独立基础竖向尺寸；(c) 高杯口独立基础竖向尺寸

从左至右为 X 向，从下至上为 Y 向。例如 B：XΦ16@150，YΦ16@200 表示基础底板底部配置 HRB400 级钢筋，X 向直径为Φ16mm，分布间距 150mm；Y 向直径为Φ16mm，分布间距 200mm。独立基础底板配筋构造详图见图 4－14，独立基础底板双向交叉钢筋长向设置在下，短向设置在上。

对于普通独立深基础埋深较大，需设置短柱时，短柱配筋应注写在独立基础中。规定：以 DZ 代表短柱，先注写短柱纵筋，再注写箍筋，最后注写短柱标高范围，其中纵筋的注写顺序依次为角筋，长边中部筋，短边中部筋。图 4－15 为带短柱阶形普通独立基础平面注写方式示意图，由图中集中标注可知，该基础编号为 01，两阶的竖向尺寸都为 300mm。底板底部 X 方向配置直径 12mm 的 HRB400 级钢筋，分布间距为 150；Y 方向配置直径 14mm 的 HRB400 级钢筋，分布间距为 150。短柱设置在－2.500～－0.050m 范围内，四角配置 4 根直径 20mm 的 HRB400 级钢筋，X 边中部与 Y 边中部均配置 5 根直径 18mm 的 HRB400 级钢筋，箍筋为直径 10mm 的 HPB300 钢筋，间距为 100mm。图 4－16 为普通独立深基础短柱配筋构造详图，详细表明了底板底部和短柱范围内钢筋配置的构造要求。

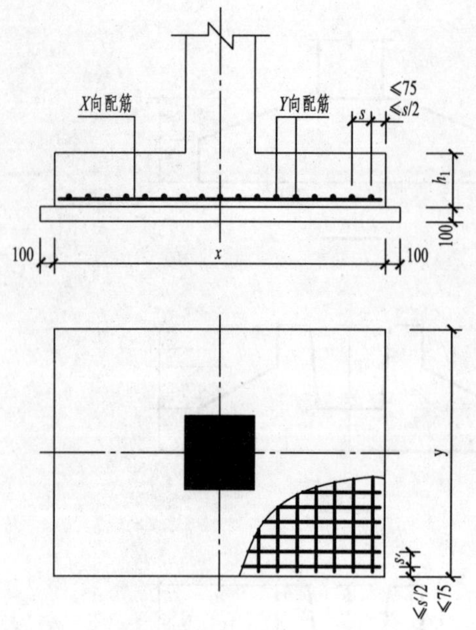

图 4-14　独立基础底板配筋构造详图

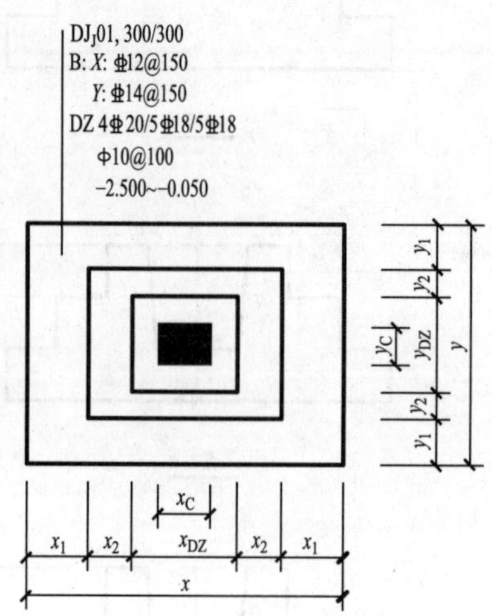

图 4-15　普通独立基础平面注写方式示意图

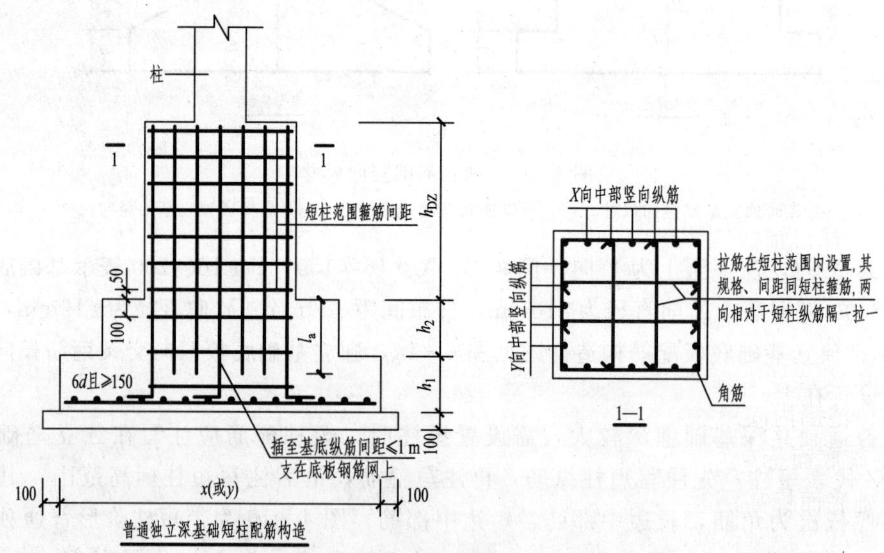

图 4-16　普通独立深基础短柱配筋构造详图

当为杯口独立基础时，以 Sn 打头注写杯口顶部焊接钢筋网的各边钢筋，如图 4-17（a）所示，表示杯口顶部配置由每边 2 根直径 14mm 的 HRB400 级钢筋焊接成的钢筋网。图 4-17（b）为杯口独立基础构造详图，图中表明杯口顶部焊接钢筋网的位置。

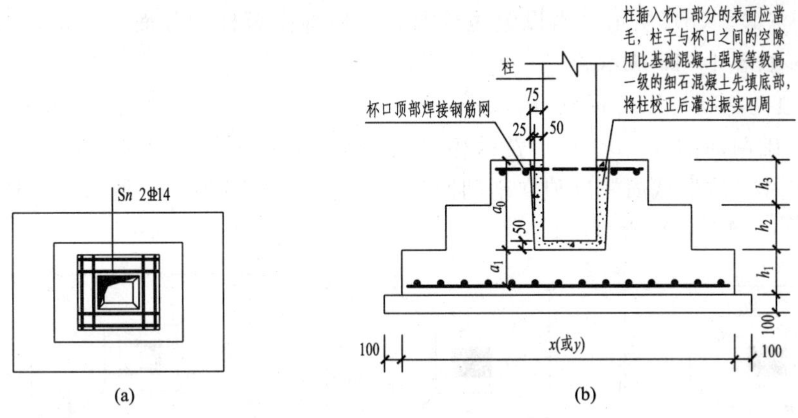

图 4－17　杯口独立基础构造

(a) 杯口顶部焊接钢筋网；(b) 杯口独立基础构造详图

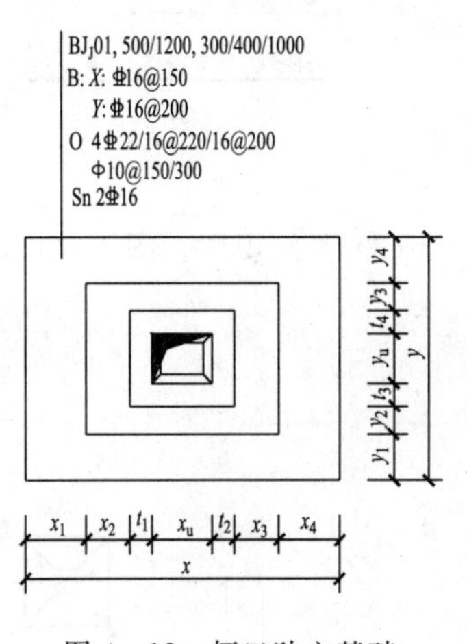

图 4－18　杯口独立基础平面注写方式示意

对于高杯口独立基础应注写杯壁外侧和短柱配筋。以 O 代表杯壁外侧和短柱配筋，注写时先注写杯壁外侧和短柱纵筋再注写箍筋。纵筋按照“角筋/长边中部筋/短边中部筋”的形式注写。箍筋有两种间距，按照“杯口范围内箍筋间距/短柱范围内箍筋间距”的形式注写。图 4－18 为阶形杯口独立基础平面注写方式示意，由图中集中标注可知，该基础编号为 01，杯口深度 500mm，杯口底部到基础底面高度 1200mm，底部阶梯部位高度自下而上依次为 300mm 和 400mm，短柱部分和杯口部分高度为 1000mm。基础底板底部 X 方向配置直径 16mm 的 HRB400 级钢筋，分布间距 150mm；Y 方向配置直径 16mm 的 HRB400 级钢筋，分布间距 200mm。杯口顶部配置由每边 2 根直径 16mm 的 HRB400 级钢筋焊接成的钢筋网。杯壁外侧和短柱四角配置 4 根直径 22mm 的 HRB400 级钢筋，长边中部配置直径 16mm 的 HRB400 级钢筋，间距 220mm；短边中部配置直径 16 mm 的 HRB400 级钢筋，间距 200mm；箍筋为直径 10mm 的 HPB300 级钢筋，杯口范围内间距 150mm，短柱范围内间距 300mm。

4）基础底面标高（选注内容）。当独立基础的底面标高与基础底面基准标高不同时，应将独立基础底面标高注写在括号内。

当工程的全部基础底面标高相同时，基础底面基准标高即为基础底面标高。当基础底面标高不同时，应取多数相同的底面标高为基础底面基准标高。

5）必要的文字注解（选注内容）。当独立基础的设计有特殊要求时，宜增加必要的文字注解。

（2）原位标注。原位标注是指在基础平面布置图上标注独立基础的平面尺寸。对相同编号的基础，可选择一个进行原位标注，其他相同编号者仅注编号。当平面图形较小时，可将所选定进行原位标注的基础按比例适当放大。

1）普通独立基础。原位标注 x、y、x_c、y_c、x_i、y_i，$i=1$，2，3……其中，x、y 为普通独立基础两向边长，x_c、y_c 表示柱截面尺寸，x_i、y_i 表示阶宽或坡形平面尺寸，标注示例如图 4－19（a）、（b）所示。当设置短柱时，尚应标注短柱的截面尺寸，x_{DZ}、y_{DZ}表示短柱截面尺寸，如图 4－15 所示。

2）杯口独立基础。原位标注 x、y、x_u、y_u、t_i、x_i、y_i，$i=1$，2，3……其中，x、y 为杯口独立基础两向边长，x_u、y_u 表示杯口上口尺寸，t_i 表示杯壁厚度，x_i、y_i 表示阶宽或坡形平面尺寸。阶形截面杯口独立基础原位标注如图 4－18 所示，坡形截面杯口独立基础原位标注如图 4－19（c）所示。

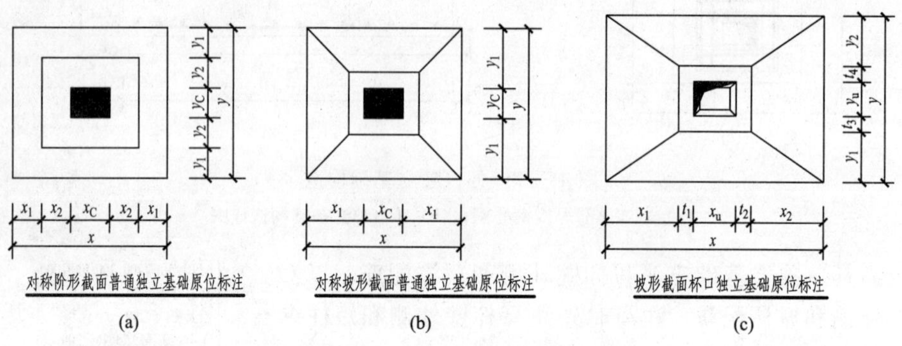

图 4－19　独立基础原位标注

（3）实例识读。图 4－20 是某建筑采用平面注写方式表达的基础平面图。从图中可以看

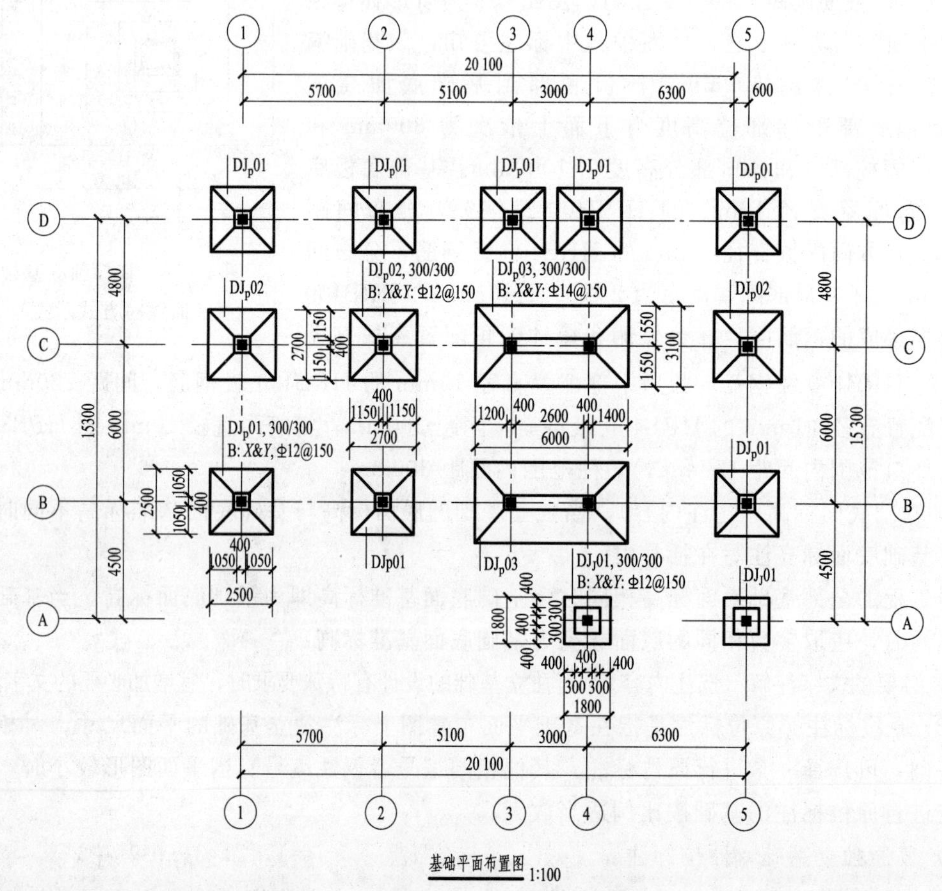

图 4－20　独立基础平法施工图实例

出，该建筑基础为普通独立基础，坡形截面普通独立基础有三种编号，分别为 DJ_P01、DJ_P02、DJ_P03；阶形截面普通独立基础有一种编号，为 DJ_J01。每种编号的基础选择了其中一个进行集中标注和原位标注。

以 DJ_P01 为例进行识读。从标注中可以看出该基础平面尺寸为 2500mm×2500mm，竖向尺寸第一阶为 300mm，第二阶尺寸为 300mm，基础底板总厚度为 600mm。柱子截面尺寸为 400mm×400mm。基础底板双向均配置直径 12mm 的 HRB335 级钢筋，分布间距均为 150mm。各轴线编号以及定位轴线间距，图中都已标出。

2. 截面注写方式

独立基础的截面注写方式，又可分为截面标注和列表注写（结合截面示意图）两种表达方式。

（1）截面标注。采用截面注写方式，应在基础平面布置图上对所有基础进行编号。对单个基础进行截面标注的内容和形式与传统的表示方法基本相同。有关独立基础的传统表示方法已在本章第二节中讲述。

（2）列表注写（结合截面示意图）。对多个同类基础，可采用列表注写（结合截面示意图）的方式进行集中表达。表中内容为基础的编号、截面几何尺寸和配筋等，在截面示意图上应标注与表中栏目相对应的代号。

4.3.2　条形基础平法施工图

条形基础平法施工图，有平面注写与截面注写两种表达方式，绘制施工图时，以平面注写方式为主。绘制条形基础平面布置图时，应将条形基础与基础所支承的上部结构的柱、墙一起绘制。

1. 条形基础的类型和编号

条形基础整体上可分为两类。

（1）梁板式条形基础。该类型条形基础适用于钢筋混凝土框架结构、框架——剪力墙结构和部分框支剪力墙结构等。平法施工图将梁板式条形基础分解为基础梁和条形基础底板分别进行表达。

（2）板式条形基础。该类型条形基础适用于钢筋混凝土剪力墙结构和砌体结构。板式条形基础仅表达条形基础底板。

条形基础编号分为基础梁和条形基础底板编号，见表 4－2。条形基础底板通常采用单阶形截面或坡形截面，如图 4－21 所示。

表 4－2　　条形基础梁及底板编号

类型		代号	序号	跨数及有无外伸
基础梁		JL	××	（××）端部无外伸 （××A）一端有外伸 （××B）两端有外伸
条形基础底板	坡形	TJB_P	××	
	阶形	TJB_J	××	

2. 基础梁的平面注写方式

基础梁的平面注写方式分集中标注和原位标注两部分内容。

（1）集中标注。集中标注应在第一跨引出，包括以下几部分内容。

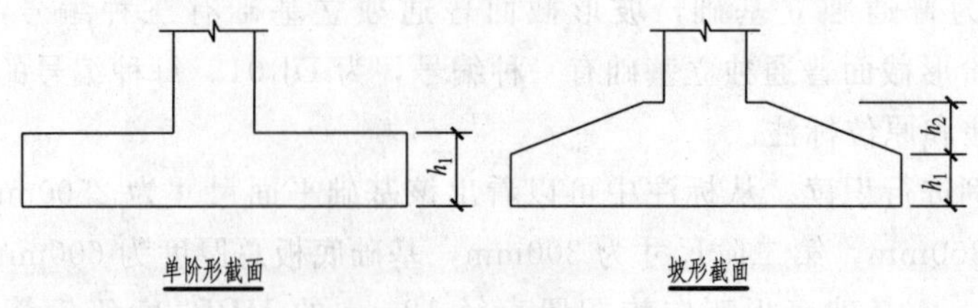

图 4-21　条形基础底板截面形状

1）基础梁编号，见表 4-2。

2）基础梁截面尺寸。注写 $b \times h$，表示梁截面宽度与高度。

3）基础梁的配筋。

注写基础梁箍筋。基础梁箍筋为一种间距时，注写钢筋级别、直径、间距及肢数（注写在括号内），如"ϕ8@200（2）"，表示梁箍筋为直径 8mm 的 HPB300 级钢筋，间距 200mm，双肢箍。基础梁箍筋采用两种箍筋时，用"/"将两种箍筋分开，按从基础梁两端向跨中的顺序注写，两端箍筋注写道数。如"9Φ10@100/Φ10@200（4）"，表示配置直径 10mm 的 HRB400 级钢筋，从梁两端向跨中按间距 100mm 各设置 9 道，其余部位间距 200mm，均为 4 肢箍。

注写基础梁底部、顶部及侧面纵向钢筋。以 B 打头，注写梁底部贯通纵筋。以 T 打头，注写梁顶部贯通纵筋，用"；"将其与底部贯通纵筋分开。当梁顶部或底部贯通纵筋多于一排时，用"/"将各排纵筋自上而下分开。以 G 打头，注写梁两侧面对称设置的纵向构造钢筋的总配筋值，当需要配置抗扭纵向钢筋时，梁两个侧面设置的抗扭纵向钢筋以 N 打头。例如标注为"B：4Φ25；T：12Φ25 7/5"，表示梁底部配置贯通纵筋为 4Φ25，顶部共配置贯通纵筋 12Φ25，上一排为 7Φ25，下一排为 5Φ25。再例如标注为"G8Φ14"，表示梁两侧各配置纵向构造钢筋 4Φ14，共 8Φ14。

有关基础梁配筋的详细构造见图 4-22。由基础梁 JL 纵向钢筋与箍筋构造详图中可知，基础梁柱下区域底部非贯通纵筋，当配置不多于两排时，其长度自柱边向跨内伸出 $l_n/3$。l_n 的取值规定：对于边跨边支座，l_n 为本边跨的净跨值；对于中间支座，l_n 为支座两边较大一跨的净跨值。顶部和底部贯通纵筋在连接区内采用搭接、机械连接或焊接。图中还给出了基础梁侧面构造纵筋和拉筋的构造要求。

4）注写基础梁底面标高（选注内容）。当条形基础的底面标高与基础底面基准标高不同时，将条形基础底面标高注写在括号内。

5）必要的文字注解（选注内容）。当基础梁的设计有特殊要求时，宜增加必要的文字注解。

（2）原位标注。

1）原位注写基础梁端或梁在柱下区域的底部全部纵筋（包括底部非贯通纵筋和已集中注写的底部贯通纵筋）。当底部纵筋多于一排时，用"/"将各排纵筋自上而下分开；当同排纵筋有两种直径时，用"+"相连；当梁中间支座两边底部纵筋配置不同时，需在支座两边分别标注；当中间支座两边底部纵筋配置相同时，可仅在支座一边标注；当梁端或柱下区域底部全部纵筋与集中标注中的底部贯通纵筋相同时，可不再重复做原位标注。

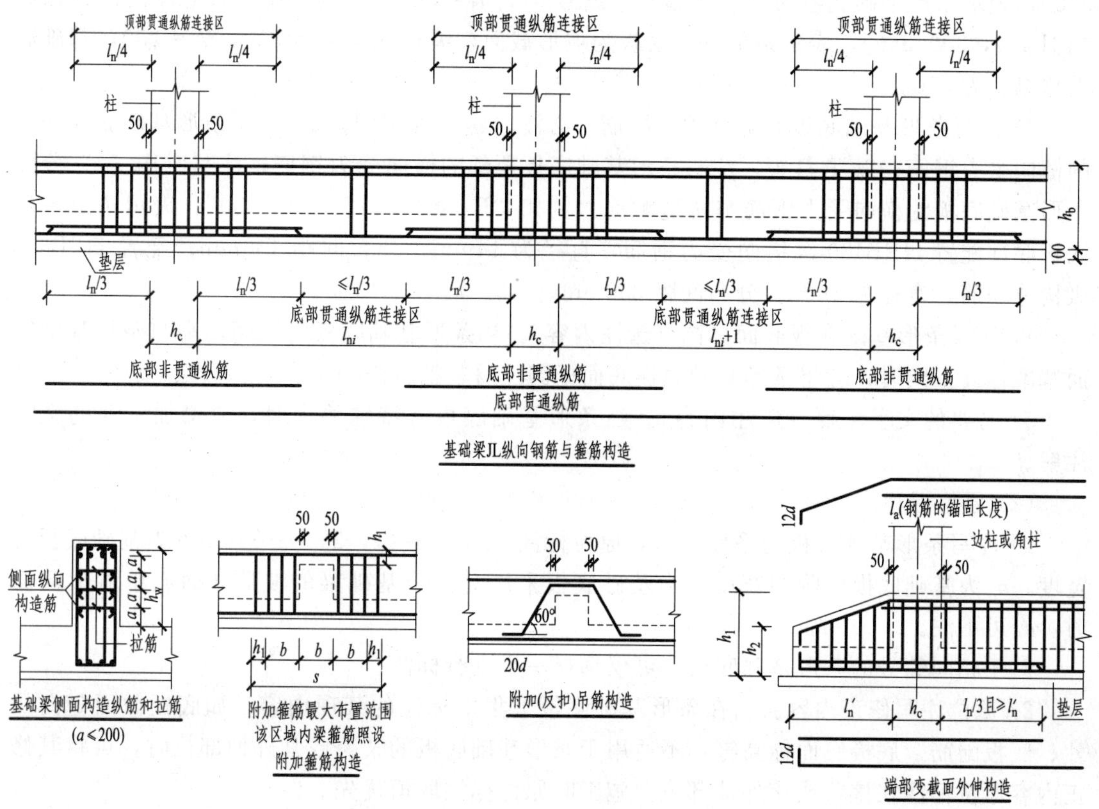

图 4－22　基础梁配筋构造详图

2）原位注写基础梁的附加箍筋或（反扣）吊筋。当两向基础梁十字交叉，交叉位置无柱时，根据受力需要应设置附加箍筋或（反扣）吊筋，将附加箍筋和（反扣）吊筋直接画在平面图上，原位直接引注总配筋值（附加箍筋的肢数注在括号内）。当多数附加箍筋或（反扣）吊筋相同时，可在图中统一注明，少数不同时再原位标注。图 4－22 中给出了附加箍筋和反扣吊筋的标准构造详图，表明其详细的构造要求。

3）原位注写基础梁外伸部位的变截面高度尺寸。当基础梁外伸部位采用变截面高度时，在该部位原位注写 $b\times h_1/h_2$，h_1 为根部截面高度，h_2 为尽端截面高度。图 4－22 中给出了基础梁端部变截面外伸部位的构造做法，基础梁外伸部位底部纵筋第一排伸出至梁端头后，全部上弯 12d，其他排钢筋伸至梁端头后截断。

4）原位注写修正内容。当基础梁集中标注的某项内容（如截面尺寸、箍筋、底部与顶部贯通纵筋或架立筋、梁侧面纵向构造钢筋、梁底面标高等）不适用于某跨或某外伸部位时，将其修正内容原位标注在该跨或该外伸部位，施工时原位标注取值优先。

3. 条形基础底板的平面注写方式

条形基础底板（TJB_P、TJB_J）的平面注写方式，分集中标注和原位标注两部分内容。

（1）集中标注。

1）条形基础底板的编号（必注内容），见表 4－2。

2）注写条形基础底板截面竖向尺寸（必注内容），注写为 $h_1/h_2/\cdots\cdots$ 例如 "TJB_J01，

300”，表示条形基础底板为单阶形截面，编号 01，$h_1=300$，且为基础底板总厚度。再例如“TJB_P01，300/250”，表示条形基础底板为坡形截面，编号 01，$h_1=300$，$h_2=250$，基础底板总厚度为 550。

3）注写条形基础底板底部及顶部配筋（必注内容）。以 B 打头，注写条形基础底板底部的横向受力钢筋；以 T 打头，注写条形基础底板顶部的横向受力钢筋；注写时用“/”分隔条形基础底板的横向受力钢筋与构造配筋。例如“B：⌀14@150/ϕ8@250”，表示条形基础底板底部配置 HRB400 级横向受力钢筋，直径为 14mm，分布间距 150mm；配置 HPB300 级构造钢筋，直径为 8mm，分布间距 250mm。

4）注写条形基础底板底面标高（选注内容）。当条形基础底板的底面标高与条形基础底面基准标高不同时，应将条形基础底板底面标高注写在括号内。

5）必要的文字注解（选注内容）。当条形基础底板有特殊要求时，应增加必要的文字注解。

（2）原位标注。

1）注写条形基础底板的平面尺寸，原位标注 b、b_i，$i=1$，2，……其中 b 为基础底板总宽度，b_i 为基础底板台阶的宽度。当基础底板采用对称于基础梁的坡形截面或单阶形截面时，b_i 可不注。

对于相同编号的条形基础底板，可仅选择一个进行标注。

2）原位注写修正内容。当在条形基础底板上集中标注的某项内容，如底板截面竖向尺寸、底板配筋、底板底面标高等，不适用于条形基础底板的某跨或某外伸部位时，可将其修正内容原位标注在该跨或该外伸部位，施工时原位标注取值优先。

4. 实例识读

图 4－23 是某建筑采用平面注写方式表达的基础平面图。从图中可以看出，该建筑的基础为梁板式条形基础。

基础梁有五种编号，分别为 JL01、JL02、JL03、JL04、JL05。下面以 JL01 为例进行识读。从集中标注中可看出，该梁为两跨两端有外伸，截面尺寸为 800mm×1200mm。箍筋为直径 10mm 的 HPB300 钢筋，间距 200mm，四肢箍。梁底部配置的贯通纵筋为 4 根直径 25mm 的 HRB335 级钢筋，梁顶部配置的贯通纵筋为 2 根直径 20mm 的和 6 根直径 18mm 的 HRB335 级钢筋。梁的侧面共配置 6 根直径 18mm 的 HRB335 级抗扭钢筋，每侧配置 3 根，抗扭钢筋的拉筋为直径 8mm 的 HPB300 级钢筋，间距 400mm。从原位标注中可看出，在Ⓐ、Ⓑ轴线之间的一跨，梁底部支座两侧（包括外伸部位）均配置 8 根直径 25mm 的 HRB335 级钢筋，其中 4 根为集中标注中注写的贯通纵筋，另外 4 根为非贯通纵筋。在Ⓑ、Ⓒ轴线之间的一跨，梁底部通长配置了 8 根直径 25mm 的 HRB335 级钢筋（包括集中标注中注写的 4 根贯通纵筋）。

基础底板有四种编号，分别为 TJB_P01、TJB_P02、TJB_P03、TJB_P04。下面以 TJB_P01 为例进行识读。该条形基础底板为坡形底板，两跨两端有外伸。底板底部竖直高度为 200mm，坡形部分高度为 200mm，基础底板总厚度为 400mm。基础底板底部横向受力筋为直径 14mm 的 HRB335 级钢筋，间距 180mm；底部构造筋为直径 8mm 的 HPB300 级钢筋，间距 200mm。基础底板宽度为 3000mm，以轴线对称布置。各轴线间的尺寸，基础外伸部位的尺寸，图中都已标出。

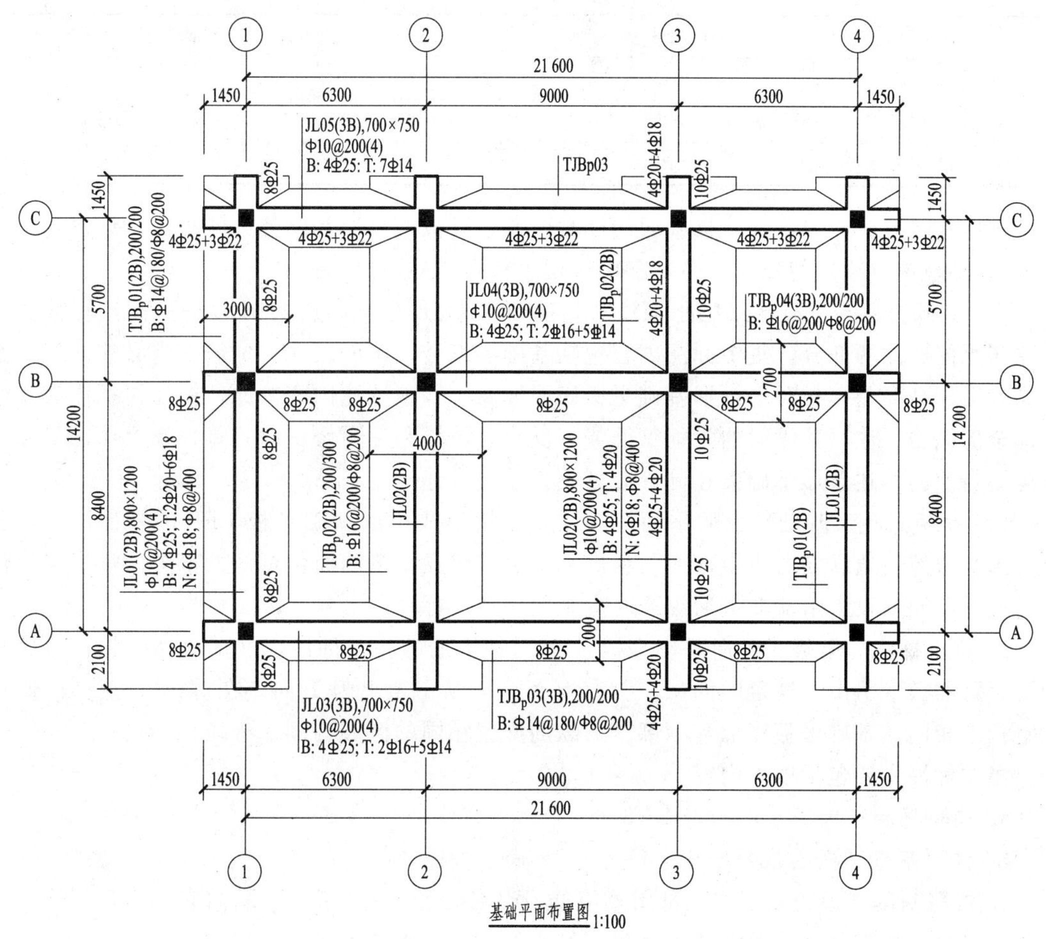

图 4－23　条形基础平法施工图实例

5. 条形基础的截面注写方式

条形基础的截面注写方式，又可分为截面标注和列表注写（结合截面示意图）两种表达方式。

(1) 截面标注。采用截面注写方式，应在基础平面布置图上对所有条形基础进行编号。对条形基础进行截面标注的内容和形式与传统的表示方法基本相同。有关条形基础的传统表示方法已在本章第二节中讲述。

(2) 列表注写（结合截面示意图）。对多个条形基础，可采用列表注写（结合截面示意图）的方式进行集中表达。表中内容为条形基础的编号、截面几何尺寸和配筋等，在截面示意图上应标注与表中栏目相对应的代号。

4.3.3　筏形基础平法施工图

1. 梁板式筏形基础平法

梁板式筏形基础平法施工图是在基础平面布置图上采用平面注写方式进行表达。梁板式筏形基础由基础主梁、基础次梁、基础平板等构成，各构件编号见表 4－3。

表 4-3　　梁板式筏形基础构件编号

构件类型	代号	序号	跨数及有无外伸
基础主梁（柱下）	JL	××	（××）端部无外伸 （××A）一端有外伸 （××B）两端有外伸
基础次梁	JCL	××	
梁板式筏形基础平板	LPB	××	

根据基础梁底面与基础平板底面的标高高差，梁板式筏形基础分为低板位（梁底与板底一平）、高板位（梁顶与板顶一平）和中板位（板在梁的中部）三种。

(1) 基础主梁与基础次梁的平面注写。基础主梁 JL 与基础次梁 JCL 的平面注写分集中标注与原位标注两部分。集中标注内容包括基础梁编号、截面尺寸、配筋三项必注内容和基础梁底面标高高差（相对于筏形基础平板底面标高）一项选注内容。原位标注包括注写支座底部全部纵筋、注写基础梁的附加箍筋或（反扣）吊筋和注写修正内容等。其具体的平面注写规则与前面所述条形基础梁相同，此处不再重复表述。

(2) 梁板式筏形基础平板的平面注写方式。梁板式筏形基础平板 LPB 的平面注写，分板底部与顶部贯通纵筋的集中标注与板底部附加非贯通纵筋的原位标注两部分内容。当仅设置贯通纵筋而未设置附加非贯通纵筋时，则仅做集中标注。

1) 集中标注。梁板式筏形基础平板 LPB 贯通纵筋的集中标注应在所表达的板区双向均为第一跨的板上引出，规定图面从左至右为 X 向，从下至上为 Y 向。在对板区进行划分时，规定板厚相同、基础平板底部与顶部贯通纵筋配置相同的区域为同一板块。

集中标注主要包括以下内容。

a. 注写基础平板编号，见表 4-3。

b. 注写基础平板的截面尺寸。h=×××表示板厚。

c. 注写基础平板的底部与顶部贯通纵筋及其长度范围。先注写 X 向底部（B 打头）与顶部（T 打头）贯通纵筋及纵向长度范围；再注写 Y 向底部（B 打头）与顶部（T 打头）贯通纵筋及纵向长度范围。贯通纵筋的长度范围注写在括号内，注写方式为“跨数及有无外伸”，需注意，基础平板的跨数以构成柱网的主轴线为准，两主轴线之间无论有几道辅助轴线，均可按一跨考虑。如标注为“X：B⌀22@150；T⌀20@150；(5B)”，表示基础平板 X 向底部配置直径为 22mm 的 HRB400 级贯通纵筋，间距 150mm；顶部配置直径为 20mm 的 HRB400 级贯通纵筋，间距 150mm；纵向总长度均为 5 跨两端有外伸。

当贯通纵筋采用两种规格钢筋“隔一布一”方式时，表示为 ϕxx/yy@×××。如⌀10/12@100，表示 HRB400 级贯通纵筋直径为 10mm 和 12mm，隔一布一，彼此之间间距为 100mm。

2) 原位标注。

梁板式筏形基础平板的原位标注，主要表达板底部附加非贯通纵筋。

a. 原位注写位置及内容。表示板底部附加非贯通纵筋的具体方法：在配置相同跨的第一跨（或基础梁外伸部位），绘制一段垂直于基础梁的中粗虚线（当该筋通长设置在外伸部位或短跨板下部时，应画至对边或贯通短跨），并在虚线上注写编号（如①、②等）、配筋值、横向布置的跨数及是否布置到外伸部位。需注意，横向连续布置的跨数及是否布置到外伸部位，不受集中标注贯通纵筋的板区限制。

在虚线下方注写板底部附加非贯通纵筋向两边跨内的伸出长度值（从轴线开始计算）。当该筋向两侧对称伸出时，可仅在一侧标注；当布置在边梁下时，向基础平板外伸部位一侧的伸出长度与方式按标准构造，图上不注。底部附加非贯通纵筋相同者，可仅写一处，其他只注写编号。

原位注写的底部附加非贯通纵筋与集中标注的底部贯通钢筋，宜采用“隔一布一”的方式布置，即两者间隔布置，两者之间的距离为各自标注间距的 1/2。

b. 注写修正内容。当集中标注的某些内容不适用于梁板式筏形基础平板某板区的某一板跨时，应在该板跨内注明，施工时按注明内容取用。

c. 当若干基础梁下基础平板的底部附加非贯通纵筋配置相同时（其底部、顶部的贯通纵筋可以不同），可仅在一根基础梁下做原位注写，并在其他梁上注明“该梁下基础平板底部附加非贯通纵筋同××基础梁”。

d. 当在基础平板外伸阳角部位设置放射筋时，应注明放射筋的强度等级、直径、根数以及设置方式等。

(3) 实例识读。

1) 识读梁板式筏形基础梁平法施工图。图 4－24 是某建筑的梁板式筏形基础的基础主梁平面布置图。从图中可以看出，该基础的基础主梁有四种编号，分别为 JL01、JL02、JL03、JL04。下面分别以 JL01、JL04 为例进行识读。

a. 识读 JL01。JL01 共有两根，①轴位置的 JL01 进行了详细标注，⑦轴位置的 JL01 只标注了编号。

先识读集中标注。从集中标注中可看出，该梁为两跨两端有外伸，截面尺寸为 700mm×1200mm。箍筋为直径 10mm 的 HPB300 级钢筋，间距 200，四肢箍。梁的底部和顶部均配置了 4 根直径为 25mm 的 HRB400 级贯通纵筋。梁的侧面共配置了 4 根直径 18mm 的 HRB400 级抗扭钢筋，每侧配置 2 根，抗扭钢筋的拉筋为直径 8mm 间距 400mm 的 HPB300 级钢筋。

再识读原位标注。从原位标注中可看出，在Ⓐ、Ⓑ轴线之间的第一跨及外伸部位，标注了顶部贯通纵筋修正值，梁顶部共配置了 7 根贯通纵筋，有 4 根为集中标注中的 4⌀25，另外 3 根为 3⌀20，梁底部支座两侧（包括外伸部位）均配置 8 根直径 25mm 的 HRB400 级钢筋，其中 4 根为集中标注中注写的贯通纵筋，另外 4 根为非贯通纵筋。在Ⓑ、Ⓓ轴线之间的第二跨及外伸部位，梁顶部通长配置了 8 根直径 25mm 的 HRB400 级钢筋（包括集中标注中注写的 4 根贯通纵筋），梁底部支座处配筋同第一跨。

b. 识读 JL04。从集中标注中可看出，基础梁 JL04 为 3 跨两端有外伸，截面尺寸为 850mm×1200mm。箍筋为直径 10mm 的 HPB300 级钢筋，间距 200mm，四肢箍。梁底部配置了 8 根直径为 25mm 的 HRB400 级贯通纵筋，顶部无贯通纵筋。梁的侧面共配置了 4 根直径 18mm 的 HRB400 级抗扭钢筋，每侧配置 2 根，抗扭钢筋的拉筋为直径 8mm 间距 400mm 的 HPB300 级钢筋。

从原位标注中可知，梁各跨底部支座处均未设置非贯通纵筋。对于梁顶部的纵筋，第一跨、第三跨及两端外伸部位顶部配置了 11⌀25，第二跨顶部配置了 9⌀20。

2) 识读梁板式筏形基础平板平法施工图。图 4－25 是与图 4－24 对应的梁板式筏形基础平板的平面布置图及外墙基础详图。

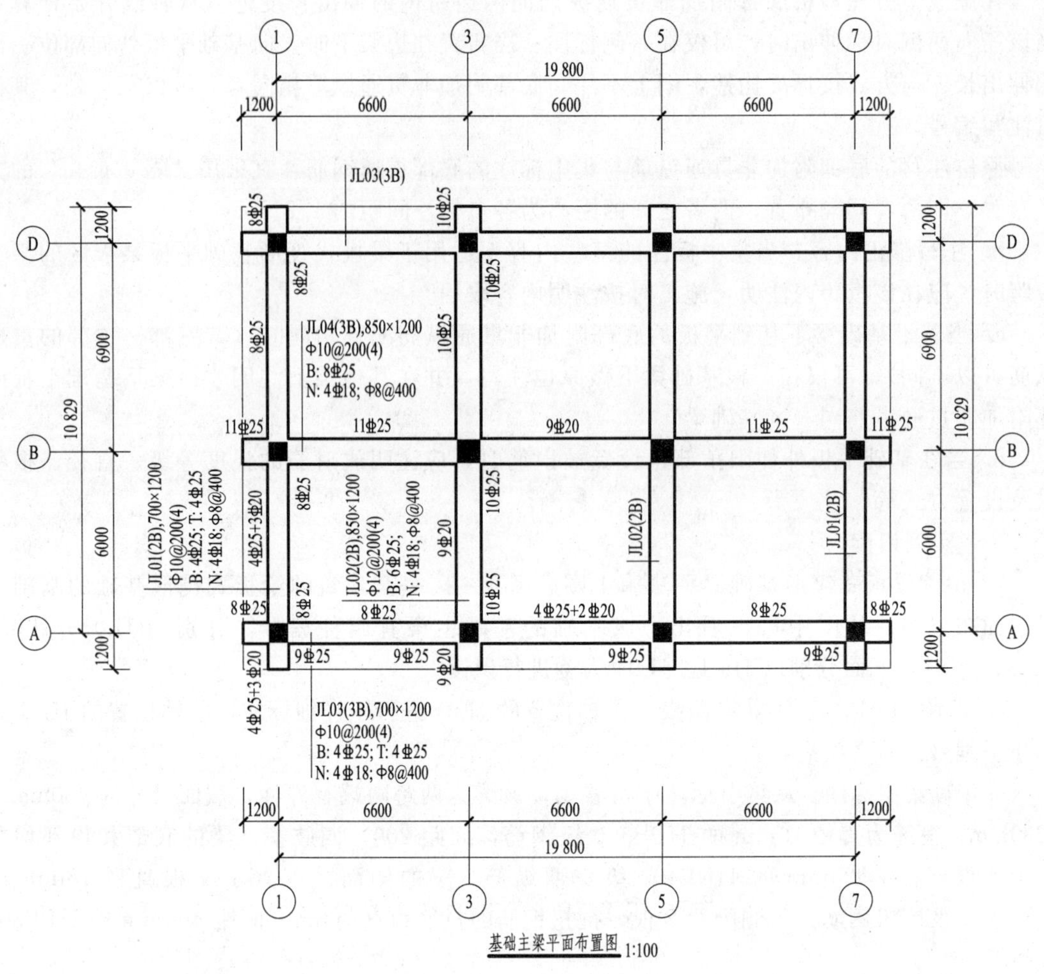

图 4－24　梁板式筏形基础梁平法施工图实例

从图中基础平板 LPB 的集中标注可以看出，整个基础底板为一个板区，厚度为 550mm。基础平板 X 方向上底部与顶部均配置直径为 16mm 的 HRB400 级贯通纵筋，间距 200mm；贯通纵筋纵向总长度为 3 跨两端有外伸。基础平板 Y 方向上底部与顶部也均配置直径为 16mm 的 HRB400 级贯通纵筋，间距 200mm；贯通纵筋纵向总长度为两跨两端有外伸。

从基础平板的原位标注可以看出，在平板底部设有附加非贯通纵筋。下面以①号钢筋为例进行识读。①号附加非贯通纵筋在Ⓐ、Ⓑ轴线之间，沿①轴线方向布置，配置直径为 16mm 的 HRB400 级钢筋，间距 200mm。①号钢筋仅布置 1 跨，一端向跨内的伸出长度为 1650mm，另一端布置到基础梁的外伸部位。沿⑦轴线布置的①号钢筋只注写了编号。

外墙基础详图主要表示钢筋混凝土外墙的位置、尺寸、配筋等情况。外墙厚度 300mm，墙内皮位于轴线上。墙身内配置了 2 排钢筋网，内侧一排钢筋网中，竖向分布钢筋和水平分布钢筋均为Φ 12@200；外侧一排钢筋网中，竖向分布钢筋为Φ 14@200，水平分布钢筋为Φ

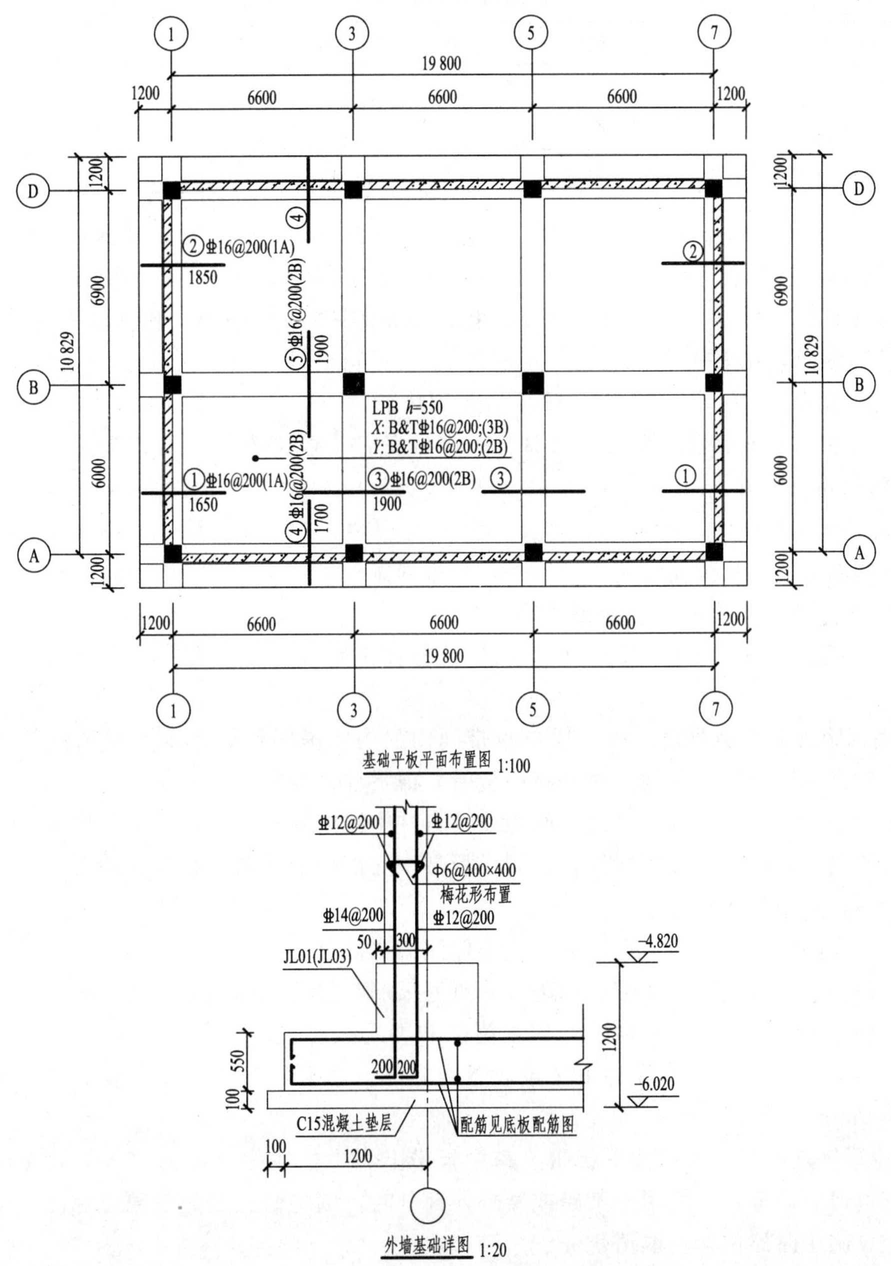

图 4-25　梁板式筏形基础平板平法施工图实例

12@200，两侧竖向分布钢筋锚固入基础底部。墙内还梅花形布置了直径 6mm 的间距 400mm×400mm 的 HPB300 级钢筋作为拉筋。

2. 平板式筏形基础平法

平板式筏形基础平法施工图是在基础平面布置图上采用平面注写方式表达。

平板式筏形基础可划分为柱下板带（柱子两侧一定范围的板）和跨中板带（柱子之间中部一定范围的板）表示；也可不分板带，按基础平板进行表示。各构件编号见表 4-4。

表 4-4　　梁板式筏形基础构件编号

构件类型	代号	序号	跨数及有无外伸
柱下板带	ZXB	××	(××）端部无外伸 (××A）一端有外伸 (××B）两端有外伸
跨中板带	KZB	××	
平板式筏形基础平板	BPB	××	

(1) 柱下板带、跨中板带的平面注写方式。柱下板带 ZXB、跨中板带 KZB 的平面注写，包括板带底部与顶部贯通纵筋的集中标注与板带底部附加非贯通纵筋的原位标注两部分。

1) 集中标注。柱下板带、跨中板带的集中标注应在第一跨引出，包括以下内容。

a. 注写编号，见表 4-4。

b. 注写截面尺寸。b=××××表示板带宽度。

c. 注写底部与顶部贯通纵筋。以 B 打头注写底部贯通纵筋，以 T 打头注写顶部贯通纵筋，用“;”将其分开。

例如“ZXB01 (4B)，b=2500，BΦ22@300；TΦ25@300”表示编号 01 的柱下板带，四跨并且两端外伸，板带宽度为 2500mm，板带底部配置Φ22 间距 300mm 的贯通纵筋，板带顶部配置Φ25 间距 300mm 的贯通纵筋。

2) 原位标注。柱下板带、跨中板带的原位标注主要表示底部附加非贯通纵筋。具体规定如下。

a. 底部附加非贯通纵筋。以一段与板带同向的中粗虚线代表附加非贯通纵筋，对于柱下板带，贯穿其柱下区域绘制；对于跨中板带，横贯柱中线绘制。在虚线上注写底部附加非贯通纵筋的编号、钢筋级别、直径、间距以及自柱中线向两侧跨内伸出的长度值。当该筋向两侧对称伸出时，可仅在一侧标注；对同一板带中底部附加非贯通纵筋相同者，可仅在一根钢筋上注写，其他只注写编号。

原位注写的底部附加非贯通纵筋与集中标注的底部贯通纵筋，宜采用“隔一布一”的方式布置，即柱下板带或跨中板带底部附加非贯通纵筋与贯通纵筋插空布置，其标注间距与底部贯通纵筋相同。例如柱下区域注写底部附加非贯通纵筋②Φ20@200，集中标注的底部贯通纵筋为 BΦ22@200，表示在柱下区域设置的底部纵筋为Φ20 和Φ22 间隔布置，彼此之间间距为 100mm。

b. 注写修正内容。当在柱下板带、跨中板带上集中标注的某些内容（如截面尺寸、底部与顶部贯通纵筋等）不适用于某跨或某外伸部分时，则将修正的数值原位标注在该跨或该外伸部位，施工时原位标注取值优先。

图 4-26 为柱下板带和跨中板带的标注示例。柱下板带是在柱中心线两侧各为 1/4 板跨（板跨取柱网中开间方向）宽度范围内的板带。相邻两柱下板带之间的范围，即该跨度中间的 1/2，为跨中板带。图 4-26 中，柱下板带 ZXB01 集中标注显示，该板带为 3 跨，两端有外伸，板带宽度 b=3000mm，板带底部配置贯通纵筋Φ22@200，顶部配置贯通纵筋Φ25@200；原位标注显示该板带底部配有①号和②号非贯通纵筋，表示非贯通纵筋的中粗虚线沿板带方向贯穿其柱下区域绘制，虚线上方注写钢筋的编号、钢筋级别、直径、间距，虚线下方注写钢筋自柱中线向两侧跨内伸出的长度。有关跨中板带 KZB01 的标注请读者自行分析。

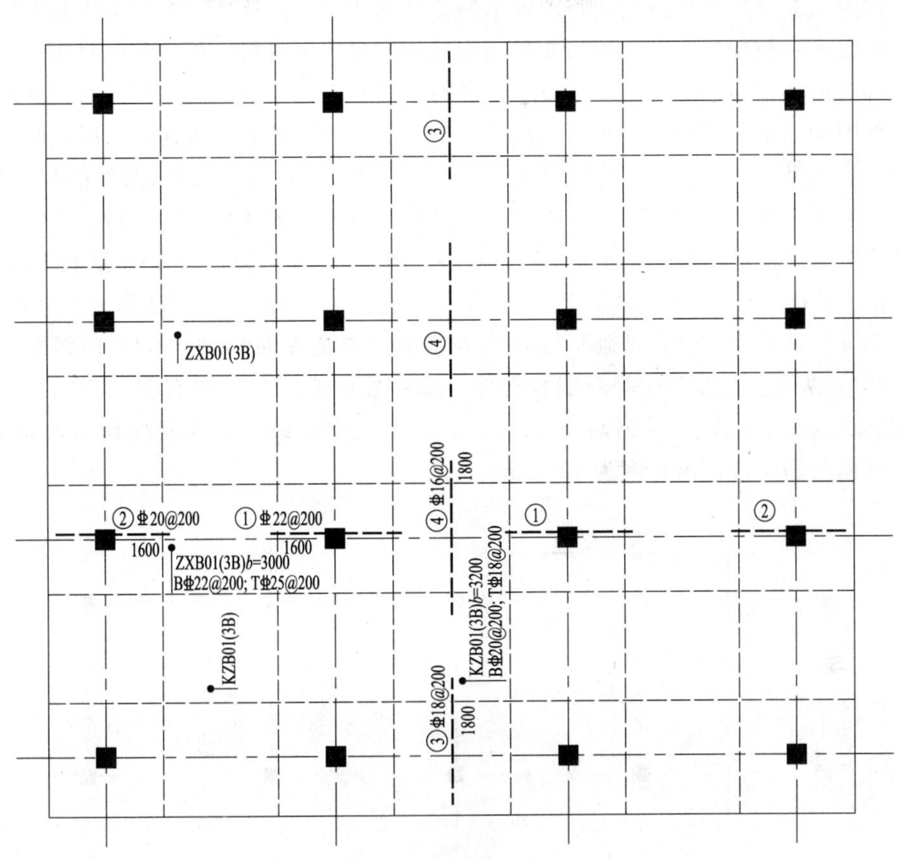

图4-26 柱下板带ZXB和跨中板带KZB标注示例

(2) 平板式筏形基础平板BPB的平面注写方式。当整片板式筏形基础配筋比较规律时，宜采用平板式筏形基础平板BPB表达方式。平板式筏形基础平板BPB的平面注写方式，分板底部与顶部贯通纵筋的集中标注与板底部附加非贯通纵筋的原位标注两部分。当仅设置底部与顶部贯通纵筋而未设置底部附加非贯通纵筋时，则仅做集中标注。

1) 集中标注。平板式筏形基础平板BPB的集中标注与梁板式筏形基础平板LPB完全相同，不再重复表述。

当某向底部贯通纵筋或顶部贯通纵筋的配置，在跨内有两种不同间距时，先注写跨内两端的第一种间距，并在前面加注纵筋根数（以表示其分布的范围）；再注写跨中部的第二种间距（不需加注根数），两者用“/”分隔。例如“*X*：B12⌀22@150/200；T10⌀20@150/200”表示基础平板*X*向底部配置⌀22的贯通纵筋，跨两端间距150配置12根，跨中间距为200mm；*X*向顶部配置⌀20的贯通纵筋，跨两端间距150配置10根，跨中间距为200mm。

2) 原位标注。平板式筏形基础平板BPB的原位标注主要表达横跨柱中心线下的底部附加非贯通纵筋。规定：在配置相同的若干跨的第一跨下，垂直于柱中心线绘制一段中粗虚线代表底部附加非贯通纵筋，并在虚线上注写编号（如①、②等）、配筋值、沿柱中心线连续布置的跨数（跨数注写在括号内）。

板底部附加非贯通纵筋向两边跨内伸出的长度值注写在虚线的下方。当该筋向两侧对称伸出时，可仅在一侧标注；底部附加非贯通纵筋相同者，可仅写一处，其他只注写编号。

外伸部位的底部附加非贯通纵筋应单独注写（当与跨内某筋相同时仅注写钢筋编号）。

当底部附加非贯通纵筋横向布置在跨内有两种不同间距的底部贯通纵筋区域时，其间距应分别对应为两种，其注写形式应与贯通纵筋保持一致，即先注写跨内两端的第一种间距，并在前面加注纵筋根数；再注写跨中部的第二种间距（不需加注根数），两者用“/”分隔。

图 4-27 为平板式筏形基础平板 BPB 标注示例。从图中可知，该基础平板 BPB01 板厚为 1200mm。基础平板 X 向底部配置贯通纵筋⌀ 22@300，顶部配置贯通纵筋⌀ 18@300，纵向总长度为 4 跨两端有外伸；基础平板 Y 向底部配置贯通纵筋⌀ 22@300，顶部配置贯通纵筋⌀ 18@300，纵向总长度为 3 跨两端有外伸。横跨柱中心线下配置有①、②、③、④四种底部附加非贯通纵筋，如②号钢筋为⌀ 22@300，沿柱中心线连续布置 3 跨且两端有外伸，由柱中心线向两边跨内伸出长度为 1600mm。

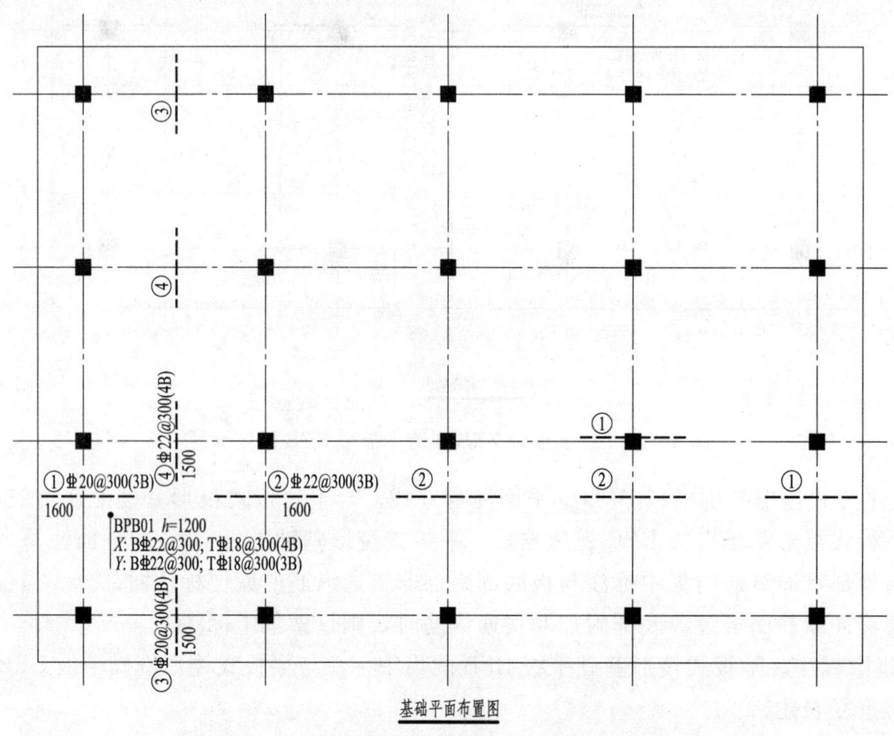

图 4-27 平板式筏形基础平板 BPB 标注示例

第 5 章　识读楼层结构平面图

楼层结构平面图是房屋结构施工图中的重要内容，主要表达各层楼面板及其下面的墙、梁、柱等的位置、尺寸、配筋等。本章重点介绍混合结构楼层结构平面图的内容和识读要点，同时对现浇钢筋混凝土框架、剪力墙结构平法施工图的表示方法和识读要点进行详细讲述。

5.1　楼层结构平面图概述

5.1.1　钢筋混凝土楼板的构造

1. 现浇钢筋混凝土楼板

现浇钢筋混凝土楼板按受力和传力情况可分为板式、梁板式、无梁楼板等。

(1) 板式楼板。在墙体承重建筑中，楼板荷载可直接通过楼板传给墙体，而不需要另设梁，这种楼板为板式楼板。其特点是板底平整、美观，施工方便，适用小跨度房间，如走廊、卫生间、厨房、储藏间等。

对于四边支承的板，根据板的长短边长度之比，可分为单向板和双向板。当板的长边与短边之比大于或等于 3.0 时，板荷载沿短边方向传递，这种板称为单向板，如图 5-1 (a) 所示；当板的长边与短边之比小于或等于 2.0 时，荷载沿双向传递，这种板称为双向板，如图 5-1 (b) 所示；当长边与短边之比大于 2.0，但小于 3.0 时，宜按双向板计算。

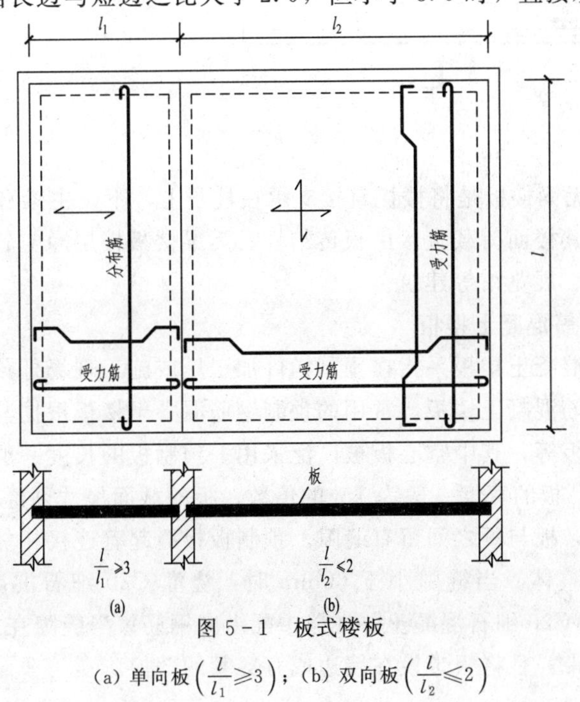

图 5-1　板式楼板

(a) 单向板 $\left(\frac{l}{l_1}\geqslant 3\right)$；(b) 双向板 $\left(\frac{l}{l_2}\leqslant 2\right)$

(2) 梁板式楼板。梁板式楼板又称肋梁楼板，由板和梁现浇而成。当板为单向板时称为单向板肋梁楼板，单向板肋梁楼板由板、次梁、主梁组成，主梁一般沿短向布置，次梁垂直主梁布置，其荷载传递路线为板→次梁→主梁→柱（或墙），如图 5-2 所示。当板为双向板时称为双向板肋梁楼板，双向板肋梁楼板常无主次梁之分，由板和梁组成，其荷载传递路线为板→梁→柱（或墙）。双向板肋梁楼板梁较少，顶棚平整美观，但板厚增加，造价增加，一般用于小柱网的住宅、旅馆等。

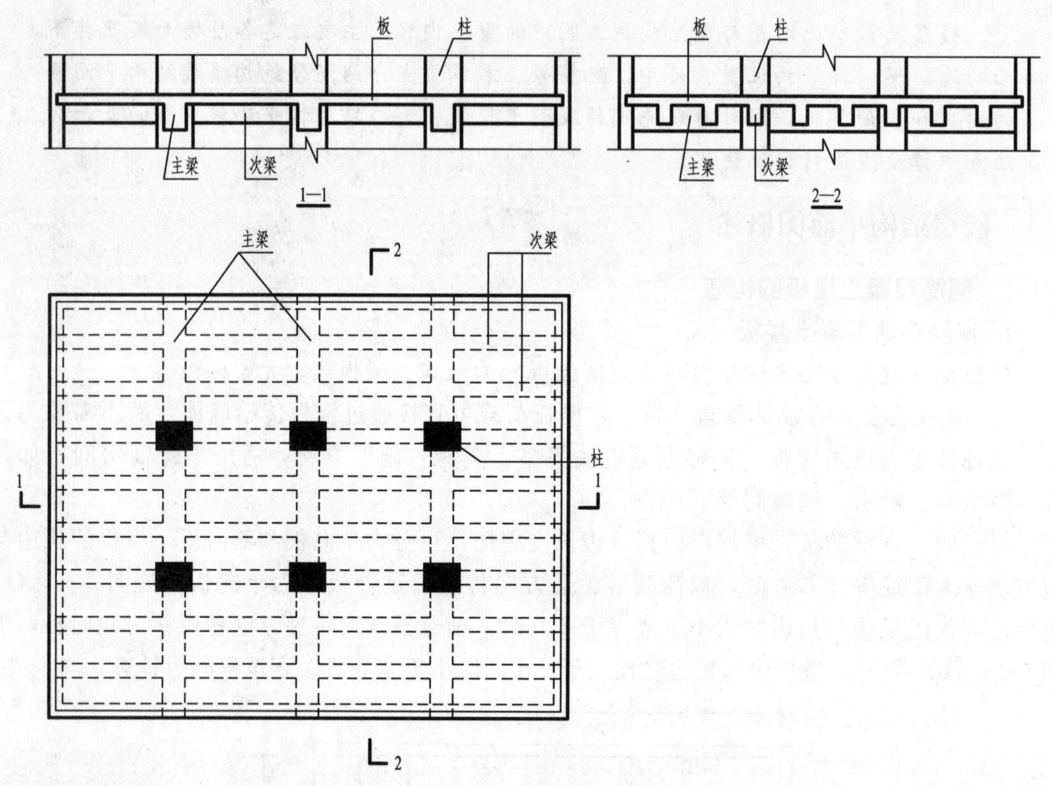

图 5-2 肋梁楼板

(3) 无梁楼板。无梁楼板是将楼板直接支承在柱子上，不设主梁和次梁，但一般在柱的顶部设柱帽或托板，其楼面荷载直接由板传给柱。无梁楼板楼层净空较大，顶棚平整，采光通风好，适宜于商场、展览馆等建筑。

2. 预制装配式钢筋混凝土楼板

预制装配式钢筋混凝土楼板系指在预制构件加工厂或施工现场外预先制作，然后运到工地现场进行安装的钢筋混凝土楼板。常用的预制钢筋混凝土楼板根据其截面形式可分为空心板、实心平板和槽型板等，其中空心板被广泛采用。预制板的长度一般与房间的开间或进深一致，为 3m 的倍数；板的宽度一般为 1m 的倍数；板的截面尺寸须经结构计算确定。

预制楼板铺设时，板与板之间留有缝隙。预制板板缝起着连接相邻两块板协同工作的作用，使楼板成为一个整体。当缝隙小于 60mm 时，浇灌 C20 细石混凝土；当缝隙在 60～120mm 之间时，浇灌 C20 细石混凝土并在缝中配纵向钢筋；当缝隙在 120～200mm 之间时，设现浇钢筋混凝土板带，且将板带设在墙边或有穿管的部位。

5.1.2　楼层结构平面图的形成和内容

楼层结构平面图也称楼层结构平面布置图，是假想用一个紧贴楼板面层的水平面剖切后，所得到的水平投影图。楼层结构平面图表达的内容主要包括各层楼面板及其下面的墙、梁、柱等，是表示建筑物室外地面以上各层承重构件的平面布置及它们之间的结构关系的图样，它主要为现场制作和安装构件提供施工依据。

在多层建筑中，原则上每一层都要画出它的结构平面图，如果各层楼面结构布置情况相同时，可共用一个标准层的楼层结构平面图，并注明适用各层的层数。如果房屋建筑的地面直接做在地基回填土上，其构造做法已在建筑施工图的建筑详图（如勒脚、散水等节点详图）中表达清楚，则不必再画底层结构平面图。

5.2　识读混合结构楼层结构平面图

5.2.1　楼层结构平面图的一般表示方法

楼层结构平面图的常用比例是 1∶50、1∶100 或 1∶200。在楼层结构平面图中，可见的钢筋混凝土楼板的轮廓线用细实线表示，剖切到墙身轮廓线用中实线表示，楼板下面不可见的墙身轮廓线用中虚线表示，剖切到的钢筋混凝土柱子涂黑表示，梁、圈梁、过梁等可用粗点画线表示其中心位置，现浇板中配置的钢筋用粗实线表示。

5.2.2　现浇楼板楼层结构平面图

1. 内容和图示方法

图 5-3 是某住宅楼的二层结构平面图。现以此图为例，说明现浇楼板楼层结构平面图的内容及图示方法。

（1）绘图比例。本图采用 1∶100。

（2）定位轴线。轴线编号必须和建筑施工图中平面图的轴线编号完全一致，图中标注了定位轴线间距。

（3）现浇楼板。楼板均采用现浇钢筋混凝土板，不同尺寸和配筋的楼板要进行编号，即在楼板的总范围内用细实线画一条对角线并在其上标注编号，如图 5-3 所示。现浇楼板的钢筋配置采用将钢筋直接画在平面图中的表示方法，如④～⑥轴之间的楼板 B-8，板厚为 110mm，板底配置双向受力钢筋，HPB300 级，直径 8mm，间距 150mm，四周支座顶部配置有直径 8mm，间距 200mm 和直径 12mm，间距 200mm 的 HPB300 级钢筋。

每一种编号的楼板，钢筋布置只需详细地画出一处，其他相同的楼板可简化表示，仅标注编号即可。从图 5-3 中可看出，该层结构平面布置左右对称，因此，左半部分楼板表达详尽，右半部分只标注了每块楼板相应的编号。

（4）梁。图中标注了圈梁（QL）、过梁（GL）、现浇梁（XL）、现浇连梁（XLL）的位置及编号。为了图面清晰，只有过梁用粗点划线画出其中心位置。对于圈梁常需另外画出圈梁布置简图。各种梁的断面大小和配筋情况由详图来表明，本例中给出了 QL-1、QL-2、QL-3 的断面图，可知其尺寸、配筋、梁底标高等。

（5）柱。图中涂黑的小方块为剖切到的柱子。

（6）楼梯间的结构布置另有详图表示，本书从略。

（7）文字说明。图样中未表达清楚的内容可用文字进行补充说明。

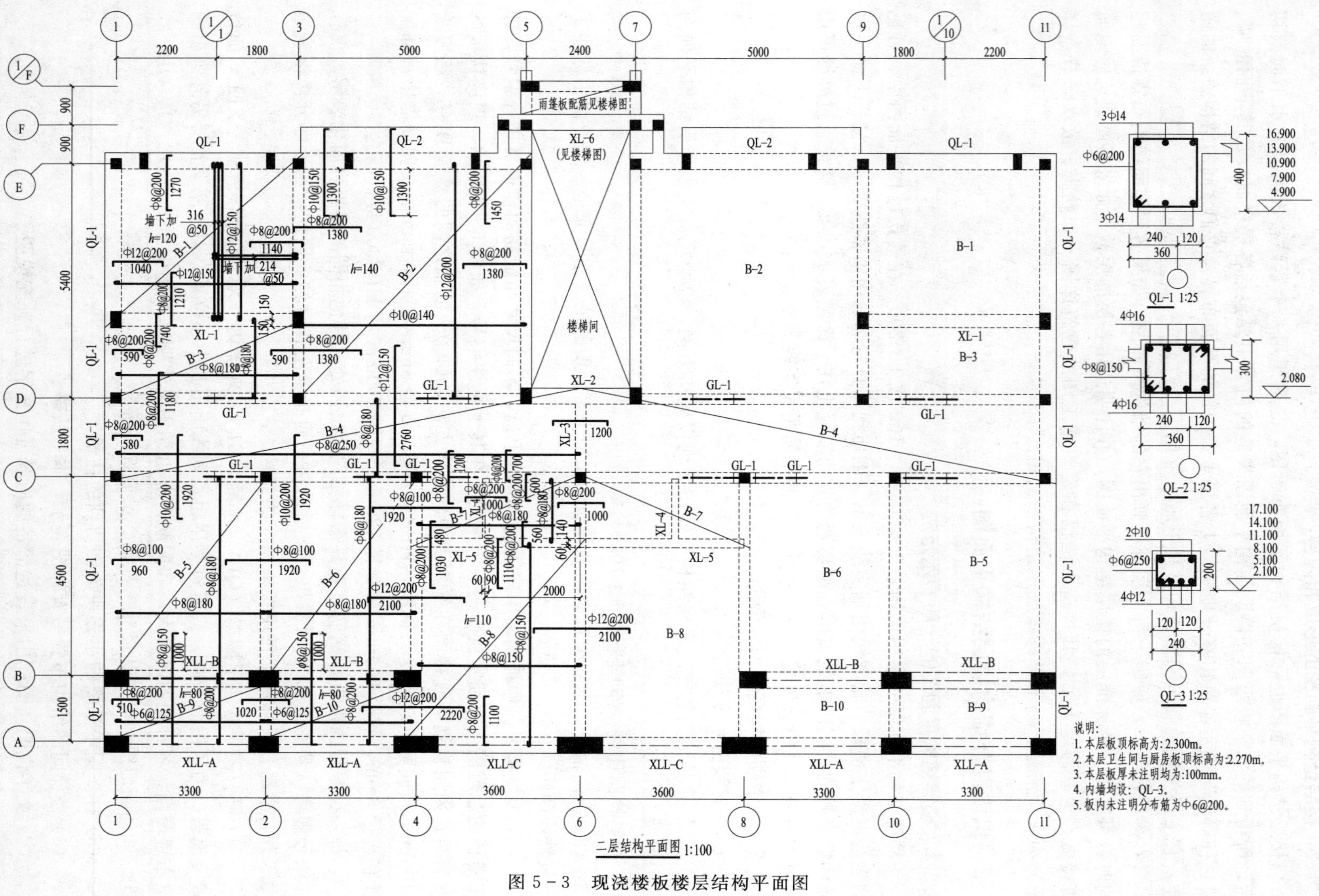

图5-3 现浇楼板楼层结构平面图

2. 识读要点

(1) 查看图名，通常楼层结构平面图从底层开始向上逐层识读。在识读过程中，为了准确理解房屋结构，一定要对照建筑施工图识读。

(2) 识读楼层整体的平面布置，了解各构件的具体位置及构件间的相互联系。

(3) 详细识读各构件。先看楼板，再看墙、梁、柱等其他构件，明确各构件的型号、尺寸和配筋。

5.2.3 预制楼板楼层结构平面图

1. 内容和图示方法

(1) 绘图比例。

(2) 定位轴网及整体平面布置。

(3) 标注预制板的代号、型号、数量和编号。在结构平面图中，由于各房间的开间和进深尺寸不同，布置了不同数量和不同规格的预制板。预制板的铺设一般不必全部按实际画出，相同的楼板只要详细地画出一处即可，其他处楼板可简化标注，只需标注编号，编号可以用甲、乙等。

预制板的表达有两种形式。

1) 在楼板总范围内，按实际投影用细实线分块画出预制板，注明预制板的块数、代号、型号，并注明该块楼板的编号。

2) 在楼板总范围内用细实线画一条对角线，在对角线的一侧注明预制板的块数、代号、型号，并注明该块楼板的编号。

(4) 标注柱、梁、圈梁、过梁等的位置和编号。

(5) 标注楼面及各种梁的底面（或顶面）的结构标高。

(6) 详图索引符号及有关剖切符号。

(7) 文字说明。

2. 阅读例图

现以某住宅楼的标准层结构平面图为例，如图 5－4 所示，说明预制楼板楼层结构平面图的识读方法。

(1) 看图名、比例。该图为某住宅楼标准层结构平面布置图，绘图比例为 1∶100。

(2) 看轴网及构件的整体布置。注意与其他层结构平面图对照。

(3) 看预制板的平面布置。如图中①～②轴房间的预制板都是垂直于横墙铺设的，预制板的两端分别搭在①、②轴横墙上，该房间详细画出各块预制板的实际布置情况，注有 6YKBL33－42d 和 1YKBL21－42d，表明该块编号为甲的楼板上共铺设了 7 块预制板，其中有 6 块是相同的预应力空心楼板，板长 3300mm，实际制作板长为 3280mm，活荷载等级为 4 级，板宽为 600mm，板上有 50mm 厚细石混凝土垫层，另外 1 块预应力空心楼板板长 2100mm。该标准层结构平面图中其他房间的楼板布置情况分别标注了不同的编号，如乙、丙、丁等，其他编号房间楼板的布置情况请读者自行分析。该住宅楼左右两户户型完全一样，故左边住户楼板采用了简化标注。

(4) 看现浇板。由图 5－4 中可见，该楼层结构平面图中还有现浇板，图中凡带有 XB 字样的楼板全部为现浇板，其配筋另有详图表示。图 5－5 所示为 XB－2 配筋详图，由图中可知，该现浇板中配置了双层钢筋，底层受力筋为三种：①号钢筋φ 6@200，②号钢筋φ 8@

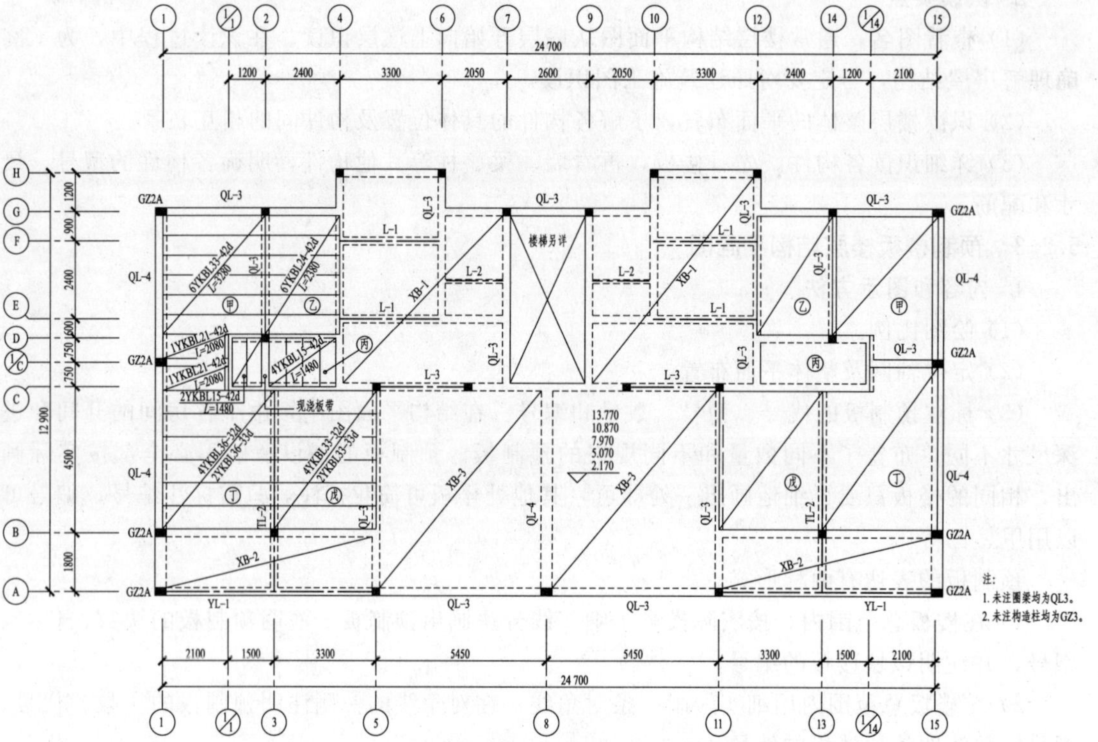

注：
1. 未注圈梁均为QL3。
2. 未注构造柱均为GZ3。

标准层结构平面布置图 1:100

图 5－4　预制楼板楼层结构平面图

130，③号钢筋φ6@200。顶层钢筋为两种：④号钢筋φ8@180，⑤号钢筋φ6@200，另外还有负筋分布筋φ6@200。由于篇幅限制，其他现浇板详图本书从略。

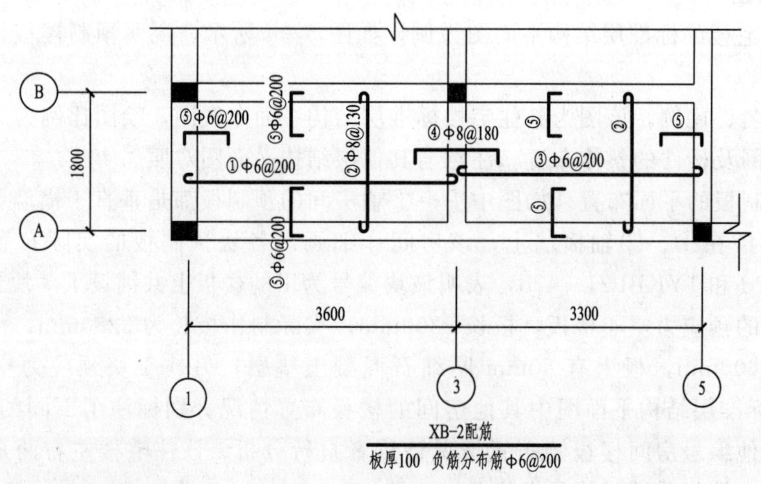

XB－2配筋
板厚100　负筋分布筋φ6@200

图 5－5　XB－2 配筋

(5) 看墙、柱。主要表明墙、柱的平面布置，图中涂黑的小方块为剖切到的构造柱。

(6) 梁的位置与配筋。为加强房屋的整体性，在墙内设置有圈梁，图中注明圈梁编号，如 QL－3、QL－4 等。其他位置的梁在图中用粗点画线画出并均有标注，如 L－1、L－2、YL－1 等。各梁的断面大小和配筋情况由详图来表明，本书从略。

(7) 在轴线⑦、⑨开间内画有相交直线的部位表示楼梯间，表明其结构布置另见楼梯结构详图。

(8) 图中给出了各结构层的结构标高。

(9) 阅读文字说明。本图中对未注明的圈梁与构造柱进行了说明。

5.3　现浇混凝土框架结构平法施工图

本节着重讲述钢筋混凝土框架结构中柱、梁和板平法施工图的制图规则和识读要点。绘制钢筋混凝土框架结构柱、梁和板的平法施工图时，在遵循国家现行制图标准和规范的前提下，应遵守 11G101－1 中的有关规定。

5.3.1　识读柱平法施工图

1. 柱平法施工图制图规则

柱平法施工图的表示方法有两种：列表注写方式和截面注写方式。

在柱平法施工图中，应当用表格或其他方式注明包括地下和地上各层的结构层楼（地）面标高、结构层高及相应的结构层号。结构层楼面标高系指将建筑图中的各层地面和楼面标高值扣除建筑面层及垫层做法厚度后的标高，结构层号应与建筑楼层号对应一致。

(1) 柱编号。绘图时需注写柱编号，柱编号由类型代号和序号组成，应符合表 5－1 的规定。从表 5－1 中可以看出，其代号都是以汉语拼音的第一个字母表示，序号一般用阿拉伯数字表示。

表 5－1　柱　编　号

柱类型	代号	序号
框架柱	KZ	××
框支柱	KZZ	××
芯柱	XZ	××
梁上柱	LZ	××
剪力墙上柱	QZ	××

框架柱：在框架结构中主要承受竖向压力，将来自框架梁的荷载向下传递，是框架结构中承力最大构件。

框支柱：一般情况下出现在转换层结构中。下层为框架结构，上层为剪力墙结构时，支撑上层结构的柱定义为框支柱。

芯柱：不是一根独立的柱子，隐藏在柱内。

梁上柱：梁上起柱，柱的生根不在基础而在梁上的柱，称之为梁上柱。主要出现在建筑物上下结构或建筑布局发生变化时。

剪力墙上柱：墙上起柱，柱的生根不在基础而在墙上的柱，称之为墙上柱。主要出现在建筑物上下结构或建筑布局发生变化时。

(2) 列表注写方式。列表注写方式是在柱平面布置图上（一般只需采用适当比例绘制一张柱平面布置图，包括框架柱、框支柱、梁上柱和剪力墙上柱)，分别在同一编号的柱中选择一个（有时需选择几个）截面标注几何参数代号；然后绘制柱表，在柱表中注写柱编号、柱段起止标高、几何尺寸（含柱截面对轴线的偏心情况）与配筋的具体数值，并配以各种柱截面形状及其箍筋类型图。

柱表中注写内容规定如下。

1) 注写柱编号。

2) 注写各段柱的起止标高。自柱根部往上以变截面位置或截面未变但配筋改变处为界分段注写。框架柱和框支柱的根部标高为基础顶面标高；芯柱的根部标高为根据结构实际需要而定的起始位置标高；梁上柱的根部标高为梁顶面标高；剪力墙上柱的根部标高为墙顶面标高。

3) 注写柱截面尺寸。对于矩形柱，注写 $b\times h$ 及与轴线关系的几何参数代号 b_1、b_2 和 h_1、h_2 的具体数值，需对应于各段柱分别注写，其中 $b=b_1+b_2$，$h=h_1+h_2$，b_1、b_2、h_1、h_2 可为零或负值；对于圆柱，$b\times h$ 改用直径数值前加 d 表示，圆柱截面与轴线的关系也用 b_1、b_2 和 h_1、h_2 表示，并使 $d=b_1+b_2=h_1+h_2$。

对于芯柱，根据结构需要，可以在某些框架柱的一定高度范围内，在其内部的中心位置设置。芯柱截面尺寸按构造确定，芯柱定位随框架柱，不需要注写其与轴线的几何关系。

4) 注写柱纵筋。当柱纵筋直径相同，各边根数也相同时，将纵筋注写在“全部纵筋”一栏中；大多数情况下，柱纵筋分角筋、截面 b 边中部筋和 h 边中部筋三项分别注写，对于采用对称配筋的矩形截面柱，可仅注写一侧中部筋，对称边省略不注；如采用非对称配筋，需在柱表中增加相应栏目分别表示各边的中部筋。

5) 注写箍筋类型号及箍筋肢数。在箍筋类型栏中注写箍筋类型号与肢数，同时在表的上部或图中的适当位置绘出柱截面形状及各种箍筋类型图，并在其上标注与表中相对应的 b、h 和类型号。各种箍筋类型图如图 5 - 6 所示。1、5 型需注明 $m\times n$，使其更清楚，如图 5 - 7 中绘制了箍筋类型 1 型（5×4）及箍筋复合的具体方式。

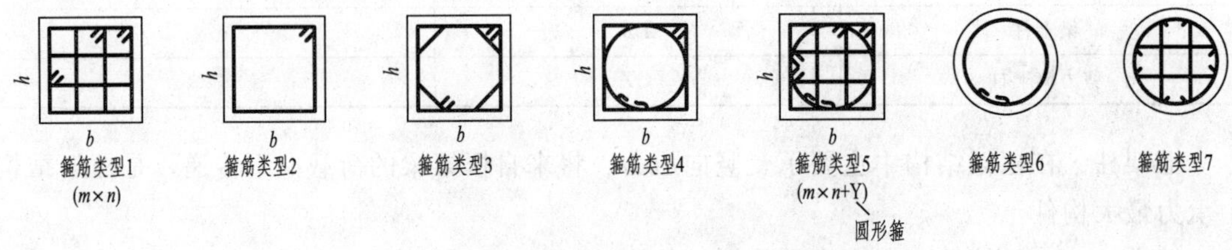

图 5 - 6　箍筋类型图

6) 注写柱箍筋，包括钢筋级别、直径与间距。“/”用来区分柱端箍筋加密区与柱身非加密区长度范围内箍筋的不同间距。加密区范围按标准构造详图取值。例如“φ10@100/250”，表示柱中箍筋为 HPB300 级钢筋，直径为 10，加密区间距为 100，非加密区间距为 250。当箍筋沿柱全高均匀等间距配置时，则不使用“/”线，例如“φ10@100”，表示沿柱全高范围内箍筋均为 HPB300 级钢筋，直径为 10，间距为 100。

图 5 - 7 为应用列表注写方式表达的柱平法施工图实例。由图中可看到，在柱平面布置

图中给出了 KZ1、XZ1 和 LZ1 的编号，标注了确定柱子位置的几何参数代号。在柱表中，列出了 KZ1、XZ1 的相关信息。

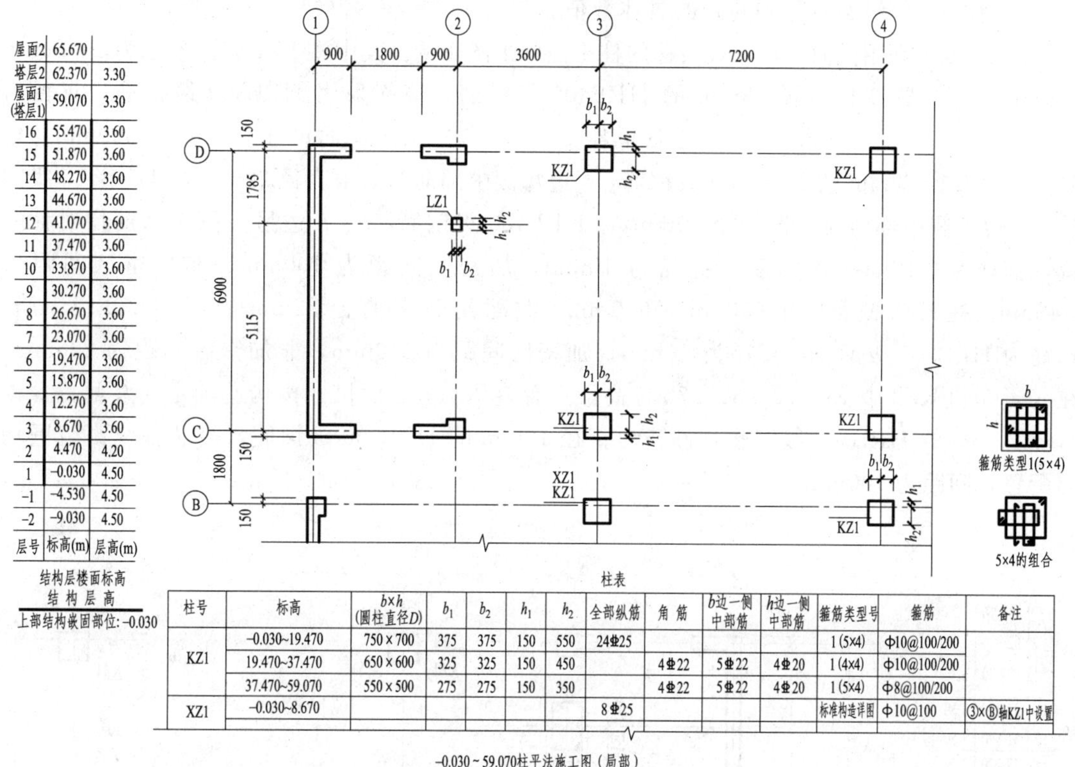

层号	标高(m)	层高(m)
屋面2	65.670	
塔层2	62.370	3.30
屋面1(塔层1)	59.070	3.30
16	55.470	3.60
15	51.870	3.60
14	48.270	3.60
13	44.670	3.60
12	41.070	3.60
11	37.470	3.60
10	33.870	3.60
9	30.270	3.60
8	26.670	3.60
7	23.070	3.60
6	19.470	3.60
5	15.870	3.60
4	12.270	3.60
3	8.670	3.60
2	4.470	4.20
1	-0.030	4.50
-1	-4.530	4.50
-2	-9.030	4.50

柱表

柱号	标高	$b\times h$ (圆柱直径D)	b_1	b_2	h_1	h_2	全部纵筋	角筋	b边一侧中部筋	h边一侧中部筋	箍筋类型号	箍筋	备注
KZ1	-0.030~19.470	750×700	375	375	150	550	24⌀25				1(5×4)	Φ10@100/200	
	19.470~37.470	650×600	325	325	150	450		4⌀22	5⌀22	4⌀20	1(4×4)	Φ10@100/200	
	37.470~59.070	550×500	275	275	150	350		4⌀22	5⌀22	4⌀20	1(5×4)	Φ8@100/200	
XZ1	-0.030~8.670						8⌀25				标准构造详图	Φ10@100	③×Ⓑ轴KZ1中设置

-0.030～59.070柱平法施工图（局部）

图 5－7　柱列表注写方式实例

框架柱 KZ1 分三段，在标高－0.030～19.470 段，截面尺寸为 750mm×700mm，共配置 24 根直径 25mm 的 HRB400 级钢筋，箍筋为直径 10mm 的 HPB300 级钢筋，加密区间距 100mm，非加密区间距 200mm；在标高 19.470～37.470 段，截面尺寸为 650mm×600mm，配置 4 根直径 22mm 的 HRB400 级角部钢筋，b 边每边配制 5 根直径 22mm 的 HRB400 级中部筋，h 边每边配制 4 根直径 20mm 的 HRB400 级中部筋，箍筋为直径 10mm 的 HPB300 级钢筋，加密区间距 100mm，非加密区间距 200mm；第三段自行分析。

芯柱 XZ1 设置在③×Ⓑ轴 KZ1 中－0.030～8.670 标高段，截面尺寸按构造确定，共配置 8 根直径 25mm 的 HRB400 级钢筋，箍筋为直径 10mm 的 HPB300 级钢筋，沿芯柱全高范围均匀配置，间距为 100mm。

图中左侧用表格给出了有关各层的结构层楼（地）面标高、结构层高及相应的结构层号。所示上部结构嵌固部位是指上部结构在基础中生根部位，常取基础顶面、地下室顶板等处，本例取地下一层结构顶部结构标高为－0.030 处。

(3) 截面注写方式。截面注写方式是在柱平面布置图上，从相同编号的柱中选择一个截面（不同编号中各选择一个截面），按另一种比例原位放大绘制柱截面配筋图，并在各配筋图上注写截面尺寸和配筋数值。具体注写内容如下。

1) 柱编号。

2）截面尺寸 $b\times h$（矩形）及其与轴线关系 b_1、b_2、h_1、h_2 的具体数值。

3）角筋、截面各边中部筋或全部纵筋（纵筋采用一种直径时）。

4）箍筋的等级、直径和间距的具体数值。

图 5－8 为采用截面注写方式表达的柱平法施工图实例。其中柱 LZ1 截面尺寸为 250mm×300mm，共配置 6 根直径 16mm 的 HRB400 级纵筋，箍筋采用 HPB300 级钢筋，直径为 8mm，加密区间距 100mm，非加密区间距 200mm。柱 KZ1 截面尺寸 650mm×600mm，角筋为 4 根直径 22mm 的 HRB400 级钢筋，b 边每侧中部筋为 5 根直径 22mm 的 HRB400 级钢筋，h 边每侧中部筋为 4 根直径 20mm 的 HRB400 级钢筋，b、h 边另一侧中部筋均对称配置，箍筋为 HPB300 级钢筋，直径为 10mm，加密区间距为 100mm，非加密区间距为 200mm。柱 KZ2 截面尺寸 650mm×600mm，共配置 22 根直径 22mm 的 HRB400 级纵筋，箍筋为 HPB300 级钢筋，直径为 10mm，加密区间距为 100mm，非加密区间距为 200mm。在Ⓐ×③轴 KZ2 中 19.470～30.270 标高段设置有 XZ1，截面尺寸按构造确定，共配置 8 根直径 25mm 的 HRB400 级钢筋，箍筋为直径 10mm 的 HPB300 级钢筋，沿芯柱全高范围均匀配置，间距为 100mm。

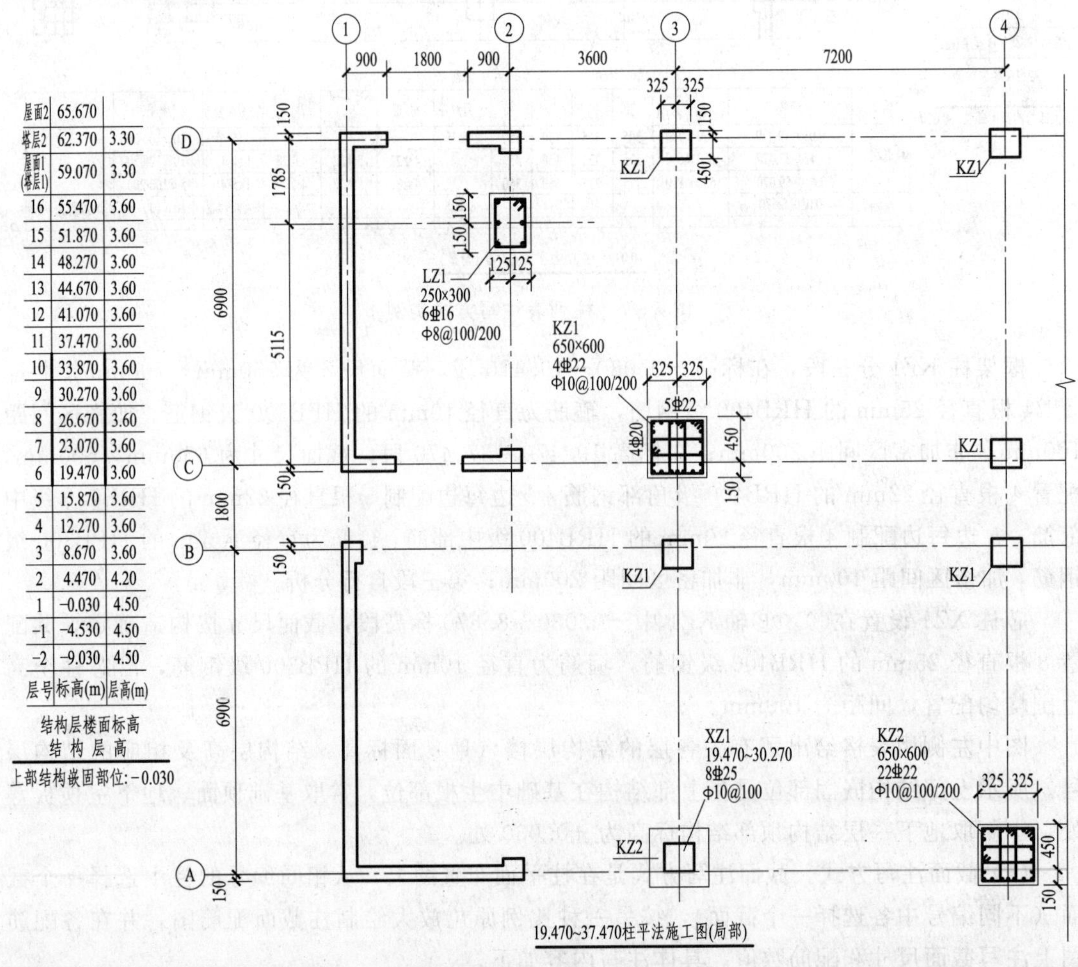

图 5－8　柱截面注写方式实例

2. 柱的标准构造详图

在柱平法施工图中重点表达钢筋的位置、种类和数量，但对于所配置钢筋的具体形状、长度以及在柱端等节点处有关钢筋的锚固、截断、搭接等详细构造无法表示。因此，在设计、施工和计算钢筋时，还必须结合标准构造详图，只有平法施工图和标准构造详图结合起来，才能完整地表达配筋。下面以抗震 KZ 为例，通过几个标准构造详图的识读，说明柱中纵筋和箍筋的详细构造做法。

(1) 抗震 KZ 纵向钢筋连接构造详图。图 5－9 为抗震 KZ 纵向钢筋连接构造详图，表达柱与基础以及上下层柱的纵筋绑扎搭接情况。柱相邻纵向钢筋连接接头相互错开，在同一截面内钢筋接头面积百分率不宜大于 50%，通常分两批错开搭接，如图 5－9 所示。当上柱钢筋比下柱多时见图一，当下柱钢筋比上柱多时见图二，当上柱钢筋直径比下柱钢筋直径大时见图三，当下柱钢筋直径比上柱钢筋直径大时见图四。图中，l_{lE}为抗震要求下纵向受拉钢筋绑扎搭接长度，l_{aE}为受拉钢筋抗震锚固长度，h_c为柱截面长边尺寸（圆柱为截面直径），H_n为所在楼层的柱净高。

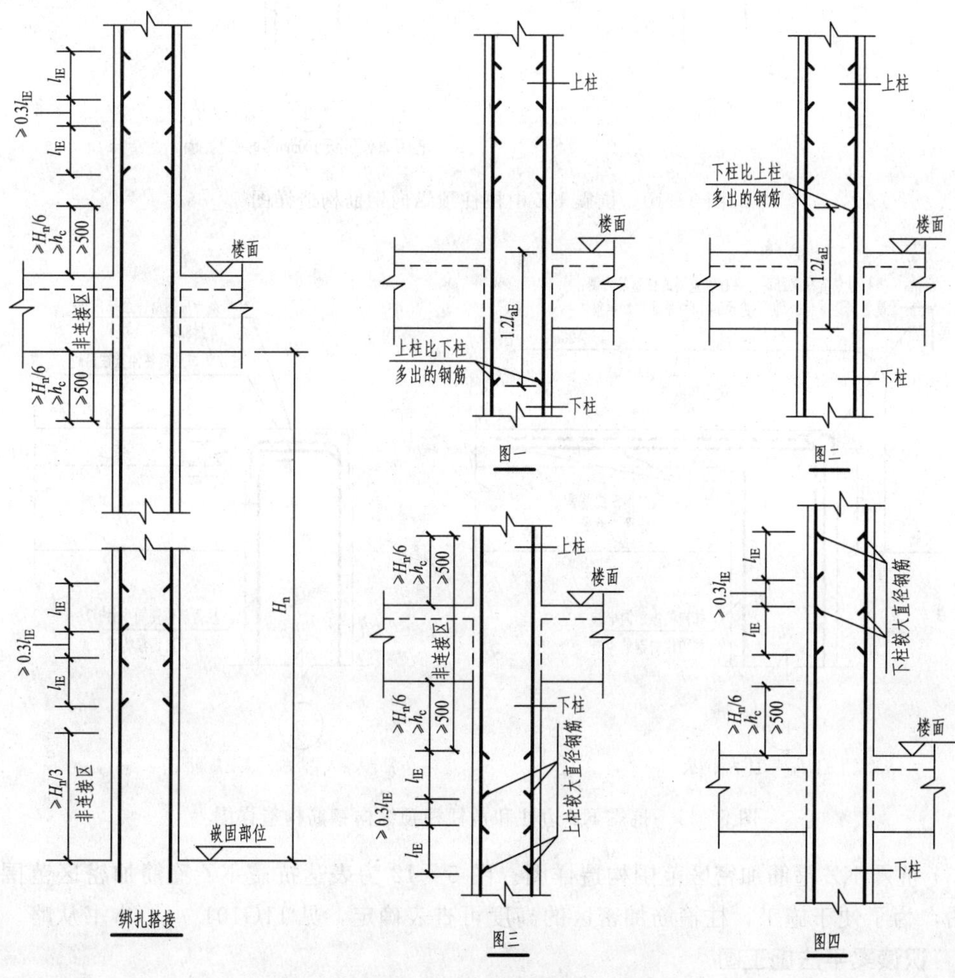

图 5－9　抗震 KZ 纵向钢筋连接构造详图

(2) 抗震 KZ 柱顶纵向钢筋构造详图。图 5－10 为抗震 KZ 中柱柱顶纵向钢筋构造详图，列举了Ⓐ、Ⓑ两种构造做法，施工人员可根据实际情况选用。图 5－11 为抗震 KZ 边柱和角柱柱顶纵向钢筋的构造详图，在 11G101－1 中共给出了Ⓐ、Ⓑ、Ⓒ、Ⓓ、Ⓔ五种节点构造做法，这五种做法应配合使用，可选择Ⓑ＋Ⓓ或Ⓒ＋Ⓓ或Ⓐ＋Ⓑ＋Ⓓ或Ⓐ＋Ⓒ＋Ⓓ的做法。本书仅列举了Ⓑ＋Ⓓ的做法，柱外侧纵筋有一部分伸入梁内，还有一部分未伸入梁内，伸入梁内的柱外侧纵筋不宜少于柱外侧全部纵筋面积的 65%。图中所示钢筋配筋率是指钢筋混凝土构件中纵向受力钢筋的面积与构件的有效面积之比（轴心受压构件为全截面的面积），是影响构件受力特征的一个参数，控制配筋率可以控制结构构件的破坏形态，不发生超筋破坏和少筋破坏。l_{abE}为受拉钢筋抗震基本锚固长度。

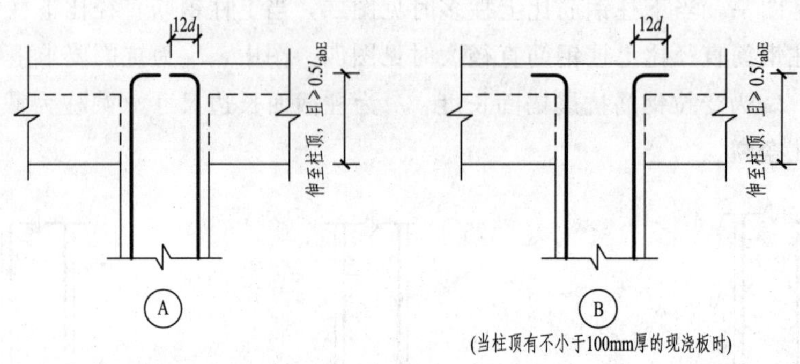

图 5－10　抗震 KZ 中柱柱顶纵向钢筋构造详图

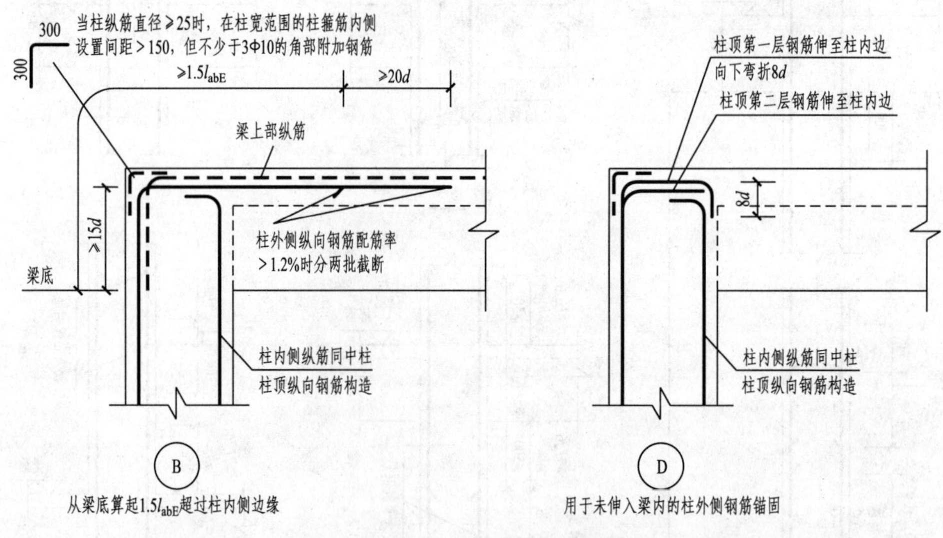

图 5－11　抗震 KZ 边柱和角柱柱顶纵向钢筋构造详图

(3) 抗震 KZ 箍筋加密区范围构造详图。图 5－12 为表达抗震 KZ 箍筋加密区范围的构造详图，为了便于施工，柱箍筋加密区的高度可查表确定，见 11G101－1，本书从略。

5.3.2　识读梁平法施工图

梁的平法施工图是在梁平面布置图上采用平面注写方式或截面注写方式表达梁的截面尺寸

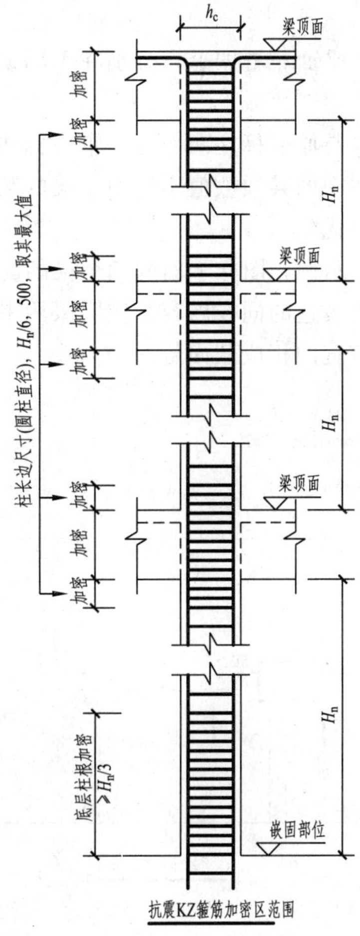

图 5-12　抗震 KZ 箍筋加密区范围构造详图

和配筋的图样。梁平面布置图应分别按梁的不同结构层，将全部梁和与其相关联的柱、墙、板一起绘制。在梁平法施工图中，应注明各结构层的楼面标高、结构层高和相应的结构层号。

1. 梁编号

采用平法表示梁的施工图时，需要对梁进行分类与编号，其编号由梁类型代号、序号、跨数及有无悬挑代号几项组成，见表 5-2。

表 5-2　　　　　　　　　　**梁　编　号**

梁类型	代号	序号	跨数及是否带有悬挑
楼层框架梁	KL	××	(××)、(××A) 或 (××B)
屋面框架梁	WKL	××	(××)、(××A) 或 (××B)
框支梁	KZL	××	(××)、(××A) 或 (××B)
非框架梁	L	××	(××)、(××A) 或 (××B)
悬挑梁	XL	××	
井字梁	JZL	××	(××)、(××A) 或 (××B)

注　(××A) 为一端有悬挑，(××B) 为二端有悬挑，悬挑不计入跨数。

如 KL7 (5A) 表示 7 号框架梁，5 跨，一端有悬挑；L9 (7B) 表示第 9 号非框架梁，7 跨，两端有悬挑。

2. 平面注写方式

平面注写方式，就是在梁的平面布置图上，分别在不同编号的梁中各选一根梁，直接在其上注写截面尺寸和配筋具体数值。

平面注写方式包括集中标注与原位标注两部分。集中标注表达梁的通用数值，原位标注表达梁的特殊数值。当集中标注中的某项数值不适用于梁的某部位时，则将该项数值进行原位标注，施工时，原位标注取值优先。

图 5-13 为梁平面注写方式示例，图样下面的四个梁的配筋断面图系采用传统表示方法绘制，用于对比按平面注写方式表达的同样内容。实际采用平面注写方式表达时，不需绘制梁断面配筋图和表示断面剖切位置的相应截面号。

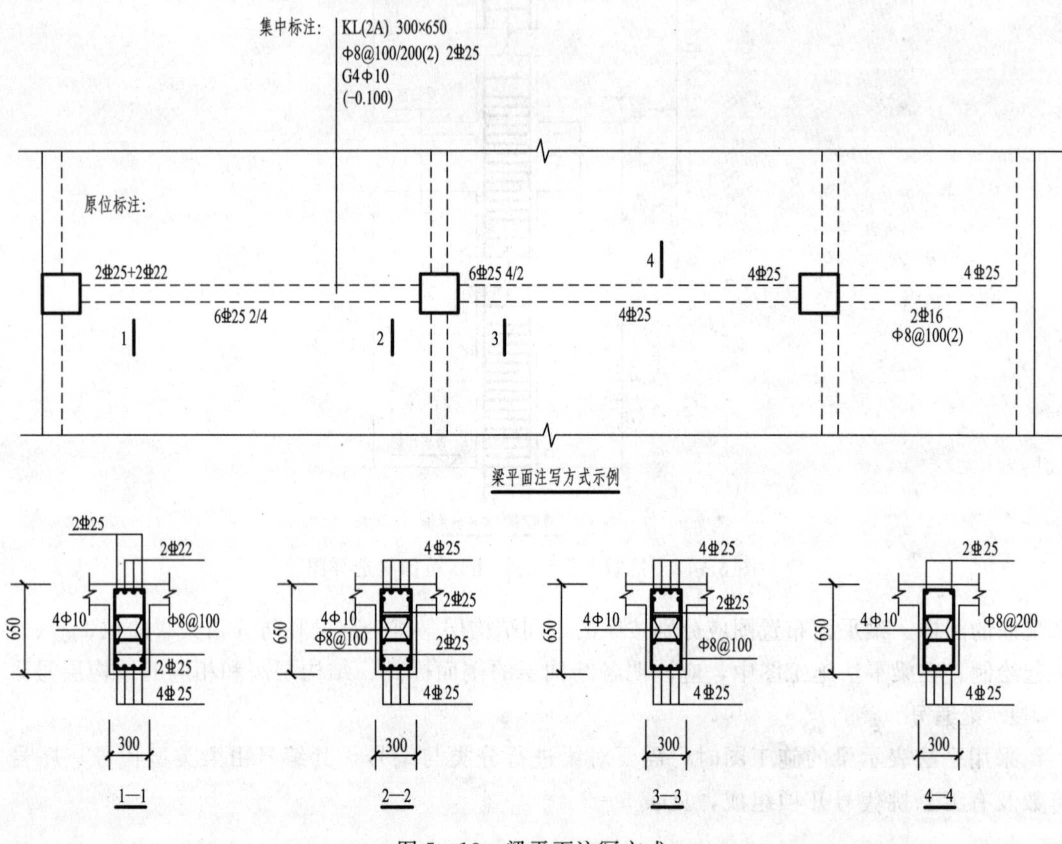

图 5-13 梁平面注写方式

(1) 集中标注。集中标注的形式与内容如下：

KL2（2A）300×650——梁编号（跨数、有无悬挑） 截面宽×高
φ8@100/200（2）——箍筋直径、加密区间距/非加密区间距（箍筋肢数）
2Φ25——通长筋根数、钢筋级别、直径
G4φ10——梁侧面纵向构造钢筋根数、直径
（-0.100）——梁顶标高与结构层楼面标高的差值，负号表示低于结构层标高

集中标注可以从梁的任意一跨引出，其标注的内容有五项必注值和一项选注值，具体规定如下。

1）梁编号（见表 5－2）。该项为必注值。如 KL2（2A）表示 2 号框架梁，两跨，一端有悬挑。

2）梁截面尺寸。该项为必注值。当为等截面梁时，用 $b \times h$ 表示。

3）梁箍筋。该项为必注值。包括钢筋级别、直径、加密区与非加密区间距及肢数（箍筋肢数应注写在括号内）。箍筋加密区与非加密区的不同间距及肢数需用斜线“/”分隔；当梁箍筋为同一种间距及肢数时，则不需斜线；当加密区与非加密区的箍筋肢数相同时，则将肢数注写一次。加密区范围由相应的标准构造详图确定。

例如“φ8@100/200（2）”，表示箍筋为 HPB300 级钢筋，直径为 8mm，加密区间距为 100mm，非加密区间距为 200mm，均为两肢箍。再例如“φ10@100（4）/150（2）”，表示箍筋为 HPB300 级钢筋，直径为 10mm，加密区间距为 100mm，四肢箍；非加密区间距为 150mm，两肢箍。

当抗震设计中的非框架梁及非抗震设计中的各类梁采用不同的箍筋间距和肢数时，也用斜线“/”将其分隔开表示。注写时，先注写梁支座端部的箍筋（包括箍筋的箍数、钢筋级别、直径、间距与肢数），在斜线后注写梁跨中部分的箍筋间距及肢数。

例如“12φ8@150/200（4）”，表示箍筋为 HPB300 级钢筋，直径为 8mm，梁的两端各有 12 个四肢箍，间距 150mm；梁跨中部分间距为 200mm，四肢箍；又如“16φ10@150（4）/150（2）”，表示箍筋为 HPB300 级钢筋，直径为 10mm，梁两端各有 16 个四肢箍，间距 150mm；梁跨中部分间距为 200mm，双肢箍。

4）梁上部通长筋或架立筋配置。该项为必注值。所注规格与根数应根据结构受力要求及箍筋肢数等构造要求而定。

当梁上部同排纵筋中既有通长筋又有架立筋时，应用加号“＋”相联标注，注写时将角部纵筋写在“＋”号前面，架立筋写在“＋”号后面并加括号。当全部采用架立筋时，则将其写入括号内。例如“2Φ25”用于双肢箍；“2Φ22＋(2φ12)”用于四肢箍，其中 2Φ22 为通长筋，2φ12 为架立筋。

当梁的上部纵向钢筋和下部纵向钢筋均为全跨相同，且多数跨配筋相同时，此项可加注下部纵筋的配筋值，用分号“；”将上、下部纵筋的配筋值隔开。少数跨不同者，进行原位标注。例如“2Φ22；2Φ25”表示梁上部配置 2Φ22 通长筋，梁下部配置 2Φ25 通长筋。

5）梁侧面纵向构造钢筋或受扭钢筋配置，该项为必注值。

当梁的腹板高度 $h_w \geqslant 450$mm 时，需配置梁侧面纵向构造钢筋，所注规格与根数应符合规范规定，此项注写时以大写字母 G 打头，例如“G4φ10”，表示在梁的两侧共配置 4φ10 的纵向构造钢筋，每侧各配 2φ10。

当梁侧面需要配置纵向受扭钢筋时，此项注写值以大写字母 N 打头，接着标注梁两侧的总配筋值，且对称配置。例如 N6Φ20，表示梁的两侧各配置 3Φ20 的纵向受扭钢筋。

6）梁顶面标高高差，该项为选注值。

梁顶面标高高差是指梁顶与相应的结构层楼面标高的高差值。有高差时，将高差值标入括号内；无高差时不注。例如“(－0.100)”表示梁顶低于结构层 0.1m；若为“(0.050)”表示梁顶高于结构层 0.05m。

(2) 原位标注。梁原位标注的内容规定如下。

1）梁支座上部纵筋，该部位含通长筋在内的所有纵筋。

当梁上部纵筋多于一排时，用斜线“/”将各排纵筋自上而下分开。如图 5-13 中梁支座上部纵筋注写为“6⌀25 4/2”，表示梁支座上部纵筋共 6 根，上一排纵筋为 4⌀25，下一排纵筋为 2⌀25。

当同排纵筋有两种直径时，用加号“+”将两种直径的纵筋相联，并将角部纵筋写在“+”号前面。如图 5-13 中注写在梁支座上部的“2⌀25+2⌀22”，表示梁支座上部纵筋共 4 根，2⌀25 放在角部，2⌀22 放在中部。

当梁中间支座两边的上部纵筋不同时，须在支座两边分别标注；当梁中间支座两边的上部纵筋相同时，可仅在支座一边标注，另一边可省略标注，如图 5-13 所示。

2）梁下部纵筋。当梁下部纵筋多于一排时，用斜线“/”将各排纵筋自上而下分开。如图 5-13 中梁下部纵筋注写为“6⌀25 2/4”，表示梁下部纵向钢筋共 6 根，为两排，上排为 2⌀25，下排为 4⌀25，钢筋全部伸入支座。

当同排纵筋有两种直径时，用加号“+”将两种直径的纵筋相联，注写时角筋写在前面。

当梁下部纵筋不全部伸入支座时，将梁支座下部纵筋减少的数量写在括号内。例如梁下部纵筋注写为“6⌀25 2（−2)/4”，表示梁下部为两排纵筋，上排纵筋为 2⌀25，且不伸入支座；下排纵筋为 4⌀25，全部伸入支座。

当梁的集中标注中已注写了梁上部和下部均为通长的纵筋值时，则不需在梁下部重复做原位标注。

3）附加箍筋或吊筋。附加箍筋或吊筋直接画在平面图中的主梁上，用引线引注总配筋值（附加箍筋的肢数注在括号内），如图 5-14 所示。当多数附加箍筋和吊筋相同时，可在梁平法施工图上用文字统一注明，少数与统一注明值不同时，再进行原位标注。

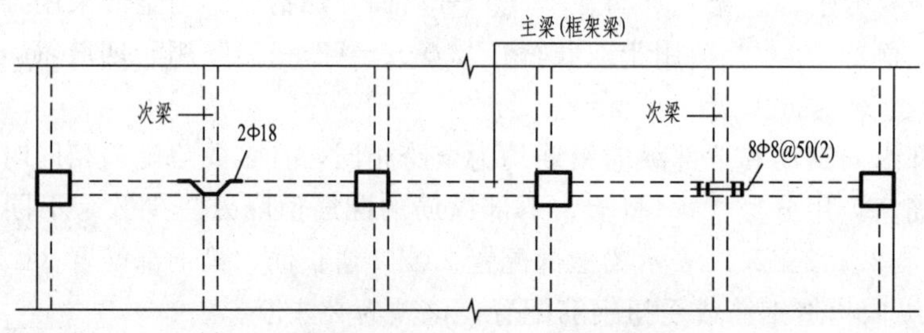

图 5-14 附加箍筋和吊筋的画法示例

4）当在梁上集中标注的内容（即梁截面尺寸、箍筋、上部通长筋或架立筋、梁侧面纵向构造钢筋或受扭钢筋、梁顶面标高高差中的某一项或几项数值）不适用于某跨或某悬挑部分时，则将其不同数值原位标注在该处，施工时应按原位标注数值取用。如图 5-13 最右端标注的Φ8@100（2），为悬挑梁中配置的箍筋，HPB300 级钢筋，直径 8mm，通长配置，间距 100mm，双肢箍。

(3) 实例识读。图 5-15 为梁平法施工图平面注写方式实例，下面以 KL1 为例进行识读。

首先识读集中标注内容。由 KL1 的集中标注可知，该框架梁为四跨，两端无悬挑，截面尺寸为 300mm×700mm；箍筋采用直径为 10mm 的 HPB300 级钢筋，加密区间距为

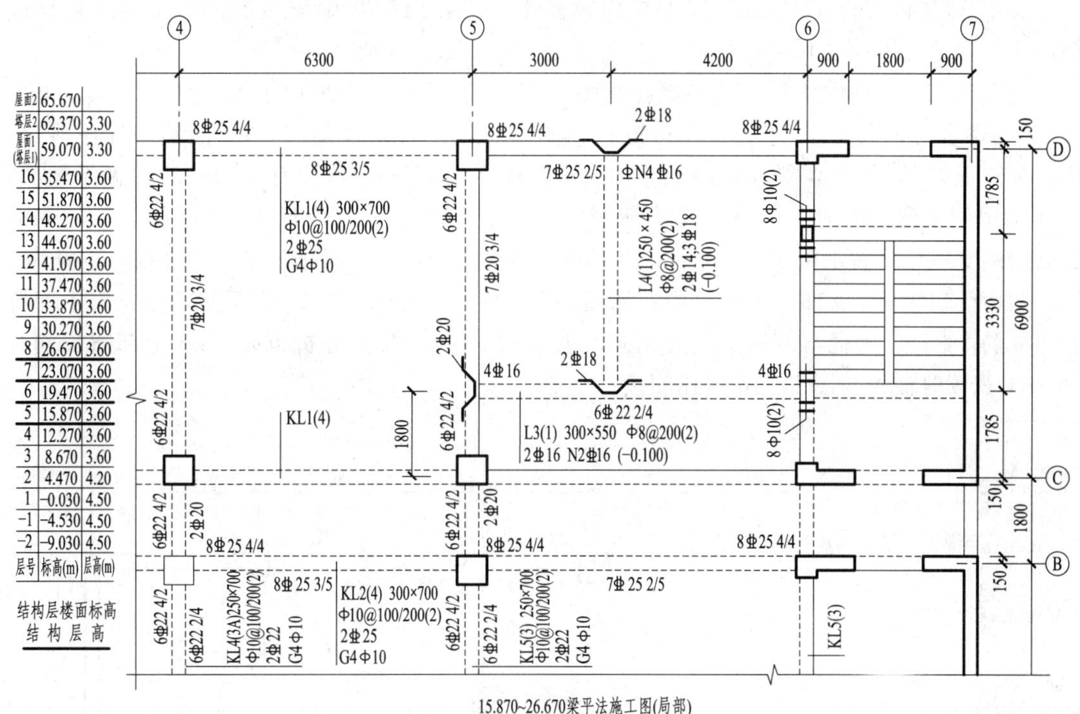

图 5－15　梁平面注写方式实例

100mm，非加密区间距为 200mm，均为双肢箍；梁上部配置 2Φ25 的通长筋；两个侧面各配置 2Φ10 的纵向构造钢筋。

然后识读原位标注内容。由原位标注可知，在④～⑤轴的第三跨中，梁两端支座上部各配置 8Φ25 的纵筋，分上下两排，每排 4 根，其中包括集中标注中的通长筋 2Φ25；梁下部配置 8Φ25 的纵筋，分上下两排，上排为 3 根，下排为 5 根，全部伸入支座；侧面构造纵筋和箍筋同集中标注。在⑤～⑥轴的第四跨中，梁两端支座上部纵筋与第三跨相同，梁下部配置 7Φ25，分上下两排，上排为 2 根，下排为 5 根，全部伸入支座；梁侧面共配置 4 根Φ16 的受扭纵筋，每侧 2 根；同时在该跨梁上还配置了 2Φ18 的吊筋。

本图中其他内容请读者根据上述规定自行分析。

3. 截面注写方式

梁的截面注写方式是在分层绘制的梁平面布置图上，分别在不同编号的梁中各选择一根梁用剖面号引出配筋图，并在其上注写截面尺寸和配筋具体数值的方式来表达梁的平法施工图。截面注写方式多适用于表达异形截面梁的尺寸与配筋或平面图上局部区域梁布置过密的情况。截面注写方式既可以单独使用，也可与平面注写方式结合使用。

截面注写方式与传统表达方法相似，注写内容规定如下。

(1) 在梁的平面布置图上对梁进行编号，从相同编号的梁中选择一根梁，将“单边截面号”画在该梁上，然后将截面配筋详图画在本图或其他图上。

(2) 在截面配筋详图上注写截面尺寸 $b\times h$、上部纵筋、下纵部筋、侧面构造筋或受扭筋以及箍筋的具体数值，表达形式与平面注写方式相同。

(3) 当梁的顶面标高与结构层的楼面标高不同时，尚应在梁编号后注写梁顶面标高高差，注写规定与平面注写方式相同。

图 5-16 为梁截面注写方式实例。在图 5-16 中，L3、L4 采用了截面注写方式，下面以 L3 为例进行识读。L3 为平面注写方式和截面注写方式结合使用，L3 的集中标注显示，该梁为非框架梁，1 跨，梁顶标高比结构层楼面标高低 0.1m。该梁有 1-1、2-2 两个断面，1-1 为梁端支座处断面，2-2 为跨中断面。由 1-1 可知，梁截面尺寸为 300mm×550mm，该梁两端支座处配置上部纵筋 4Φ16；下部纵筋 6Φ22，分上下两排，上排为 2 根，下排为 4 根；侧面受扭纵筋 2Φ16，每侧 1 根；箍筋Φ8@200，双肢箍。由 2-2 可知，该梁跨中配置上部纵筋 2Φ16，其他与两端支座处相同。由 1-1、2-2 共同分析可知，L3 上部通长筋为 2Φ16。识读时注意与图 5-15 对比阅读。

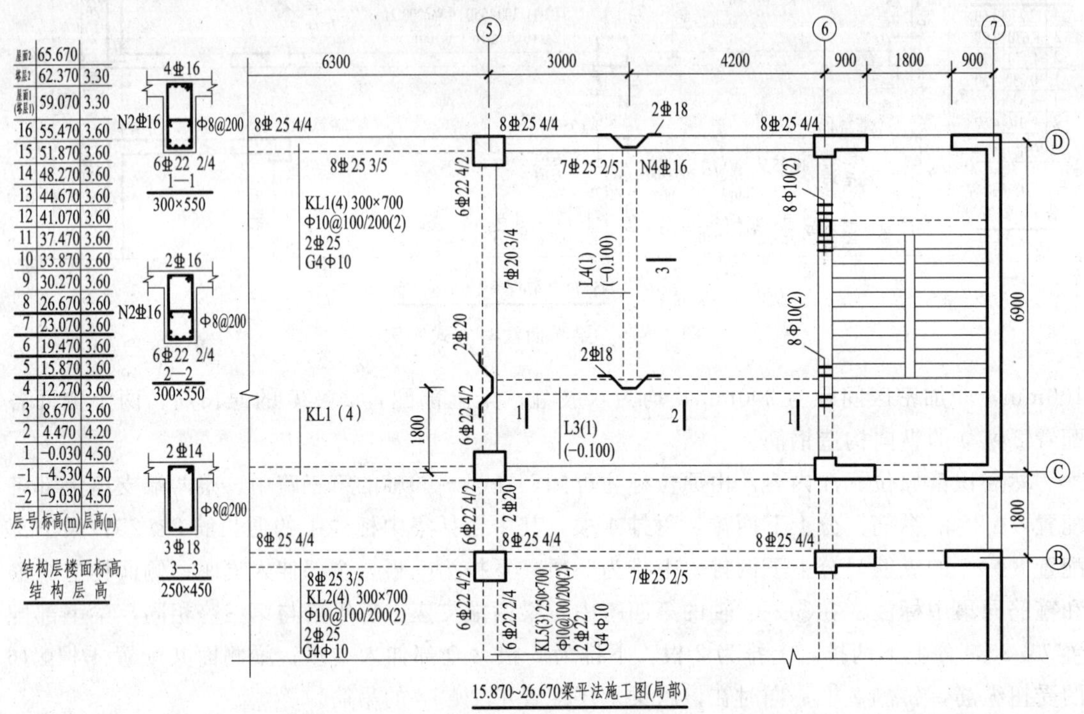

图 5-16　梁截面注写方式实例

4. 梁的标准构造详图

下面以抗震楼层框架梁 KL 为例，通过几个标准构造详图的识读，说明梁中纵筋、箍筋等的详细构造做法。

(1) 抗震楼层框架梁 KL 纵向钢筋构造详图。图 5-17 为抗震楼层框架梁 KL 纵向钢筋构造详图，表达梁上部通长筋、梁支座上部纵筋、梁下部纵筋的构造做法。

框架梁支座上部纵筋第一排非通长筋从柱边起伸出至 $l_n/3$ 位置，第二排非通长筋伸出至 $l_n/4$ 位置。l_n的取值规定：对于端支座，l_n为本跨的净跨值；对于中间支座，l_n为支座两边较大一跨的净跨值。对于端支座梁上部纵筋伸入支座长度要求伸至柱外侧纵筋内侧且 $\geqslant 0.4l_{abE}$，l_{abE}为受拉钢筋抗震基本锚固长度，伸入支座后向下弯折段长度为 $15d$。图中 h_c为柱截面沿框架方向的高度。

对于梁下部纵筋，在端支座，伸入支座的长度要求伸至梁上部纵筋弯钩段内侧或柱外侧纵筋内侧且$\geqslant 0.4l_{abE}$，伸入支座后向上弯折段长度为$15d$；在中间支座，伸入支座的长度$\geqslant l_{aE}$且$\geqslant 0.5h_c+5d$。

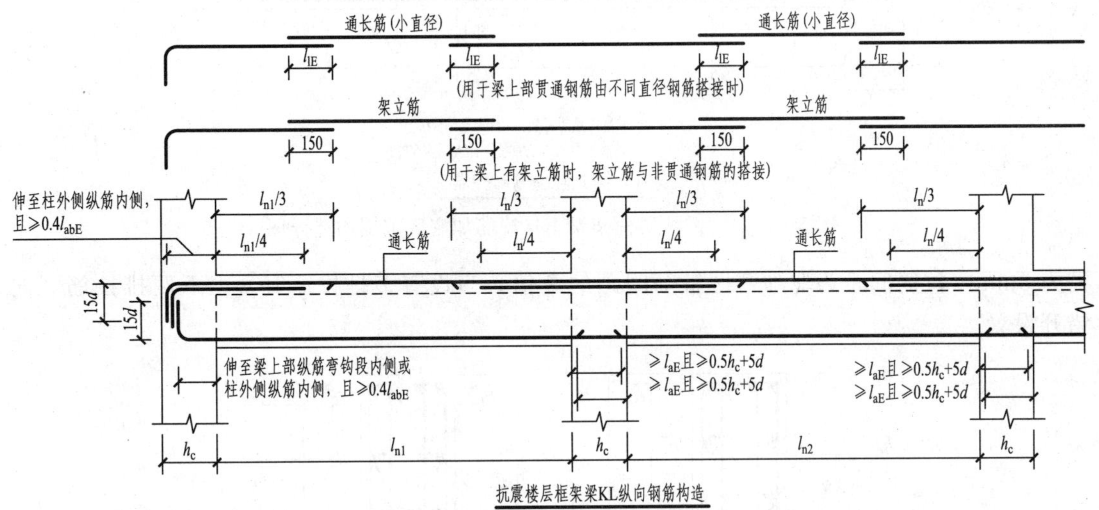

图 5－17　抗震楼层框架梁 KL 纵向钢筋构造详图

(2) 抗震楼层框架梁 KL 不伸入支座下部纵向钢筋断点位置构造详图。图 5－18 为不伸入支座的梁下部纵向钢筋断点位置的构造详图。通常，梁下部纵筋应伸入支座，当梁下部纵筋不全部伸入支座时，不伸入支座的梁下部纵筋截断点距支座边的距离取$0.1l_{ni}$，l_{ni}为本跨梁的净跨值。

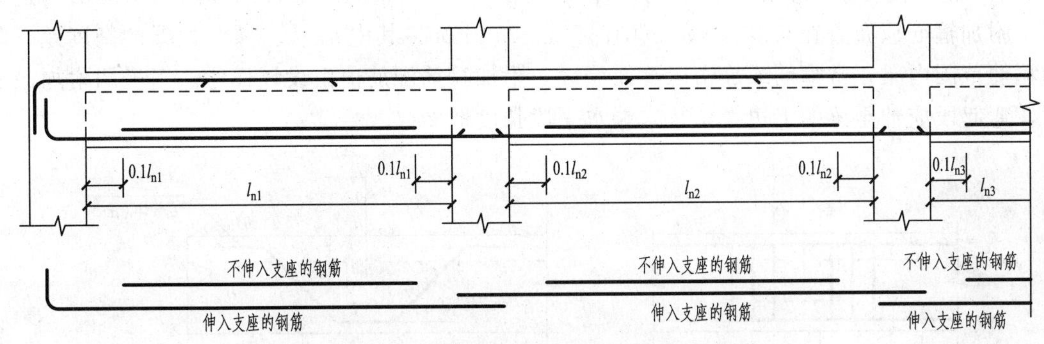

图 5－18　不伸入支座的梁下部纵向钢筋断点位置构造详图

(3) 抗震楼层框架梁 KL 箍筋加密区范围构造详图。图 5－19 为抗震楼层框架梁 KL 箍筋加密区范围构造详图，图中h_b为梁截面高度。

(4) 梁侧面纵向构造筋和拉筋构造详图。图 5－20 为梁侧面纵向构造筋和拉筋构造详图。当梁的腹板高度$h_w \geqslant 450$mm 时，在梁的两个侧面应沿高度配置纵向构造钢筋，纵向构造钢筋间距$a \leqslant 200$mm。当梁宽$\leqslant 350$mm 时，拉筋直径为 6mm；梁宽>350mm 时，拉筋直

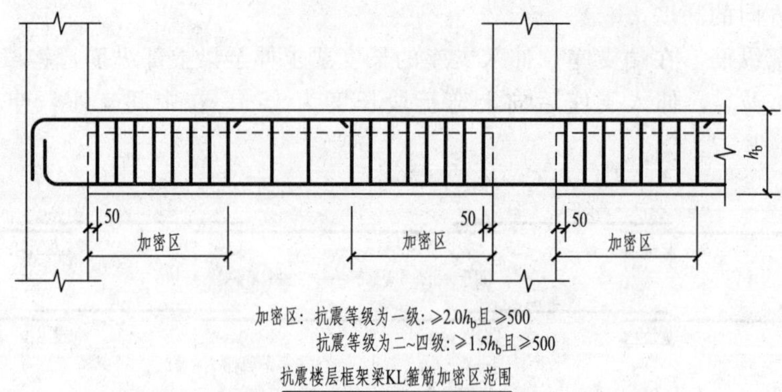

图 5-19　抗震楼层框架梁 KL 箍筋加密区范围构造详图

径为 8mm，拉筋间距为非加密区箍筋间距的 2 倍。当设有多排拉筋时，上下两排拉筋竖向错开设置。

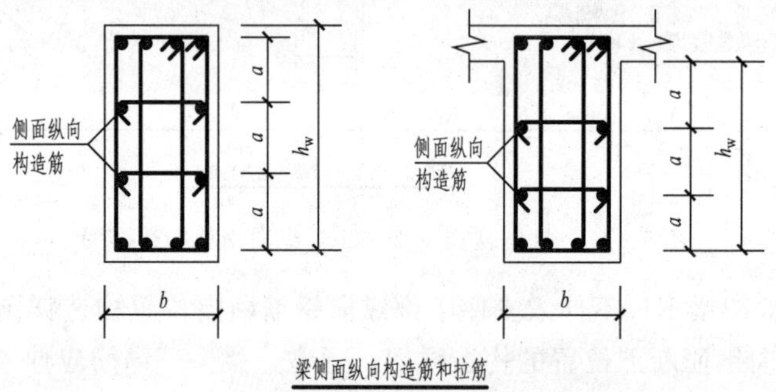

图 5-20　梁侧面纵向构造筋和拉筋构造详图

(5) 梁的附加箍筋和附加吊筋构造详图。图 5-21 为梁的附加箍筋和附加吊筋的构造详图。附加箍筋应布置在长度为 s 的范围内，$s=2h_1+3b$，其中 h_1 为主梁与次梁的高度差，附加箍筋范围内梁正常箍筋或加密区箍筋照设，附加箍筋配筋值由设计标注。当采用附加吊筋时，弯起段应伸至梁的上边缘，且末端水平段长度取 $20d$。

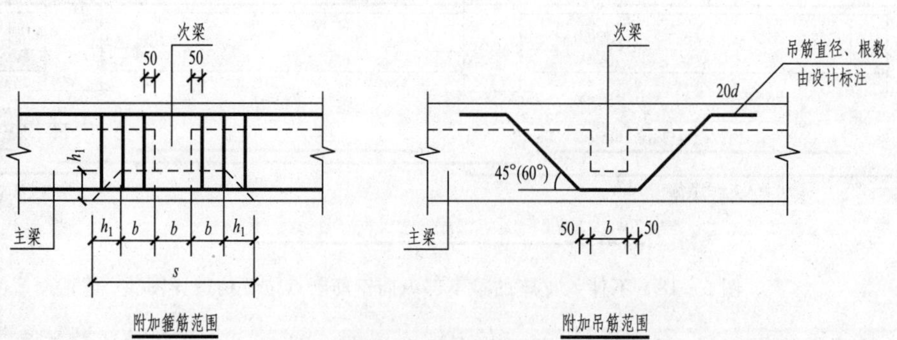

图 5-21　梁附加箍筋和附加吊筋构造详图

5.3.3　识读有梁楼盖板平法施工图

有梁楼盖板是指以梁为支座的楼面与屋面板。

有梁楼盖板平法施工图，是在楼面板和屋面板平面布置图上，采用平面注写的表达方式。板平面注写主要包括板块集中标注和板支座原位标注。

1. 板块集中标注

板块集中标注的内容为：板块编号，板厚，贯通纵筋，以及当板面标高不同时的标高高差。

（1）板块编号。对于普通楼面，两向均以一跨为一板块。所有板块都应编号，同一编号板块的类型、板厚和贯通纵筋均应相同，但板面标高、跨度、平面形状以及板支座上部非贯通纵筋可以不同，如同一编号板块的平面形状可为矩形、多边形及其他形状等。

相同编号的板块可选择一块进行集中标注，其他仅标注编号（置于圆圈内）及标高高差即可。板块编号应符合表 5-3 的规定。

表 5-3　　板　块　编　号

板类型	代号	序号
楼面板	LB	××
屋面板	WB	××
悬挑板	XB	××

（2）板厚。板厚注写为 h=×××（为垂直于板面的厚度），当悬挑板的端部改变截面厚度时，用斜线分隔根部与端部的高度值，注写为 h=×××/×××。当设计已在图中统一注明板厚时，此项可不注。

（3）贯通纵筋。为方便设计表达和施工识图，规定结构平面的坐标方向为：当两向轴网正交布置时，图面从左至右为 X 向，从下至上为 Y 向；当轴网向心布置时，切向为 X 向，径向为 Y 向。

贯通纵筋按板块的下部和上部分别注写（当板块上部不设贯通纵筋时则不注），并以 B 代表下部，以 T 代表上部，B&T 代表下部与上部；X 向贯通纵筋以 X 打头，Y 向贯通纵筋以 Y 打头，两向贯通纵筋配置相同时则以 X&Y 打头。

当在某些板内配置有构造筋时，则 X 向以 X_C，Y 向以 Y_C 打头注写。

当为单向板时，另一向贯通的分布筋可不标注，而在图中统一注明。

当贯通纵筋采用两种规格钢筋“隔一布一”方式时，表达为 ϕ××/yy@×××，表示直径为××的钢筋和直径为 yy 的钢筋二者之间间距为×××，直径××的钢筋的间距为×××的 2 倍，直径 yy 的钢筋的间距为×××的 2 倍。

例如某楼面板块注写为“LB2 h=110 B：X ⌀12@120；Y ⌀10@110”，表示 2 号楼面板，板厚 110mm，板下部配置贯通纵筋，X 向为⌀12@120，Y 向为⌀10@110，板上部未配置贯通纵筋。

例如某楼面板块注写为“LB5 h=110 B：X ⌀10/12@100；Y ⌀10@110”，表示 5 号楼面板，板厚 110mm，板下部配置贯通纵筋，X 向为⌀10、⌀12 隔一布一，⌀10 与⌀12 之间间距为 100mm，Y 向为⌀10@110，板上部未配置贯通纵筋。

例如某悬挑板注写为“XB1 h=150/100 B：X_C&Y_C ⌀8@200”，表示 1 号悬挑板，板根部厚度 150mm，端部厚度 100mm，板下部配置双向构造钢筋均为⌀8@200。

（4）板面标高高差。板面标高高差是相对于结构层楼面标高的高差，应将其注写在括号内，有高差则注，无高差不注。

2. 板支座原位标注

板支座原位标注的内容为板支座上部非贯通纵筋和悬挑板上部受力钢筋。

(1) 板支座上部非贯通纵筋的标注。标注时，应在配置相同跨的第一跨表达。在配置相同跨的第一跨，垂直于板支座（梁或墙）绘制一段长度适当的中粗实线，以该线段代表支座上部非贯通纵筋，并在线段上方注写钢筋编号（如①、②等），配筋值，横向连续布置的跨数（注写在括号内，当为一跨时可不注），以及是否横向布置到梁的悬挑端，如（××）为横向布置的跨数，（××A）为横向布置的跨数及一端的悬挑梁部位，（××B）为横向布置的跨数及两端的悬挑梁部位。

板支座上部非贯通筋自支座中线向跨内的伸出长度，注写在线段的下方位置。当中间支座上部非贯通纵筋向支座两侧对称伸出时，可仅在支座一侧线段下方标注伸出长度，另一侧不注；当向支座两侧非对称伸出时，应分别在支座两侧线段下方注写伸出长度，如图 5－22、图 5－23 所示。

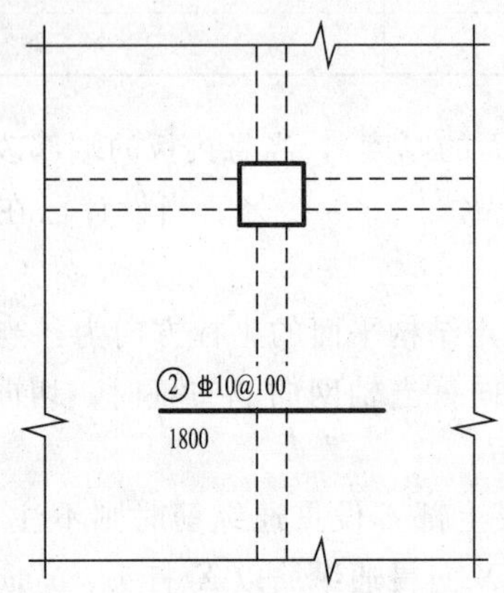

图 5－22　板支座上部非贯通筋对称伸出

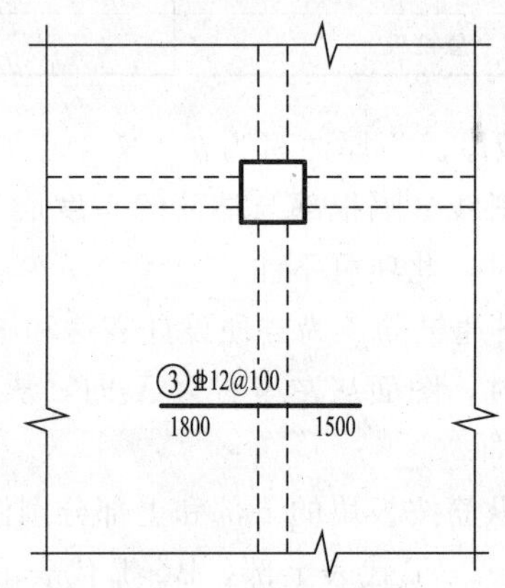

图 5－23　板支座上部非贯通筋非对称伸出

对线段画至对边贯通短跨全跨的上部非贯通纵筋，贯通全跨的长度值不注，只注明非贯通筋另一侧的伸出长度值，如图 5－24 所示。

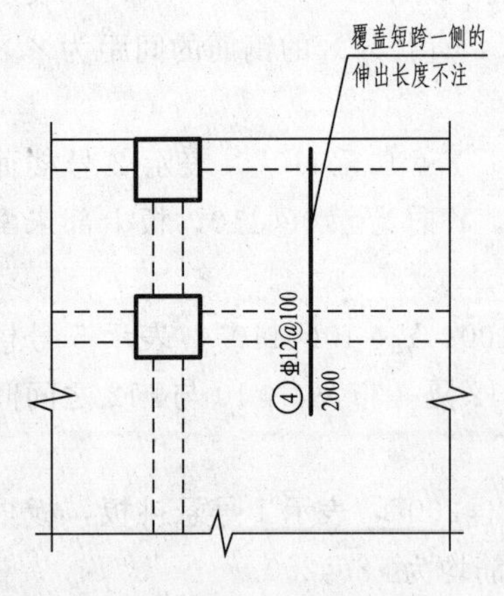

图 5－24　板支座上部非贯通筋贯通短跨全跨

在板平面布置图中，不同部位的板支座上部非贯通纵筋，可仅在一个部位注写，对其他相同者仅需在代表钢筋的线段上注写编号及横向连续布置的跨数即可。

当板的上部已配置有贯通纵筋，但需增配板支座上部非贯通纵筋时，应结合已配置的同向贯通纵筋的直径与间距采取“隔一布一”方式配置。“隔一布一”方式，为非贯通纵筋的标注间距与贯通纵筋相同，两者结合后的实际间距为各自标注间距的 1/2。例如，板上部已配置贯通纵筋⌀12@250，该跨同向配置的上部支座非贯通纵筋为⌀10@250，表示该跨实际设置的上部纵筋为⌀12 和⌀10 间隔布置，二者之间间距为 125mm。

此外，与板支座上部非贯通纵筋垂直且绑扎在一起的构造钢筋或分布钢筋，应在图中注明。

（2）悬挑板上部受力钢筋的标注。在梁悬挑部位，垂直于板支座（梁或墙）绘制一段长度适当的中粗实线，以该线段代表支座上部非贯通纵筋，并在线段上方注写钢筋编号（如①、②等），配筋值，横向连续布置的跨数。

对线段画至对边贯通全悬挑长度的上部非贯通纵筋，伸出至全悬挑一侧的长度值不注，只注明非贯通筋另一侧的伸出长度值，如图 5－25 所示。

2100
③ Φ12@100(2)
XB1 h=120
B: XcΦ8@150; YcΦ8@200
T: XΦ8@150
XB1
覆盖悬挑板一侧的
伸出长度不注

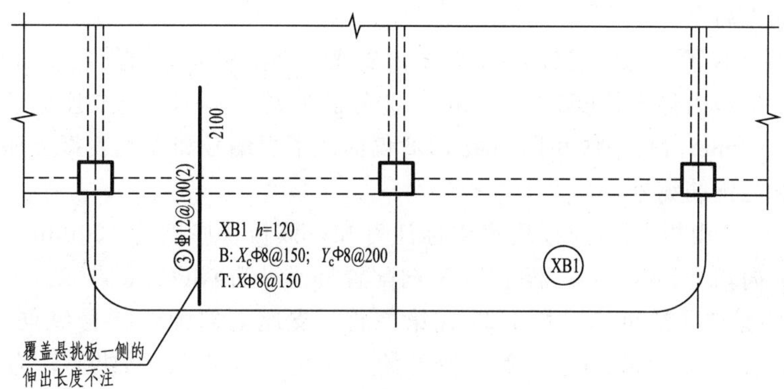

图 5－25　悬挑板支座非贯通纵筋

3. 实例识读

图 5－26 为板平法施工图实例。下面分别以 LB1、LB2、LB3 为例进行识读。

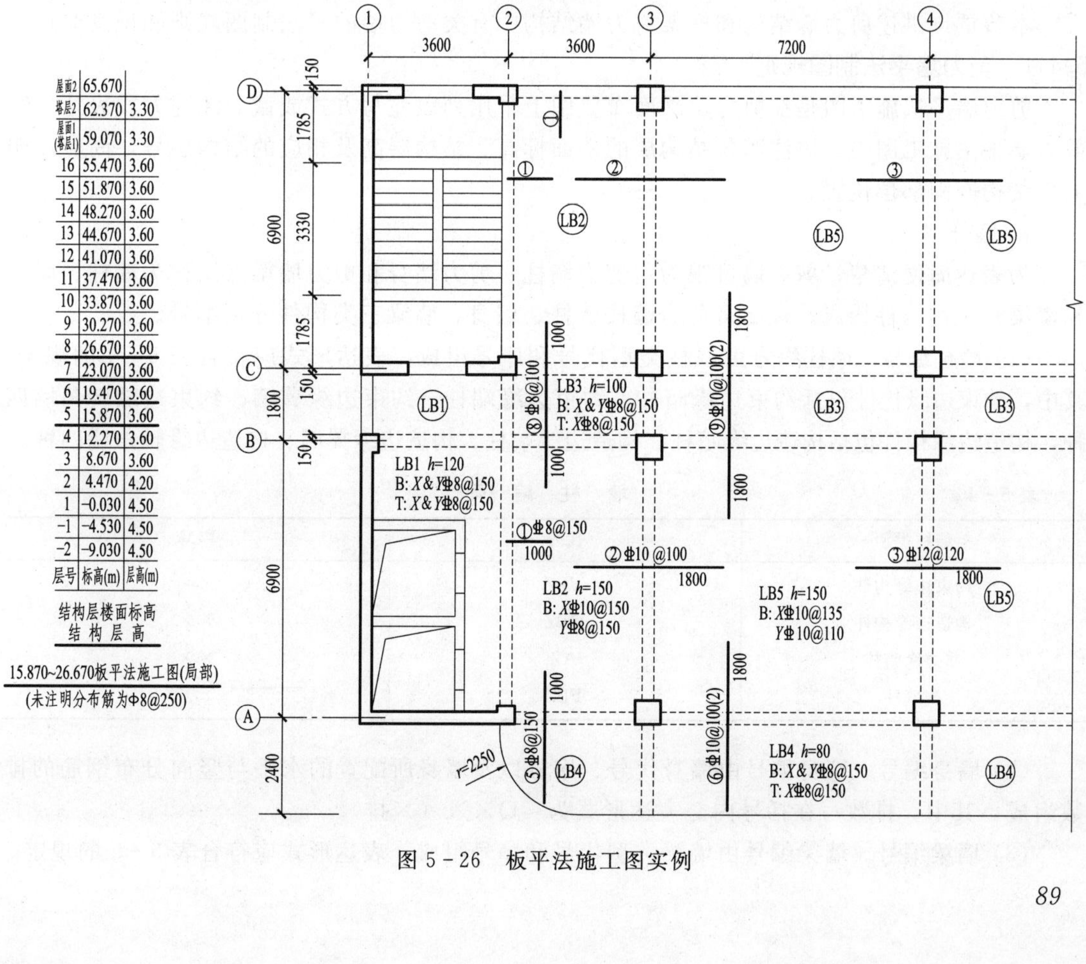

屋面2 65.670
塔层2 62.370 3.30
屋面1(塔层1) 59.070 3.30
16 55.470 3.60
15 51.870 3.60
14 48.270 3.60
13 44.670 3.60
12 41.070 3.60
11 37.470 3.60
10 33.870 3.60
9 30.270 3.60
8 26.670 3.60
7 23.070 3.60
6 19.470 3.60
5 15.870 3.60
4 12.270 3.60
3 8.670 3.60
2 4.470 4.20
1 -0.030 4.50
-1 -4.530 4.50
-2 -9.030 4.50
层号 标高(m) 层高(m)
结构层楼面标高
结构 层 高
15.870~26.670板平法施工图(局部)
(未注明分布筋为Φ8@250)
3600
3600
7200
LB1 h=120
B: X&YΦ8@150
T: X&YΦ8@150
LB2 h=150
B: XΦ10@150
YΦ8@150
LB3 h=100
B: X&YΦ8@150
T: XΦ8@150
LB4 h=80
B: X&YΦ8@150
T: XΦ8@150
LB5 h=150
B: XΦ10@135
YΦ10@110
①Φ8@150
②Φ10@100
③Φ12@120
⑤Φ8@150
⑥Φ10@100(2)
⑧Φ8@100
⑨Φ10@100(2)
r=2250

图 5－26　板平法施工图实例

(1) 识读 LB1。由 LB1 的板块集中标注可知，该楼面板编号为 1，板厚 120mm，板上、下部均配置了ф8@150 的双向贯通纵筋。该板块未配置支座上部非贯通纵筋，且该板块相对于结构层楼面无高差。

(2) 识读 LB2。由 LB2 的板块集中标注可知，该楼面板编号为 2，板厚 150mm，板下部配置的贯通纵筋 *X* 向为ф10@150，*Y* 向为ф8@150，板上部未配置贯通纵筋。该楼面板相对于结构层楼面无高差。

由 LB2 的板支座原位标注可知，板 LB2 内支座上部配置非贯通筋，①号筋为ф8@150，自支座中线向一侧跨内伸出长度为 1000mm；②号筋为ф10@100，自支座向两侧跨内对称伸出，长度均为 1800mm。另一块相同的板 LB2 仅标注了板编号和在代表板支座上部非贯通筋的中粗线段上标注钢筋编号。

(3) 识读 LB3。由板 LB3 的板块集中标注可知，该板块厚度为 100mm，板下部配置的贯通纵筋 *X*、*Y* 向均为ф8@150，板上部 *X* 向配置贯通纵筋ф8@150。

由板 LB3 的原位标注可知，板 LB3 在第一跨，支座上部配置⑧号纵筋，为ф8@100，向两侧跨内伸出长度为 1000mm，自第二跨开始，支座上部配置⑨号纵筋，为ф10@100，向两侧跨内伸出长度为 1800mm，横向连续布置两跨。

其他编号的楼面板请读者自行分析。

5.4 剪力墙平法施工图

本节重点讲述剪力墙结构和框架剪力墙结构中有关剪力墙的平法制图规则和识读要点。

5.4.1 剪力墙平法制图规则

剪力墙平法施工图是在剪力墙平面布置图上采用列表注写方式或截面注写方式表达。在剪力墙平法施工图中，应注明各结构层的楼面标高、结构层高及相应的结构层号，尚应注明上部结构嵌固部位位置。

1. 编号

为表达简便清楚，剪力墙可视为由剪力墙柱、剪力墙身和剪力墙梁（简称为墙柱、墙身和墙梁）三类构件构成。规定将剪力墙按墙柱、墙身、墙梁三类构件分别编号。

(1) 墙柱编号。墙柱编号由墙柱类型代号和序号组成，表达形式应符合表 5-4 的规定。其中，约束边缘构件包括约束边缘暗柱、约束边缘端柱、约束边缘翼墙、约束边缘转角墙四种，构造边缘构件包括构造边缘暗柱、构造边缘端柱、构造边缘翼墙、构造边缘转角墙四种。

表 5-4　　墙　柱　编　号

墙柱类型	代号	序号
约束边缘构件	YBZ	××
构造边缘构件	GBZ	××
非边缘暗柱	AZ	××
扶壁柱	FBZ	××

(2) 墙身编号。墙身编号由墙身代号、序号以及墙身所配置的水平与竖向分布钢筋的排数组成，其中，排数写在括号内。表达形式为：Q××（×排）。

(3) 墙梁编号。墙梁编号由墙梁类型代号和序号组成，表达形式应符合表 5-5 的规定。

表 5-5　　墙 梁 编 号

墙梁类型	代号	序号
连梁	LL	××
连梁（对角暗撑配筋）	LL（JC）	××
连梁（交叉斜筋配筋）	LL（JX）	××
连梁（集中对角斜筋配筋）	LL（DX）	××
暗梁	AL	××
边框梁	BKL	××

由表 5-5 可知，在剪力墙结构中，墙梁被划分为连梁、暗梁、边框梁三类。其中，连梁是连接门窗洞口两边的剪力墙的梁；暗梁和边框梁是剪力墙的一部分，都是剪力墙上部的加强构造，二者的区别在于暗梁梁宽与墙厚相同，边框梁梁宽大于墙厚。它们的具体位置如图 5-27 所示。

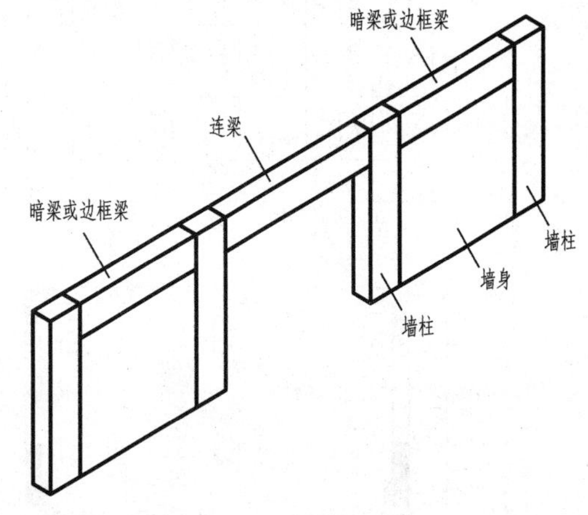

图 5-27　连梁、暗梁和边框梁的位置

2. 列表注写方式

列表注写方式系分别在剪力墙柱表、剪力墙身表和剪力墙梁表中，对应于剪力墙平面布置图上的编号，用绘制截面配筋图并注写几何尺寸与配筋具体数值的方式，来表达剪力墙平法施工图。图 5-28 为剪力墙平法施工图列表注写方式实例。

（1）剪力墙柱表。剪力墙柱表中表达的内容规定如下。

1）注写墙柱编号，见表 5-4，绘制该墙柱的截面配筋图，标注墙柱几何尺寸。

2）注写各段墙柱的起止标高，自墙柱根部往上以变截面位置或截面未变但配筋改变处为界分段注写。墙柱根部标高一般指基础顶面标高。

3）注写各段墙柱的纵向钢筋和箍筋，纵向钢筋注总配筋值，墙柱箍筋的注写方式与柱箍筋相同。注写值应与在表中绘制的截面配筋图对应一致。对于约束边缘构件除注写阴影部位的箍筋外，尚需在剪力墙平面布置图中注写非阴影区内布置的拉筋（或箍筋）。

在图 5-28 中，剪力墙柱表中给出了 YBZ1、YBZ2 的编号、截面形状尺寸、配筋和标高。在剪力墙平面布置图中还注写了 YBZ1 非阴影区内的拉筋为φ10@200@200 双向，其他非阴影区拉筋直径为 8mm。

（2）剪力墙身表。剪力墙身表中表达的内容规定如下。

1）注写墙身编号（含水平与竖向分布钢筋的排数）。

2）注写各段墙身起止标高，自墙身根部往上以变截面位置或截面未变但配筋改变处为界分段注写。墙身根部标高一般指基础顶面标高。

3）注写墙厚。

4）注写水平分布钢筋、竖向分布钢筋和拉筋的具体数值。注写数值仅为一排水平分布钢筋和竖向分布钢筋的规格与间距。拉筋应注明布置方式“双向”或“梅花双向”。

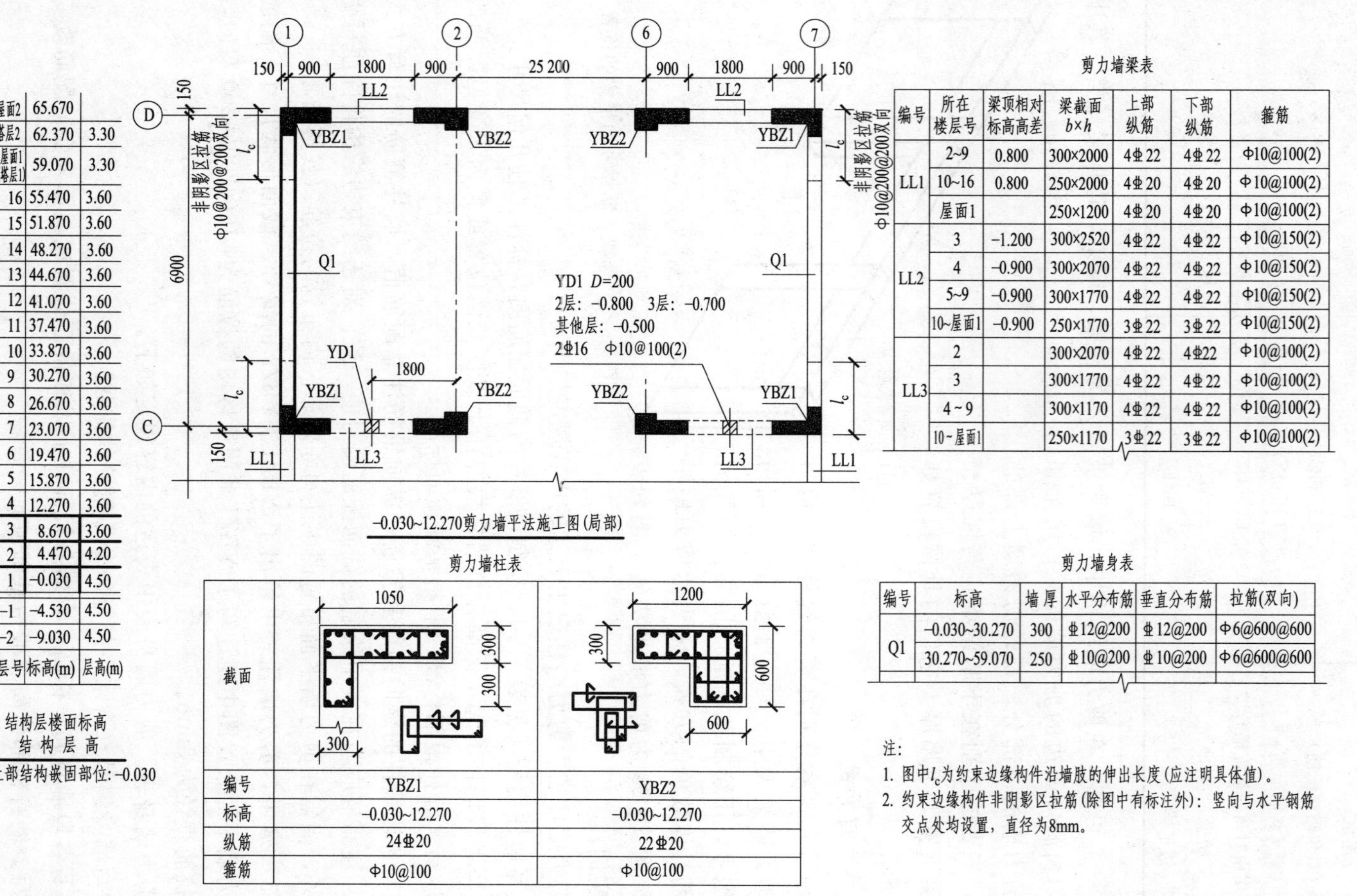

层号	标高(m)	层高(m)
屋面2	65.670	
塔层2	62.370	3.30
屋面1 (塔层1)	59.070	3.30
16	55.470	3.60
15	51.870	3.60
14	48.270	3.60
13	44.670	3.60
12	41.070	3.60
11	37.470	3.60
10	33.870	3.60
9	30.270	3.60
8	26.670	3.60
7	23.070	3.60
6	19.470	3.60
5	15.870	3.60
4	12.270	3.60
3	8.670	3.60
2	4.470	4.20
1	-0.030	4.50
-1	-4.530	4.50
-2	-9.030	4.50

结构层楼面标高

结构层高

上部结构嵌固部位：-0.030

剪力墙梁表

编号	所在楼层号	梁顶相对标高高差	梁截面 $b \times h$	上部纵筋	下部纵筋	箍筋
LL1	2~9	0.800	300×2000	4⌀22	4⌀22	Φ10@100(2)
	10~16	0.800	250×2000	4⌀20	4⌀20	Φ10@100(2)
	屋面1		250×1200	4⌀20	4⌀20	Φ10@100(2)
LL2	3	-1.200	300×2520	4⌀22	4⌀22	Φ10@150(2)
	4	-0.900	300×2070	4⌀22	4⌀22	Φ10@150(2)
	5~9	-0.900	300×1770	4⌀22	4⌀22	Φ10@150(2)
	10~屋面1	-0.900	250×1770	3⌀22	3⌀22	Φ10@150(2)
LL3	2		300×2070	4⌀22	4⌀22	Φ10@100(2)
	3		300×1770	4⌀22	4⌀22	Φ10@100(2)
	4~9		300×1170	4⌀22	4⌀22	Φ10@100(2)
	10~屋面1		250×1170	3⌀22	3⌀22	Φ10@100(2)

剪力墙柱表

截面	(截面图) 1050；300；300；300	(截面图) 1200；300；600；600
编号	YBZ1	YBZ2
标高	-0.030~12.270	-0.030~12.270
纵筋	24⌀20	22⌀20
箍筋	Φ10@100	Φ10@100

剪力墙身表

编号	标高	墙厚	水平分布筋	垂直分布筋	拉筋(双向)
Q1	-0.030~30.270	300	⌀12@200	⌀12@200	Φ6@600@600
	30.270~59.070	250	⌀10@200	⌀10@200	Φ6@600@600

注：

1. 图中l_c为约束边缘构件沿墙肢的伸出长度(应注明具体值)。
2. 约束边缘构件非阴影区拉筋(除图中有标注外)：竖向与水平钢筋交点处均设置，直径为8mm。

图 5－28　剪力墙平法施工图列表注写方式实例

在图 5－28 中，剪力墙身表中给出了 Q1 的厚度、配筋和标高。

(3) 剪力墙梁表。剪力墙梁表中表达的内容规定如下。

1) 注写墙梁编号。见表 5－5。

2) 注写墙梁所在楼层号。

3) 注写墙梁顶面标高高差，系指相对于墙梁所在结构层楼面标高的高差值。高者为正值，低者为负值，无高差时不注。

4) 注写墙梁截面尺寸 $b \times h$，上部纵筋，下部纵筋和箍筋的具体数值。

在图 5－28 中，剪力墙梁表中给出了 LL1、LL2、LL3 所在楼层号、标高、截面尺寸和配筋。

3. 截面注写方式

截面注写方式是在分标准层绘制的剪力墙平面布置图上，以直接在墙柱、墙身、墙梁上注写截面尺寸和配筋具体数值的方式来表达剪力墙平法施工图。

选用适当比例原位放大绘制剪力墙平面布置图，其中，对墙柱绘制配筋截面图。对所有墙柱、墙身、墙梁进行编号，并分别在相同编号的墙柱、墙身、墙梁中选择一根墙柱、一道墙身、一根墙梁进行注写，如图 5－29 所示。

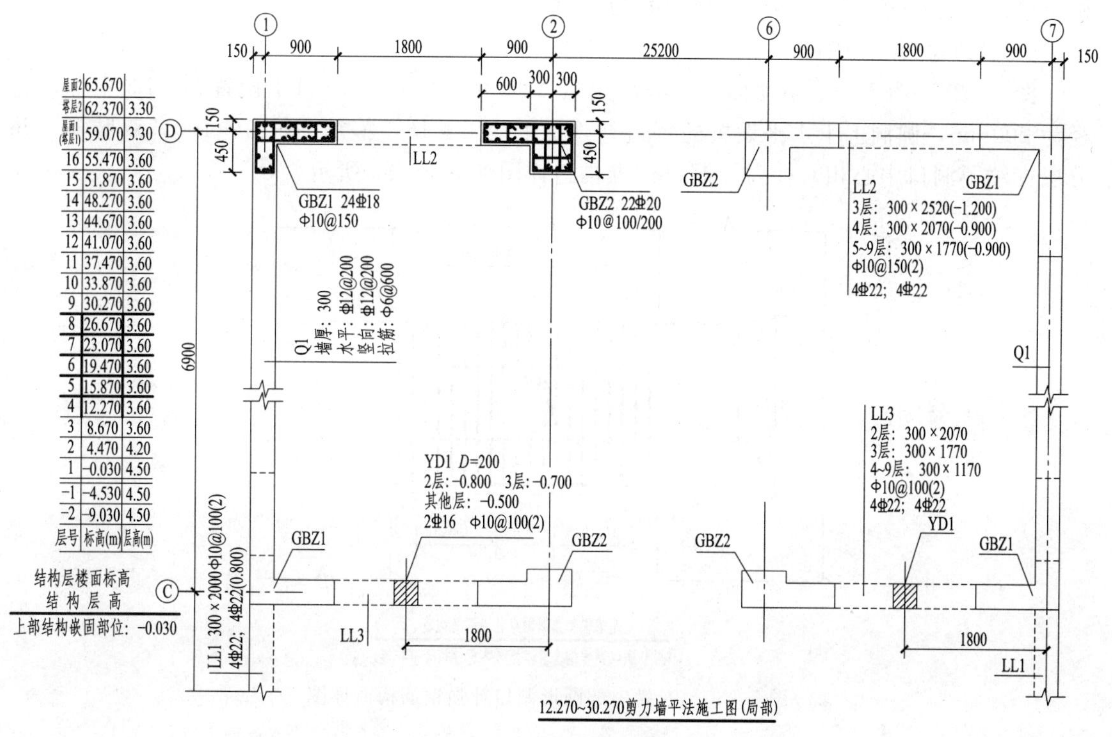

图 5－29 剪力墙平法施工图截面注写方式实例

(1) 墙柱。从相同编号的墙柱中选择一个截面，注明几何尺寸，标注全部纵筋及箍筋的具体数值。图 5－29 中画出了构造边缘构件 GBZ1、GBZ2 的截面配筋图，并标注了截面尺寸和具体配筋数值。

(2) 墙身。从相同编号的墙身中选择一道，标注墙身编号（包括墙身内配置的水平与竖向分布钢筋的排数）、墙厚尺寸、水平分布钢筋、竖向分布钢筋和拉筋的具体数值。如

图 5－29 所示，Q1 的厚度为 300mm，水平分布钢筋和竖向分布钢筋均为Φ12@200，拉筋为φ6@600。

(3) 墙梁。从相同编号的墙梁中选择一根，注写墙梁编号、截面尺寸 $b \times h$、箍筋、上部纵筋、下部纵筋和墙梁顶面标高高差的具体数值。如图 5－29 中，对 LL1、LL2、LL3 进行了标注。LL1 截面尺寸为 300mm×2000mm，箍筋为φ10@100，双肢箍，梁上部和下部纵筋均为 4Φ22，梁顶标高比结构层楼面标高高出 0.8m。LL2 中上部纵筋和下部纵筋均为 4Φ22，箍筋为φ10@150，双肢箍，并分层注写了截面尺寸和梁顶面标高高差。LL3 请读者自行识读。

4. 剪力墙洞口的表示方法

剪力墙洞口在剪力墙平面布置图上原位表达。具体表达方法如下。

(1) 在剪力墙平面布置图上绘制洞口示意，并标注洞口中心的平面定位尺寸。

(2) 在洞口中心位置引注四项内容。

1) 洞口编号：矩形洞口为 JD××（××为序号），圆形洞口为 YD××（××为序号）。

2) 洞口几何尺寸：矩形洞口为洞宽×洞高（$b \times h$），圆形洞口为洞口直径 D。

3) 洞口中心相对标高，系相对于结构层楼（地）面标高的洞口中心高度。当其高于结构层楼面时为正值，低于结构层楼面时为负值。

4) 洞口每边补强钢筋。

图 5－28、图 5－29 中均标注了圆形洞口 YD1 的有关内容，YD1 设置在 LL3 中部，直径为 200mm，圆洞上下水平设置的每边补强纵筋为 2Φ16，箍筋为φ10@100，双肢箍，并分层标注了洞口中心相对标高。洞口标准构造详图如图 5－30 所示。

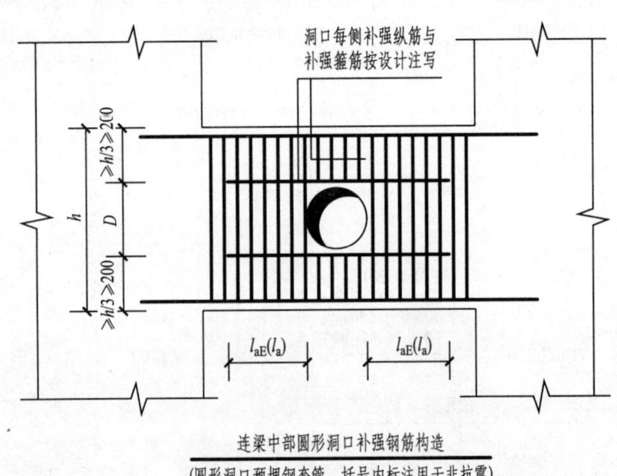

图 5－30 连梁中部圆形洞口补强钢筋构造详图

5.4.2 剪力墙构造详图

以剪力墙身为例，通过几个标准构造详图的识读，说明剪力墙身中水平钢筋、竖向钢筋及拉筋的详细构造做法。

图 5－31 为剪力墙身水平钢筋构造详图。图 5－32 为剪力墙身竖向钢筋构造详图。表达了墙身所设置的水平与竖向分布钢筋网的排数为 2、3、4 排时钢筋的详细构造做法，由图中可看出，剪力墙身外侧两排钢筋网，水平筋在外，竖向筋在内，拉筋与各排分布筋绑扎。同时给出了剪力墙身水平钢筋的端部做法和搭接做法，给出了剪力墙身竖向钢筋在楼板或屋面

板顶部构造做法。

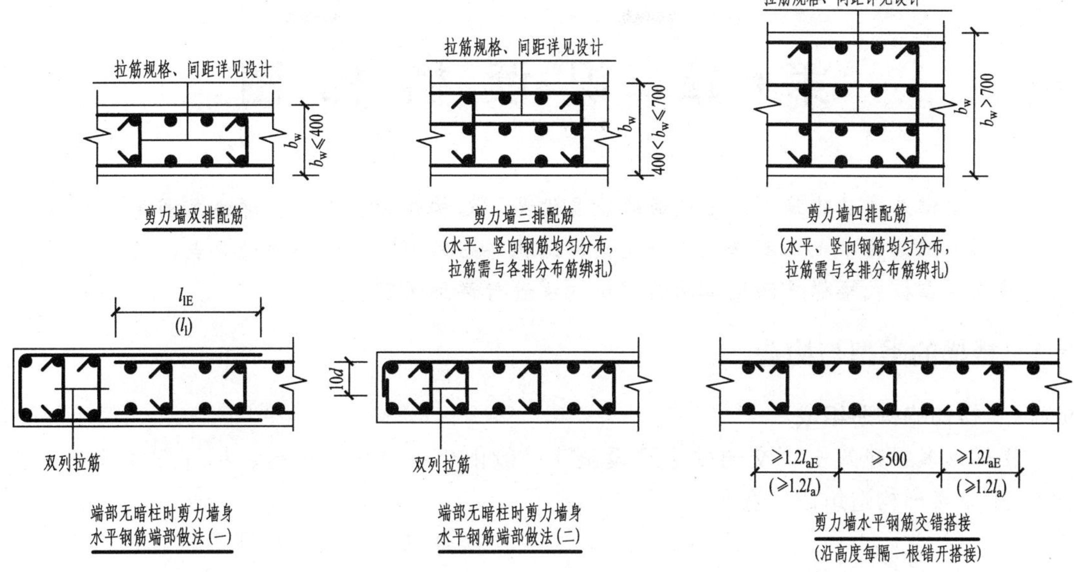

图 5－31　剪力墙身水平钢筋构造详图

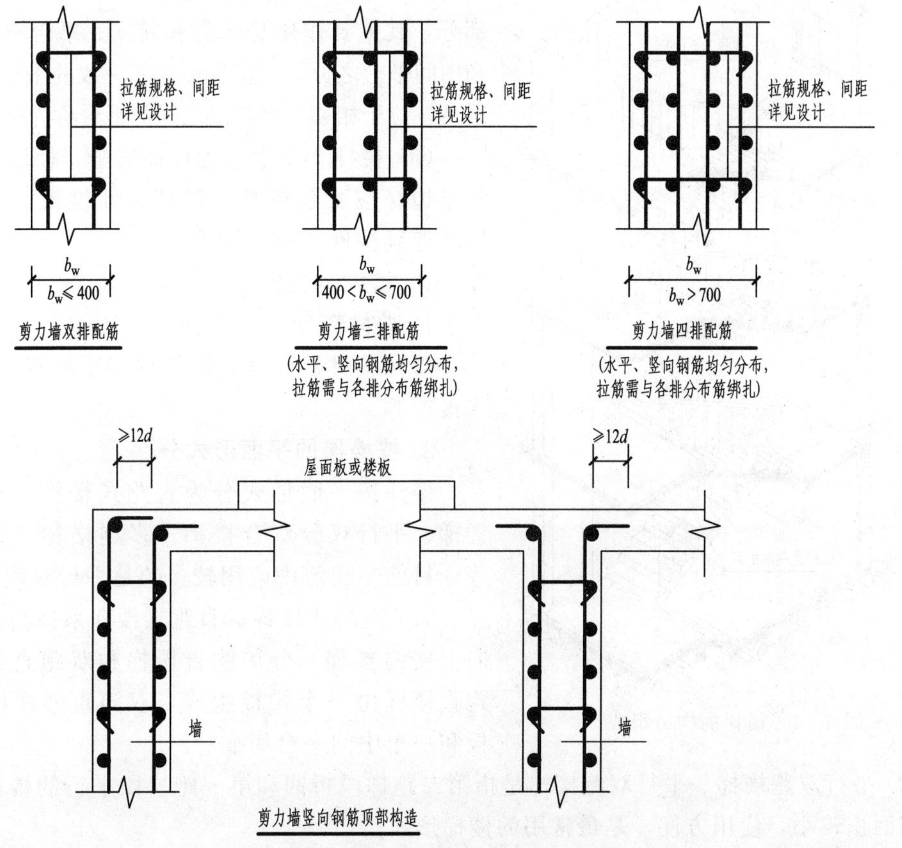

图 5－32　剪力墙身竖向钢筋构造详图

第 6 章　识 读 楼 梯 图

楼梯是多层建筑中上下交通的主要设施，结构较为复杂，楼梯施工图是结构施工图中识读的难点。本章主要讲述楼梯结构详图的图示方法和识读要点，同时对钢筋混凝土板式楼梯平法施工图的表示方法进行详细讲解。

6.1　楼梯的类型与构造

6.1.1　楼梯的构造组成

楼梯是多层建筑上下交通的主要设施，一般由楼梯梯段、平台、栏杆和扶手等组成。图 6-1 是楼梯构造组成示意图。

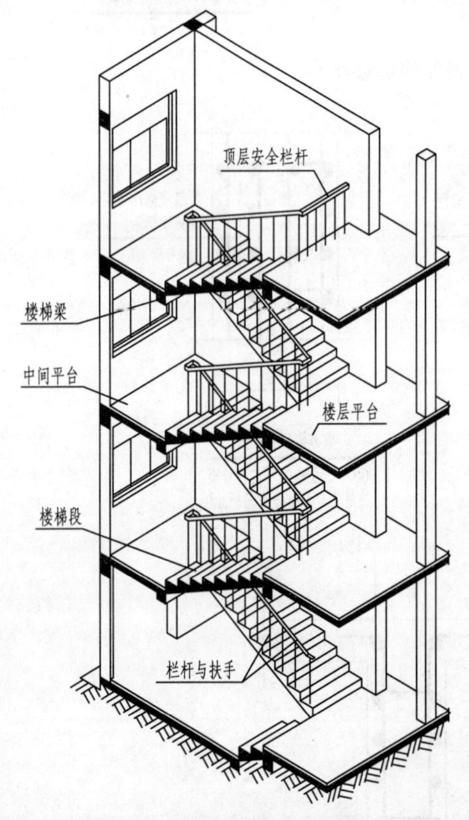

图 6-1　楼梯的构造组成

（1）楼梯梯段。楼梯梯段简称梯段，由梯板、梯梁和踏步构成，它是楼梯的主要使用和承重部分。

（2）平台。平台是指连接两个相邻梯段的水平部分，其主要作用是休息和转向。平台有楼层平台和中间平台之分，与楼层标高相一致的平台称为楼层平台，位于相邻两个楼层之间的平台称为中间平台。

（3）栏杆和扶手。为保证安全，梯段和平台的临空边缘应安装栏杆。栏杆顶部供人们行走倚扶用的连续构件，称为扶手。

6.1.2　楼梯的类型

1. 按材料分

楼梯按材料可分为钢筋混凝土楼梯、钢楼梯、木楼梯等。

2. 按楼梯的平面形式分

楼梯按平面形式分为直跑式楼梯、平行双跑楼梯、平行双分双合楼梯、多跑楼梯、螺旋楼梯等。目前在建筑中应用较多的是平行双跑楼梯。

（1）直跑式楼梯。直跑式楼梯系指沿着一个方向上楼的楼梯，分单跑直楼梯和双跑直楼梯。单跑直楼梯由一个梯板组成，双跑直楼梯由两个梯板和一个中间平台组成。

（2）平行双跑楼梯。平行双跑楼梯是指第二跑梯段折回和第一跑梯段平行的楼梯，所占楼梯间面积较小，使用方便，是最常用的楼梯形式。

（3）平行双分双合楼梯。平行双分楼梯是指第一跑为一个较宽的梯段，经过平台后分成两个较窄的梯段与上一楼层相连的楼梯；平行双合楼梯是指第一跑为两个较窄的梯段，经过平台后合成一个较宽的梯段与上一楼层相连的梯段，常用作办公类建筑的主要楼梯。

（4）多跑楼梯。多跑楼梯是指楼梯梯段较多的楼梯，常指三跑楼梯。这种梯段围绕的中间部分形成较大的楼梯井，通常由于布置两跑楼梯长度不够，或者为了楼梯井采光以及布置电梯等要求设置。

3. 按结构形式分

楼梯按结构形式分为板式楼梯和梁板式楼梯。图6-2（a）所示为板式楼梯，梯段就是踏步板，踏步板直接支承在两端的楼梯梁上；图6-2（b）所示为梁板式楼梯，梯段由踏步板及其下面的斜梁组成，踏步板支承在斜梁上，斜梁支承在梯段两端的楼梯梁上。

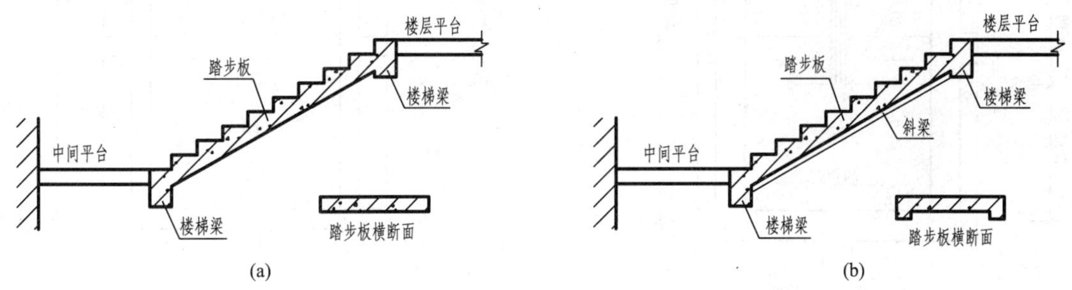

图6-2 楼梯的结构形式

（a）板式楼梯；（b）梁板式楼梯

6.2 楼梯结构详图

楼梯结构详图包括楼梯结构平面图、楼梯结构剖面图和配筋图。现以某住宅楼的楼梯为例，说明楼梯结构详图的图示特点。

6.2.1 楼梯结构平面图

1. 图示内容与方法

楼梯结构平面图和楼层结构平面图一样，是水平剖面图，剖切位置在各层楼面的结构标高处。主要表达梯段板、楼梯梁和平台板的平面布置情况。多层房屋一般应画出每一层的楼梯结构平面图，若中间各层楼梯的结构尺寸完全相同，可共用一个标准层结构平面图。

在楼梯结构平面图中，轴线编号应和建筑施工图一致，绘图比例常用1∶50，也可用1∶40、1∶30画出。钢筋混凝土楼梯的可见轮廓线用细实线表示，不可见轮廓线用细虚线表示，剖到的砖墙轮廓线用中实线表示，剖到的柱子涂黑表示。

2. 实例识读

图6-3为某住宅楼楼梯结构平面图。分别为底层、二层、标准层和顶层楼梯结构平面图，绘图比例均为1∶50。可以看出，梯段板为现浇板，有TB-1、TB-2、TB-3、TB-4四种编号，其位置和水平投影尺寸可由图查得。与楼梯板两端相连接的楼层平台和休息平台板均采用现浇板，有PB-1、PB-2两种编号，板的配筋情况直接表达在楼梯标准层结构平面图中。楼梯梁有TL-1、TL-2两种编号，其构件详图另有表达（本书从略）。图中标出了楼层和休息平台的结构标高，如二层楼梯结构平面图中的休息平台顶面结构标高3.620m、楼层面结构标高5.070m等。在底层楼梯结构平面图中还需标注楼梯结构剖面图的剖切符号。

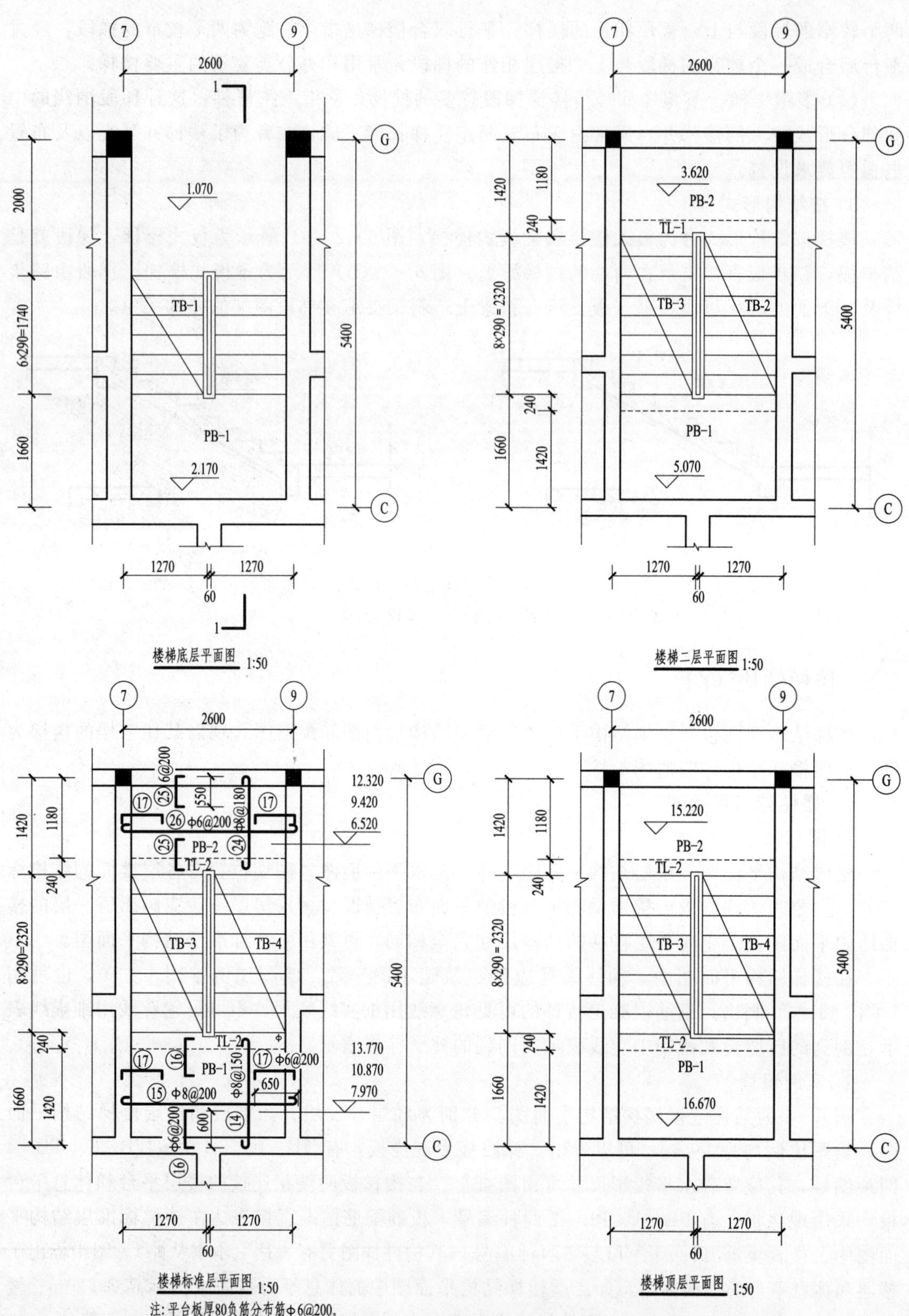
楼梯底层平面图 1:50
楼梯二层平面图 1:50
楼梯标准层平面图 1:50
注：平台板厚80负筋分布筋Φ6@200。
楼梯顶层平面图 1:50

图 6-3　楼梯结构平面图

6.2.2　楼梯结构剖面图

楼梯结构剖面图是表示楼梯间各承重构件的竖向布置、构造和连接情况。楼梯结构剖面图的绘图比例与楼梯结构平面图一致。

图 6－4 是该楼梯的 1－1 剖面图，对照图 6－3 中底层楼梯结构平面图中的 1－1 剖切符号，可知其剖切位置和投影方向。由图 6－4 可看出，该楼梯类型为板式楼梯，图中表明了剖切到的梯段板（TB－2、TB－4）、楼梯梁（TL－1、TL－2）、平台板和未剖切到的可见的梯段板（TB－1、TB－3）的形状、尺寸和竖向联系情况，并标注了各楼层板、平台板的结构标高。

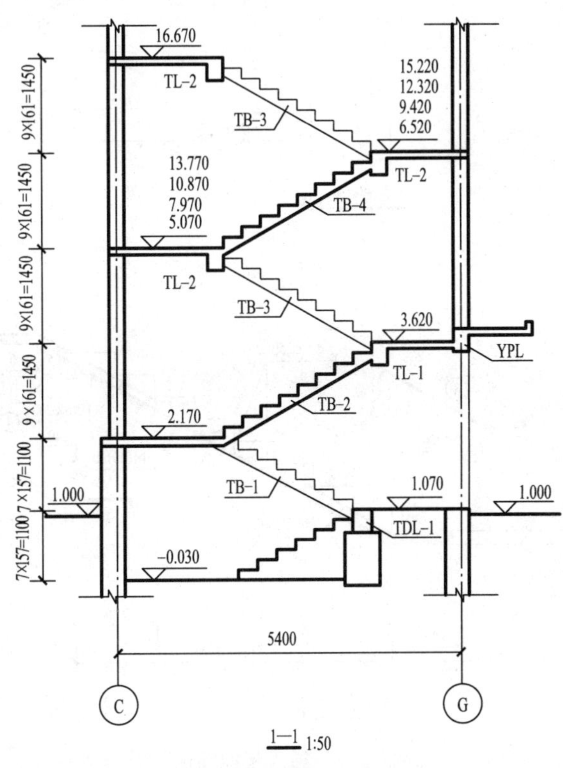

图 6－4　楼梯结构剖面图

6.2.3　楼梯配筋图

由于楼梯结构剖面图绘制比例较小，一般将梯段板、楼梯梁的配筋用较大的比例另外画出。由于篇幅所限，本节仅提供了楼梯板 TB－2、TB－3 的配筋图，如图 6－5 所示。

以梯段板 TB－3 为例，阅读配筋图。从图 6－5 中的 TB－3 配筋图中可见，该梯段板有 8 个踏步，每个踏面宽 290mm，总宽 2320mm。梯段板底层的受力筋为⑩号筋，采用ф 10@100，分布筋为②号筋，采用ф 6@250，在梯段板的上端顶层配置了⑪号筋ф 10@100，分布筋为②号筋ф 6@250，梯段板的下端顶层配置了⑫号筋ф 10@100，分布筋为②号筋ф 6@250。在配筋复杂的情况下，钢筋的形状和位置有时图中不能表达得非常清楚，应在配筋图外相应位置增加钢筋详图，如图中的⑪号钢筋。TB－2 配筋图请读者自行分析。

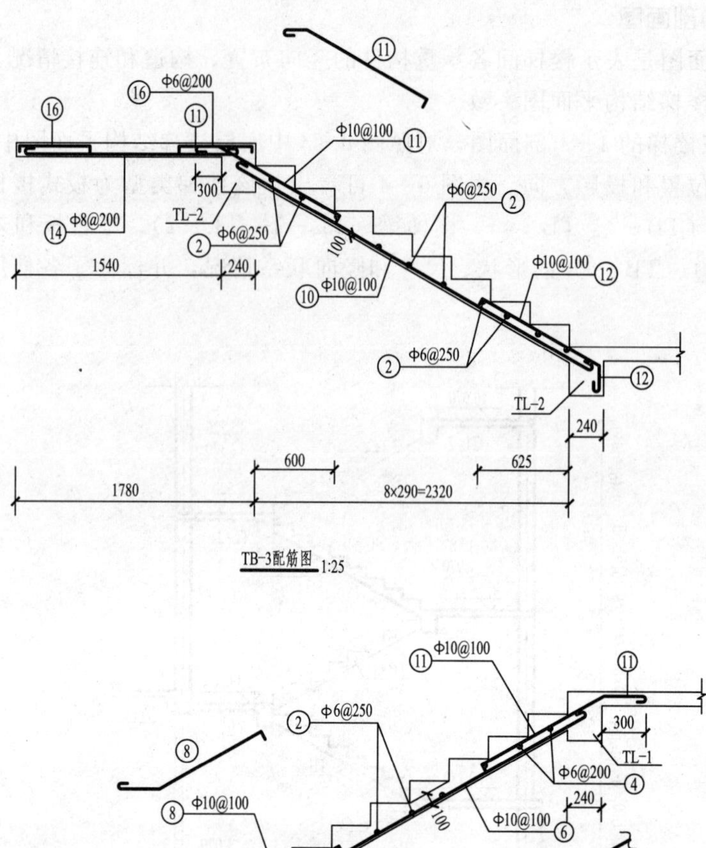

TB-3配筋图 1:25

TB-2配筋图 1:25

图 6－5　梯段板配筋图

6.3　现浇混凝土板式楼梯平法施工图

按平法设计绘制的楼梯施工图，一般是由楼梯的平法施工图和标准构造详图两大部分构成，应遵守国家建筑标准设计图集 11G101－2《混凝土结构施工图平面整体表示方法制图规则和构造详图（现浇混凝土板式楼梯）》的相关规定。

这里主要讲述梯板的表达方法，与楼梯相关的平台板 PTB、梯梁 TL、梯柱 TZ 的平法表达方法遵守国家建筑标准设计图集 11G101－1《混凝土结构施工图平面整体表示方法制图规则和构造详图（现浇混凝土框架、剪力墙、梁、板）》的相关规定，已在第五章中讲述。

现浇混凝土板式楼梯平法施工图有平面注写、剖面注写和列表注写三种表达方式，绘制施工图时可根据工程具体情况任选一种。

6.3.1　楼梯类型及编号

楼梯编号由梯板代号和序号组成。板式楼梯共有 11 种类型，梯板代号及适用范围见表 6－1。其中，AT、BT、CT、DT、ET 五种类型为一组，FT、GT、HT 三种类型为一组，ATa、ATb、ATc 三种类型为一组。本书重点介绍 AT～ET 型板式楼梯的表达方法。

表 6－1　　**楼 梯 类 型**

梯板代号	适用范围		是否参与结构整体抗震设计
	抗震构造措施	适用结构	
AT	无	框架、剪力墙、砌体结构	不参与
BT			
CT	无	框架、剪力墙、砌体结构	不参与
DT			
ET	无	框架、剪力墙、砌体结构	不参与
FT			
GT	无	框架结构	不参与
HT		框架、剪力墙、砌体结构	
ATa	有	框架结构	不参与
ATb			不参与
ATc			参与

AT～ET 型板式楼梯具备以下特征。

(1) 每个代号代表一段带上下支座的梯板。梯板的主体为踏步段，此外还包括低端平板、高端平板以及中位平板。

(2) AT～ET 型梯板的两端分别以（底端和高端）梯梁为支座，采用该组板式楼梯的楼梯间内部既要设置楼层梯梁，也要设置层间梯梁，以及与其相连的楼层平台板和层间平台板。

(3) AT～ET 各型梯板的截面形状与支座位置示意图如图 6－6、图 6－7 所示。

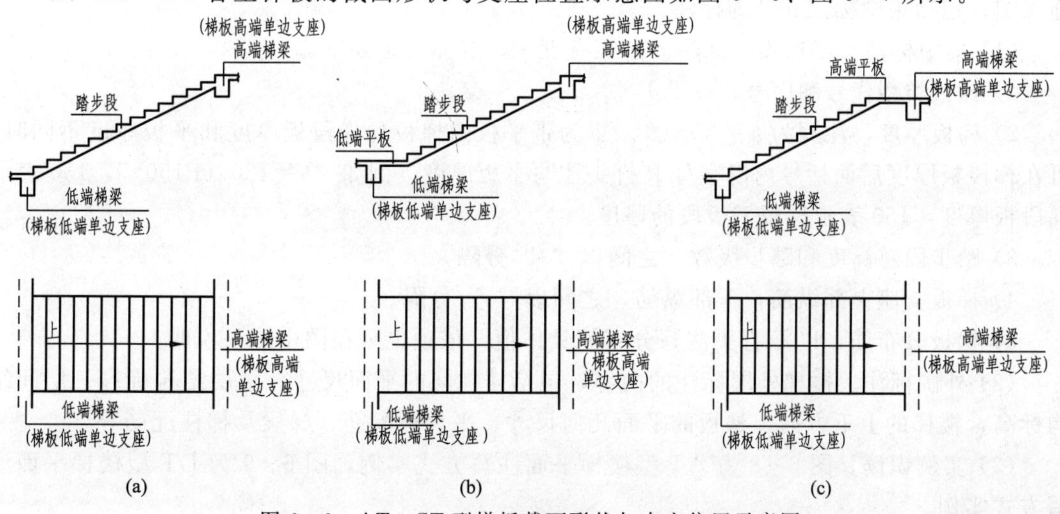

图 6－6　AT～CT 型梯板截面形状与支座位置示意图

(a) AT 型；(b) BT 型；(c) CT 型

AT 型梯板全部由踏步段构成，如图 6－6（a）所示；

BT 型梯板由低端平板和踏步段构成，如图 6－6（b）所示；

CT 型梯板由踏步段和高端平板构成，如图 6－6（c）所示；

DT 型梯板由低端平板、踏步段和高端平板构成，如图 6－7（a）所示；

ET 型梯板由低端踏步段、中位平板和高端踏步段构成，如图 6－7（b）所示。

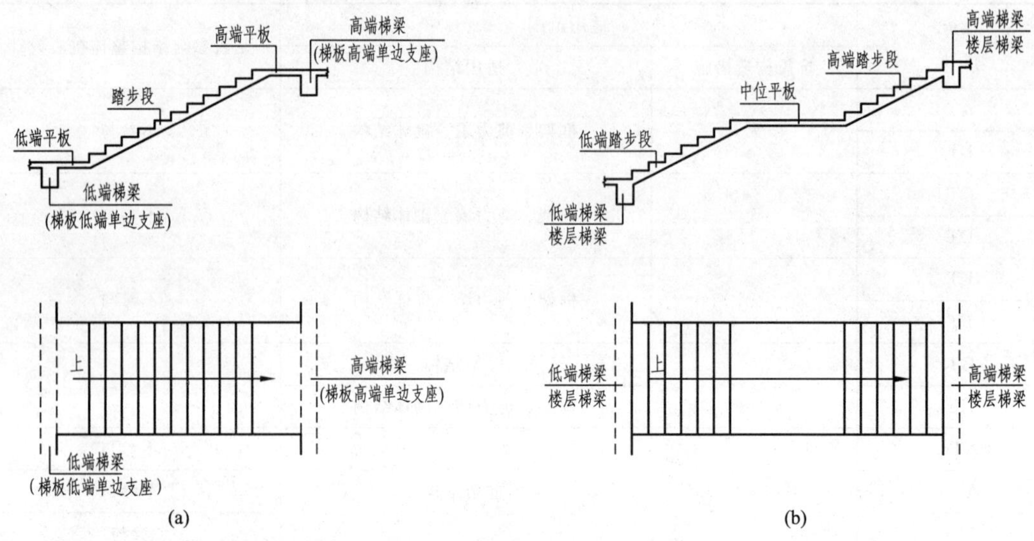

图 6－7　DT、ET 型梯板截面形状与支座位置示意图

(a) DT 型；(b) ET 型

（4）AT～ET 各型梯板中，梯板均为矩形，AT～DT 型梯板适用双跑楼梯、双分平行楼梯、交叉楼梯和剪刀楼梯等，ET 型梯板适用楼层间的单跑楼梯。

6.3.2　平面注写方式

平面注写方式是在楼梯平面布置图上用注写截面尺寸和配筋具体数值的方式来表达楼梯施工图，包括集中标注和外围标注。

（1）集中标注。楼梯集中标注的内容有五项，具体规定如下。

1）梯板类型代号和序号，如 AT××。

2）梯板厚度，注写为 h＝×××。当为带平板的梯板且梯段板厚度和平板厚度不同时，可在梯段板厚度后面括号内以字母 P 打头注写平板厚度。例如“h＝130（P150）”，130 表示梯段板厚度，150 表示梯板平板段的厚度。

3）踏步段总高度和踏步级数，之间以“/”分隔。

4）梯板支座上部纵筋，下部纵筋，之间以“;”分隔。

5）梯板分布筋，以 F 打头注写分布筋具体值，该项也可在图中统一说明。

（2）外围标注。楼梯外围标注的内容，包括楼梯间的平面尺寸、楼层结构标高、层间结构标高、楼梯的上下方向、梯板的平面几何尺寸、平台板配筋、梯梁及梯柱配筋等。

（3）实例识读。图 6－8 为 AT 型楼梯平面注写方式实例，图 6－9 为 DT 型楼梯平面注写方式实例。

下面以图 6－8 中梯板 AT3 为例进行识读。其集中标注为：

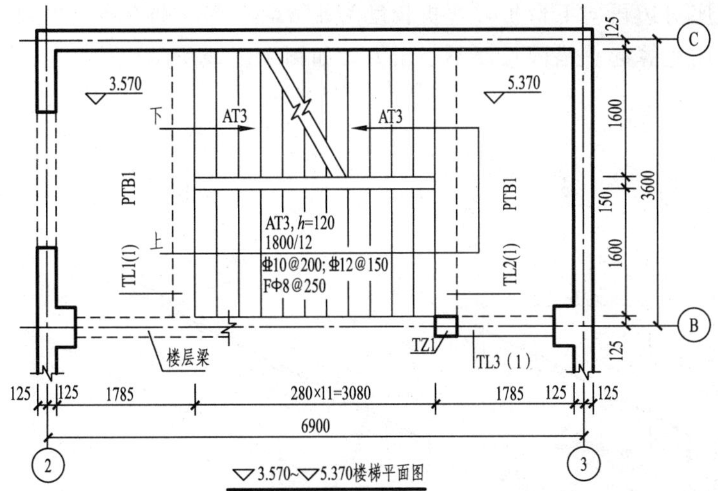

图 6－8 AT 型楼梯平面注写方式实例

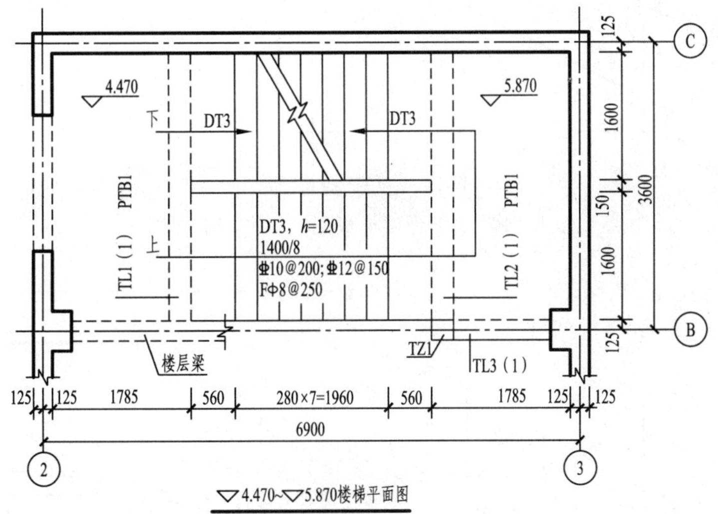

图 6－9 DT 型楼梯平面注写方式实例

AT3，h＝120	AT3 表示梯板类型及编号，梯板厚度为 120mm
1800/12	1800 为踏步段总高度，12 为踏步级数
Ф10@200；Ф12@150	表示上部纵筋为直径 10mm 的 HRB400 级钢筋，间距 200mm；下部纵筋为直径 12mm 的 HRB400 级钢筋，间距 150mm。
FΦ8@250	表示梯板分布筋为直径 8mm 的 HPB300 级钢筋，间距 250mm

图 6－9 中梯板 DT3 的踏步段总高度为 1400mm，踏步级数为 8 级，其他集中标注的内容和图 6－8 中梯板 AT3 相同。

楼梯外围标注的内容请读者自行识读。

图 6－10 为 AT 型楼梯板配筋标准构造详图，图 6－11 为 DT 型楼梯板配筋标准构造详图。在标准构造详图中详细地给出了梯板配筋，包括钢筋的位置、形状、尺寸要求和支座处的锚固长度等。图中上部纵筋锚固长度 $0.35l_{ab}$用于设计按铰接的情况，括号内数据 $0.6l_{ab}$用于设计考虑充分发挥钢筋抗拉强度的情况，具体工程中设计应指明采用何种情况。另外，上

部纵筋需伸至支座对边再向下弯折，弯折长度为 $15d$，上部纵筋有条件时可直接伸入平台板内锚固，从支座内边算起总锚固长度不小于 l_a，如图中虚线所示。

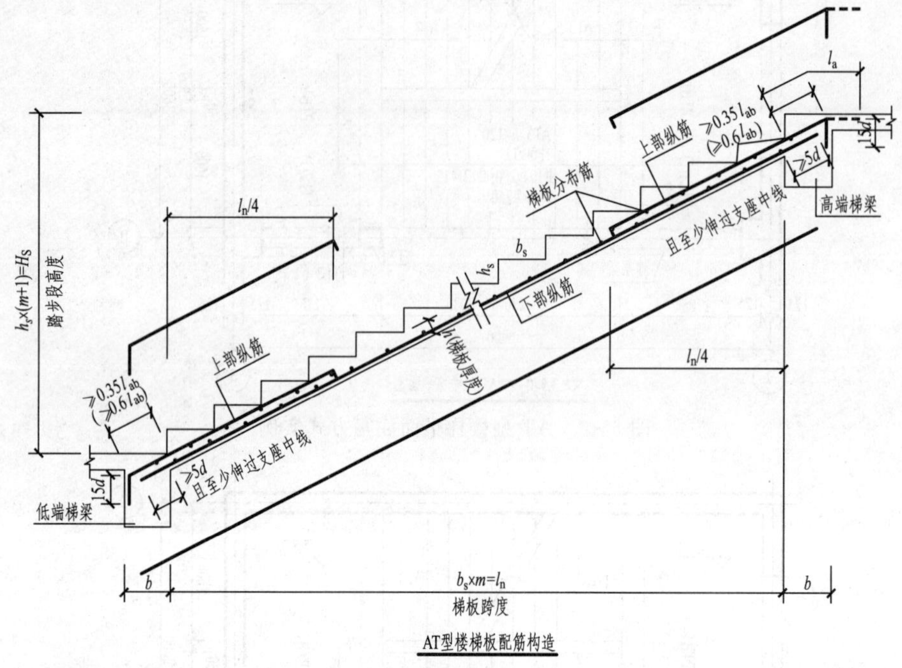

图 6-10　AT 型楼梯板配筋标准构造详图

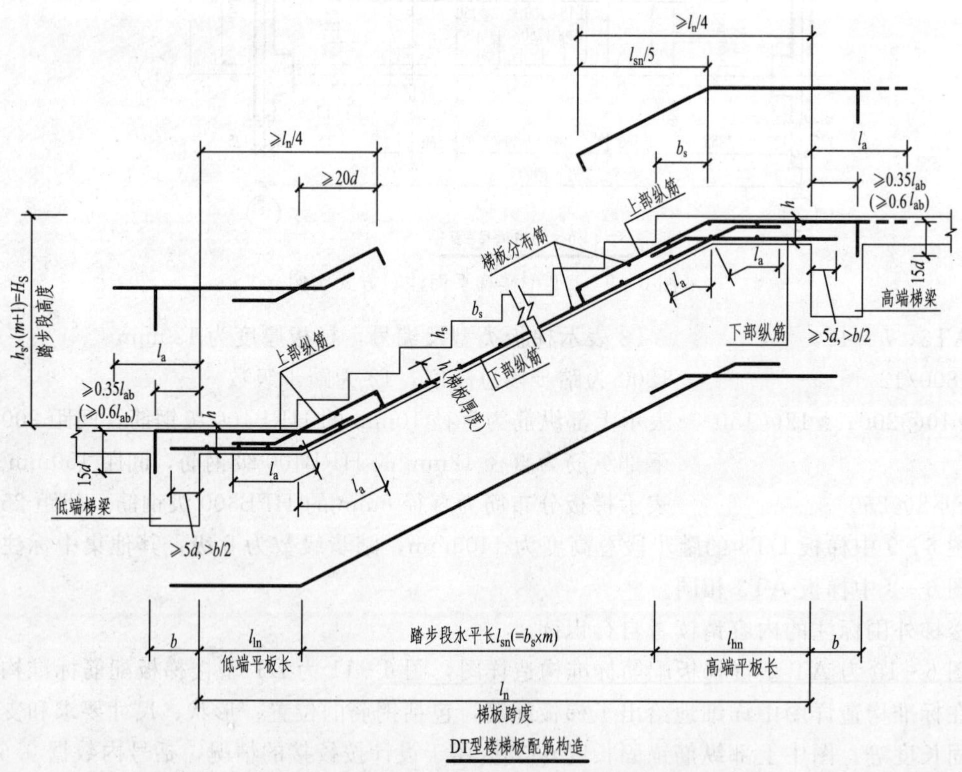

图 6-11　DT 型楼梯板配筋标准构造详图

6.3.3　剖面注写方式

剖面注写方式需在楼梯平法施工图中绘制楼梯平面布置图和楼梯剖面图。

(1) 楼梯平面布置图。楼梯平面布置图注写内容包括楼梯间的平面尺寸、楼层结构标高、层间结构标高、楼梯的上下方向、梯板的平面几何尺寸、梯板类型及编号、平台板配筋、梯梁及梯柱配筋等。

(2) 楼梯剖面图。楼梯剖面图注写内容包括梯板集中标注、梯梁梯柱编号、梯板水平及竖向尺寸、楼层结构标高、层间结构标高等。梯板集中标注的内容有四项，具体规定如下。

1) 梯板类型及编号，如 AT××。

2) 梯板厚度，注写为 h=×××。当梯板有踏步段和平板构成，且踏步段梯板厚度和平板厚度不同时，可在梯板厚度后面括号内以字母 P 打头注写平板厚度。

3) 梯板配筋。注明梯板上部纵筋和梯板下部纵筋，用分号“；”将上部与下部纵筋的配筋值分隔开来。

4) 梯板分布筋，以 F 打头注写分布筋具体值，该项也可在图中统一说明。

(3) 实例识读。图 6-12 为楼梯平法施工图剖面注写实例，6-12 (a) 为平面图部分，表达了各层楼梯间各部分的平面布置情况，包括各部分的平面尺寸及标高、梯板类型及编号、平台板和梯梁的编号、尺寸和配筋等。6-12 (b) 为剖面图部分，从竖向上表达了楼梯间各构件的连接情况，以集中标注的形式表达了各类型梯板的厚度和配筋。

6.3.4　列表注写方式

列表注写方式是用列表方式注写梯板截面尺寸和配筋具体数值的方式来表达楼梯施工图。列表注写方式的具体要求同剖面注写方式，仅将剖面注写方式中集中标注的四项内容改为列表注写即可。图 6-12 (b) 中表格即为列表注写方式实例。

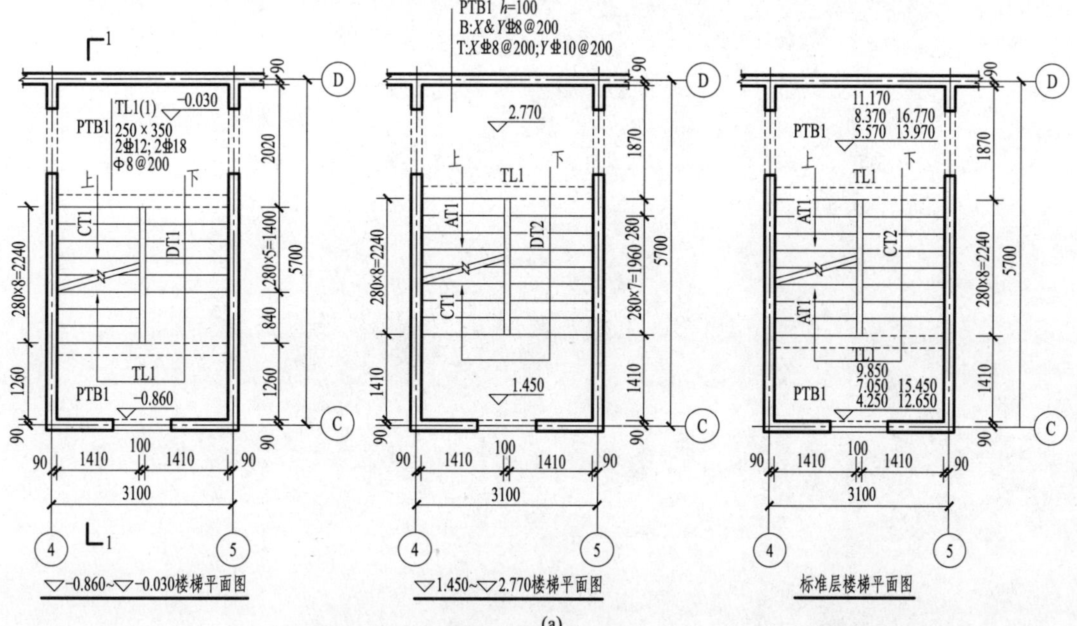

(a)

图 6-12　楼梯平法施工图剖面注写实例（一）

(a) 平面图

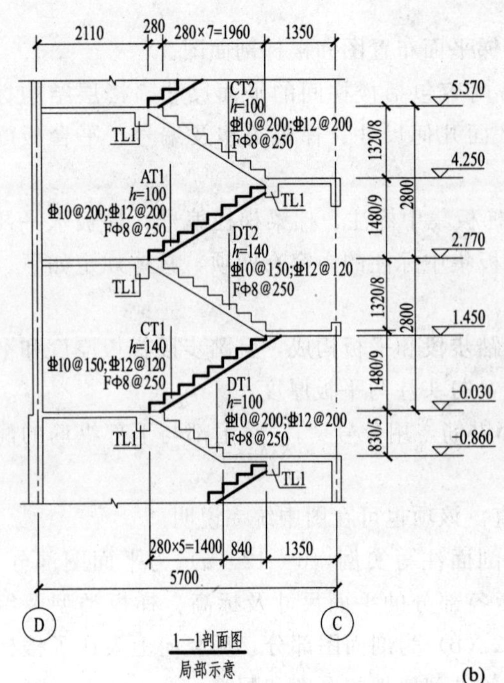

列表注写方式如下:

梯板类型代号	踏步高度/踏步级数	板厚h	上部纵筋	下部纵筋	分布筋
AT1	1480/9	100	⌀10@200	⌀12@200	Φ8@250
CT1	1480/9	140	⌀10@150	⌀12@120	Φ8@250
CT2	1320/8	100	⌀10@200	⌀12@200	Φ8@250
DT1	830/5	100	⌀10@200	⌀12@200	Φ8@250
DT2	1320/8	140	⌀10@150	⌀12@120	Φ8@250

(b)

图 6-12　楼梯平法施工图剖面注写实例（二）

（b）剖面图

第7章 施工图识读实例

7.1 读图步骤

1. 概括了解

阅读时应首先通过图纸目录、设计说明和标题栏，对整套图纸进行大体了解，了解这套图纸共有多少类别，每类有多少张。再按照建筑施工图、结构施工图的顺序粗略阅读，大致了解工程概况。

本工程为某住宅小区3号楼，施工图纸有建筑施工图和结构施工图两部分。建筑施工图共18张图纸，包括设计总说明2张、总平面图1张、建筑平面图6张、建筑立面图4张、建筑剖面图1张、楼梯详图3张和墙身大样图1张。结构施工图共18张图纸，包括结构设计总说明2张、基础图1张、各层剪力墙平面布置图和配筋图各4张、剪力墙节点详图1张、各层梁、板配筋图5张、楼梯配筋图1张。

2. 深入读图

(1) 识读建筑施工图。先读懂建筑施工图，为下一步识读结构施工图打好基础。识读建筑施工图的顺序一般为：首先识读总平面图，然后是建筑平面图、建筑立面图、建筑剖面图，在识读建筑平、立、剖面图的同时，结合建筑详图的识读。在识读的过程中，要特别注意图纸与图纸之间的对应关系，每张图纸都需要和相关图纸前后反复对照识读。

从总平面图了解房屋的位置、朝向、平面形状、层数及周围环境；通过各建筑平面图了解各楼层的平面布置；通过各建筑立面图了解房屋的外貌，主要是立面造型、层数、各层门窗数量、屋顶构造等；通过各剖面图了解房屋内部的竖向联系及构造；建筑详图是对建筑平面图、立面图和剖面图的补充说明，将绘制详图的部位对照建筑平面图、立面图和剖面图进行识读。

通过识读建筑施工图可知，该住宅楼为3号楼，位于整个住宅小区的东侧，朝向正南。该住宅楼为钢筋混凝土剪力墙结构，一个单元，地上11层，地下1层。地下室均为储藏室，地上一层为储藏室和车库，二层至十一层为住户，一梯两户，A户型，建筑面积为122.07m^2。该住宅楼的楼梯直达屋顶，屋顶上还有电梯机房，并设有屋顶花架。

(2) 识读结构施工图。在识读建筑施工图的基础上，深入识读结构施工图。识读结构施工图时，通常按照基础、墙、柱、梁、楼面、屋面、楼梯及其他的顺序进行识读。

1) 识读结构设计总说明。了解有关该住宅楼的工程结构概况、自然条件、材料做法和施工要求等。

2) 识读基础图。该住宅楼的基础为筏板基础。在基础平面布置图中可知，基础底板底部、顶部均配置双向钢筋，HRB335 级钢筋，直径 22mm，间距 200mm；底板四角均布置 5 根直径 22mm 的 HRB335 级放射筋。基础顶面砌筑剪力墙，外墙厚度 250mm，内墙厚度 200mm。

3）识读楼层结构平面图。该住宅楼的楼层结构平面图包括各层剪力墙布置图和各层梁、板配筋图。

各层剪力墙布置图包括地下室剪力墙布置图、一至十一层剪力墙布置图和屋顶剪力墙布置图。剪力墙采用平法施工图中的列表注写方式表达，分别在剪力墙柱表、剪力墙身表和剪力墙连梁（LL）表中，对应于剪力墙平面布置图上的编号，绘制了截面配筋图并注写几何尺寸与配筋具体数值。

各层梁板配筋图包括地下室顶梁板配筋图、一～十三层顶梁板配筋图。由施工图可知，各层楼板的配筋均直接绘制在平面图上，各层主梁 KL、悬挑梁 XL 均采用集中注写方式表达。

在剪力墙结构中，跨高比小于 5 宜按 LL 处理，超过 5 的梁就不宜算作 LL，在剪力墙结构中 KL 为一般主梁。通常 KL 在梁端箍筋需要加密，而 LL 宽度一般同墙宽且会全长加密箍筋。

4）识读楼梯图。该住宅楼的楼梯为现浇混凝土板式楼梯，采用剖面注写方式进行表达。绘制了各层楼梯结构平面图、楼梯剖面图，并集中注写了梯板、梯梁和平台板的类型编号、尺寸和配筋。

3. 综合识读

最后，经过反复多次前后对照识读，想象出房屋整体结构全貌。

7.2 某住宅楼施工图实例

设计总说明

一、项目概况

1. 本建筑为某住宅小区3号楼，具体位置详见总平面位置图。

2. 总建筑面积8768.04m^2，其中地下253.94m^2，地上8514.1m^2（含阳台），建筑占地面积1140.11m^2。

3. 建筑层数、高度：地上十一层，地下一层，建筑高度31.4m。

4. 建筑结构形式：钢筋混凝土剪力墙结构。

5. 耐火等级为地上二级，地下一级。项目等级二级。建筑合理使用年限为50年，抗震设防烈度为8度。屋面防水等级为Ⅱ级；地下防水等级为二级。

二、设计标高

1. 本工程±0.000相当于绝对标高47.60m。

2. 各层标注标高为完成面标高（建筑面标高），屋面标高为结构面标高。

3. 本工程标高以m为单位，总平面尺寸以m为单位，其他尺寸以mm为单位。

三、墙体工程

1. 墙体的基础部分见结施图。

2. 本建筑外墙为200厚剪力墙外贴50厚聚苯板，内墙为200厚剪力墙，其构造及技术要求见05J3-1。

非承重的内隔墙采用100厚加气块，其构造及技术要求见05J3-4；不采暖楼梯间内侧贴30厚聚苯板。

3. 墙身防潮层：在室内地坪下约60处做20厚1：2水泥沙浆内加3%～5%防水剂的墙体防潮层，室内地坪标高变化处防潮层应重叠搭接，并在有高低差埋土一侧的墙身做20厚1：2水泥砂浆防潮层，如埋土一侧为室外，还应刷1.5厚聚氨酯防水涂料（或其他防潮材料）。

4. 墙体留洞及封堵。

a. 钢筋混凝土墙上的留洞见结施和设备图；砌筑墙预留洞见设备图；砌筑墙体预留洞过梁见结施说明；本工程施工时水暖电各工种应随时配合，预留各种孔洞避免后剔凿。

序号	图纸名称	图号	图纸规格	备注
1	设计总说明　门窗表	建-01	A1	
2	总平面位置图	建-02	A2	
3	地下室平面图	建-03	A2	
4	一层平面图	建-04	A2	
5	二层平面图	建-05	A2	
6	三～十一层平面图	建-06	A2	
7	出屋面层平面图	建-07	A2	
8	电梯机房平面图	建-08	A2	
9	南立面图	建-09	A1	
10	北立面图	建-10	A1	
11	东立面图	建-11	A1	
12	西立面图	建-12	A1	
13	1—1剖面图	建-13	A2	
14	楼梯平面图（一）	建-14	A1	
15	楼梯平面图（二）	建-15	A1	
16	楼梯剖面图	建-16	A2	
17	墙身大样图	建-17	A2	

××建筑设计研究院			建设单位	××房地产开发公司
项目负责人		图纸目录	项目名称	××住宅小区
专业负责人			子项名称	3号楼

b. 预留洞的封堵：混凝土墙留洞的封堵见结施，其余砌筑墙留洞待管道设备安装完毕后，用C15细石混凝土填实；变形缝处双墙留洞的封堵，应在双墙分别增设套管，套管与穿墙管之间嵌堵及防火墙上留洞的封堵见相关图集各节点做法。

c. 底层和顶层砌内墙时，预埋暖气穿墙钢套管，套管直径比管道直径大二号尽量贴紧梁底下皮。

四、屋面工程

1. 本工程的屋面防水等级为Ⅱ级，防水层合理使用年限为15年。

2. 屋面做法05J1屋13（B2-70-F6），雨篷等详见各层单元平面图及有关详图。

3. 屋面排水组织见各顶层屋面，外排雨水斗、雨水管采用UPVC雨水构件，除图中另有注明者外，雨水管的公称直径均为DN100。

4. 屋面保温为70厚阻燃泡沫聚苯板（容重≥20kg/m^3）保温层；屋面防水为SBS改性沥青卷材防水，厚度不小于4mm。

5. 屋顶防雷筋与柱内钢筋相连直通地下。

五、内装修工程

1. 内装修工程执行《建筑内部装修设计防火规范》（GB 50222—1995），楼地面部分执行《建筑地面设计规范》（GB 50037—1996）。

2. 楼地面构造交接处和地坪高度变化处，除图中另有注明者外均位于齐平门扇开启面处。

3. 凡设有地漏房间应做防水层，图中未注明整个房间做坡度者，均在地漏周围1m范围内做0.5%坡度坡向地漏；

卫生间的楼地面应低于相邻房间20mm（A单元低于10mm）。

某住宅小区3号楼	设计总说明(一)

4. 内装修选用的各项材料，均由施工单位制作样板和选样，经确认后进行封样，并据此进行验收。

六、外装修工程

1. 外装修设计和做法索引见“立面图”及外墙详图。

2. 设有外墙外保温的建筑构造详见索引标准图及外墙详图。

3. 承包商进行二次设计的轻钢结构、装饰物等，经确认后，向建筑设计单位提供预埋件的设置要求。

4. 外装修选用的各项材料其材质、规格、颜色等，均由施工单位提供样板，经建设和设计单位确认后进行封样，并据此验收。

七、地下室防水工程

1. 地下室防水工程执行《地下工程防水技术规范》(GB 50108—2008) 和地方的有关规程和规定。

2. 本工程根据地下室使用功能，防水等级二级，设防做法为混凝土结构自防水和柔性外防水，柔性外防水材料为4厚SBS改性沥青聚乙烯胎卷材防水层，做法参见05J2-B5-1。

3. 防水混凝土的施工缝、穿墙管道预留洞、转角、坑槽、后浇带等部位和变形缝等地下工程薄弱环节应按《地下防水工程质量验收规范》GB 50208—2011办理。

八、选用图集：

1. 05系列建筑设计标准图集（河北省工程建设标准设计）

门 窗 表

类型	门窗名称	洞口尺寸（宽×高）	门窗数量	图集名称	选用型号	备注
窗	C1	1800×1500	90	05J4-1	1TC-1815	塑钢推拉窗（带纱扇）
	C2	1500×1500	50	05J4-1	1TC-1515	塑钢推拉窗（带纱扇）
	C3	1400×1500	20	05J4-1	参1TC-1515	塑钢推拉窗（带纱扇）
	C4	1200×1500	20	05J4-1	1TC-1215	塑钢推拉窗（带纱扇）
	C5	2000×1500	20	05J4-1	参1TC-1815	塑钢推拉窗（带纱扇）
	C6	800×1500	15	05J4-1	参$1TC_1$-0614	塑钢平开窗（带纱扇）
	C7	1200×1000	30	05J4-1	参1TC-1209	塑钢推拉窗（带纱扇）
	C8	900×900	46	05J4-1	1TC-0909	塑钢推拉窗（带纱扇）
	TFC	1200×1200	1			
门	WM1	1200×2200	6	05J4-2	参AHM01-1221	安全户门
	WM2	1500×2200	4			
	WM3	1000×2200	1			
	M1	1000×2100	50	05J4-2	参AHM01-1021	安全户门
	M2	900×2100	160	05J4-1	1PM-0921	夹板门
	M3	800×2100	70	05J4-1	1PM-0821	夹板门
	M4	750×2100	70	05J4-1	参$1PM_1$-0821	夹板门
	TLM1	2400×2400	20	05J4-1	参$2TM_3$-2124	塑钢推拉门
	TLM2	2100×2400	50	05J4-1	$2TM_3$-2124	塑钢推拉门
	TLM3	1200×2400	50	05J4-1	参$1TM_3$-1624	塑钢推拉门
	TLM4	1500×2100	20	05J4-1	参2TM-1621	木质推拉门
	DM1	900×2100	74	05J4-1	2PM-0921	夹板门
	YFM1	1000×2100	37	05J4-2	MFM01-1021	乙级防火门
	YFM2	1200×2100	1	05J4-2	MFM12-1021	乙级防火门
	YFM3	900×2000	6	05J4-2	MFM01-0920	乙级防火门
	GM1	1200×1200	20	05J4-2	MFM01-0812	丙级防火门（距地100）
	GM2	800×1500	24	05J4-2	参MFM09-0618	甲级防火门（距地300）
	GM3	500×1500	26	05J4-2	参MFM09-0618	甲级防火门（距地500）
	GM4	540×1000	10	05J4-2	参MFM09-0618	丙级防火门
	CKM1	2700×2200	2			卷帘门

某住宅小区3号楼	设计总说明(二)

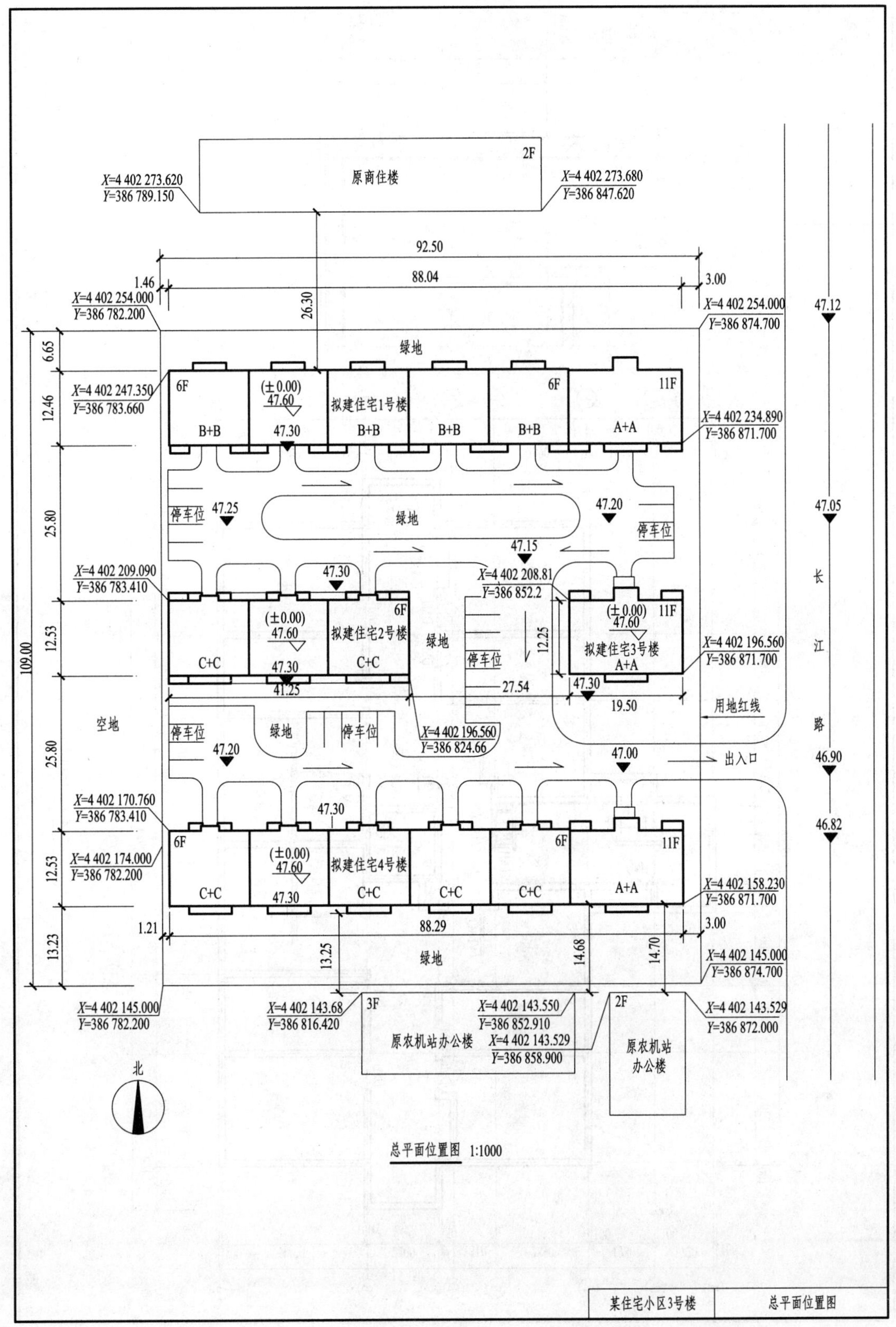
原商住楼
2F
X=4 402 273.620
Y=386 789.150
X=4 402 273.680
Y=386 847.620
92.50
88.04
1.46
3.00
26.30
X=4 402 254.000
Y=386 782.200
X=4 402 254.000
Y=386 874.700
绿地
X=4 402 247.350
Y=386 783.660
6F
(±0.00)
47.60
拟建住宅1号楼
11F
B+B
47.30
A+A
X=4 402 234.890
Y=386 871.700
停车位
47.25
47.20
47.15
X=4 402 209.090
Y=386 783.410
47.30
X=4 402 208.81
Y=386 852.2
拟建住宅2号楼
C+C
拟建住宅3号楼
X=4 402 196.560
Y=386 871.700
41.25
27.54
19.50
用地红线
空地
X=4 402 196.560
Y=386 824.66
47.00
出入口
X=4 402 170.760
Y=386 783.410
X=4 402 174.000
Y=386 782.200
拟建住宅4号楼
X=4 402 158.230
Y=386 871.700
88.29
1.21
13.25
14.68
14.70
X=4 402 145.000
Y=386 874.700
X=4 402 145.000
Y=386 782.200
X=4 402 143.68
Y=386 816.420
3F
X=4 402 143.550
Y=386 852.910
X=4 402 143.529
Y=386 858.900
原农机站办公楼
X=4 402 143.529
Y=386 872.000
原农机站
办公楼
6.65
12.46
25.80
12.53
109.00
13.23
12.25
47.12
47.05
长
江
路
46.90
46.82
北
总平面位置图 1:1000
某住宅小区3号楼
总平面位置图

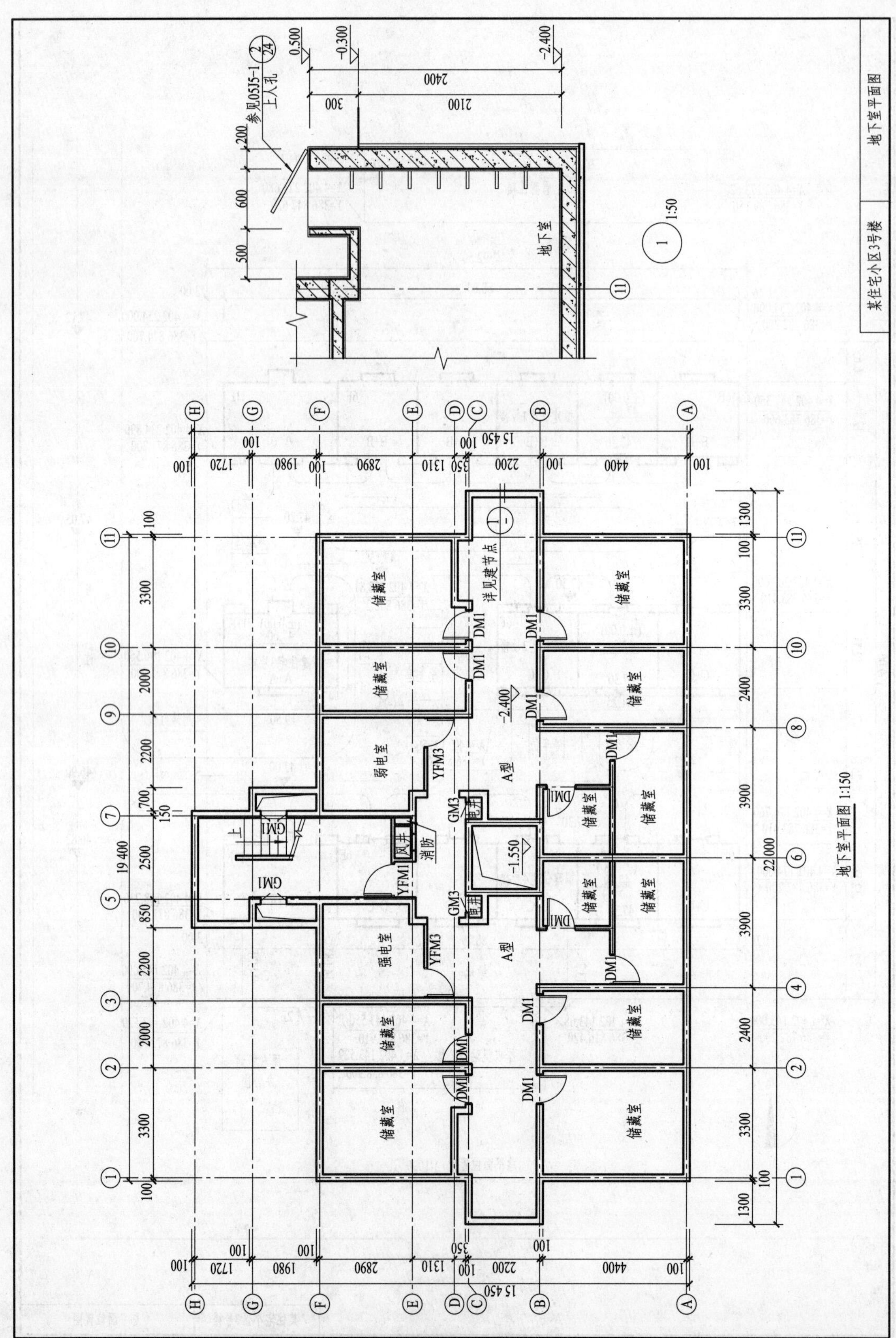

某住宅小区3号楼
地下室平面图
地下室平面图 1:150
1:50
地下室
参见05J5-1
上人孔
储藏室
弱电室
强电室
风井
消防
电井
详见建节点
A型
YFM1
YFM3
GM1
GM3
DM1
-2.400
-1.550
-0.300
0.500
15 450
19 400
22 000

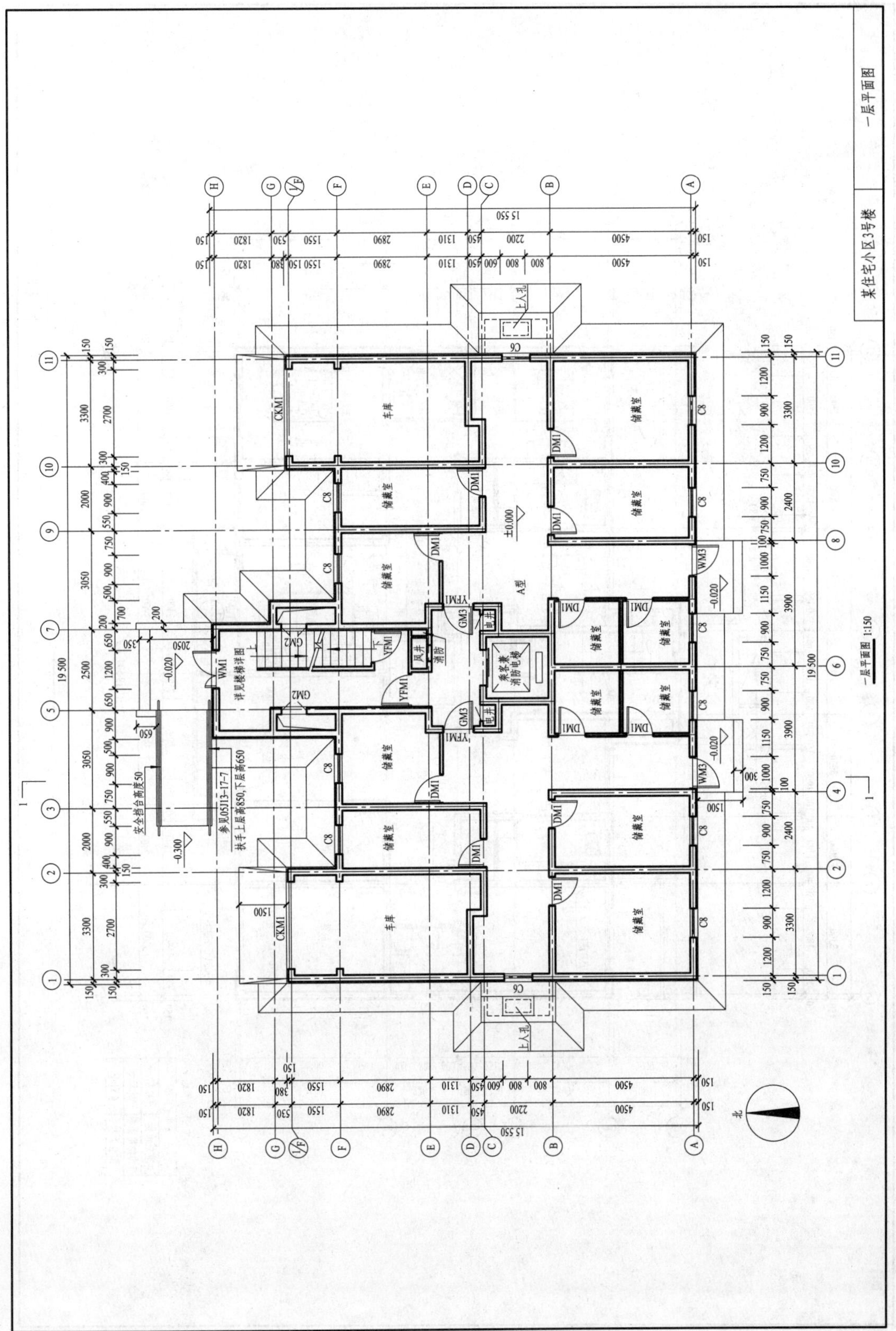
某住宅小区3号楼
一层平面图
一层平面图 1:150
车库
储藏室
乘客兼消防电梯
详见楼梯详图
参见05J13-17-7
扶手上层高850,下层高650
安全挡台高度50
上人孔
A型
±0.000
-0.020
-0.300
19 500
15 550
北

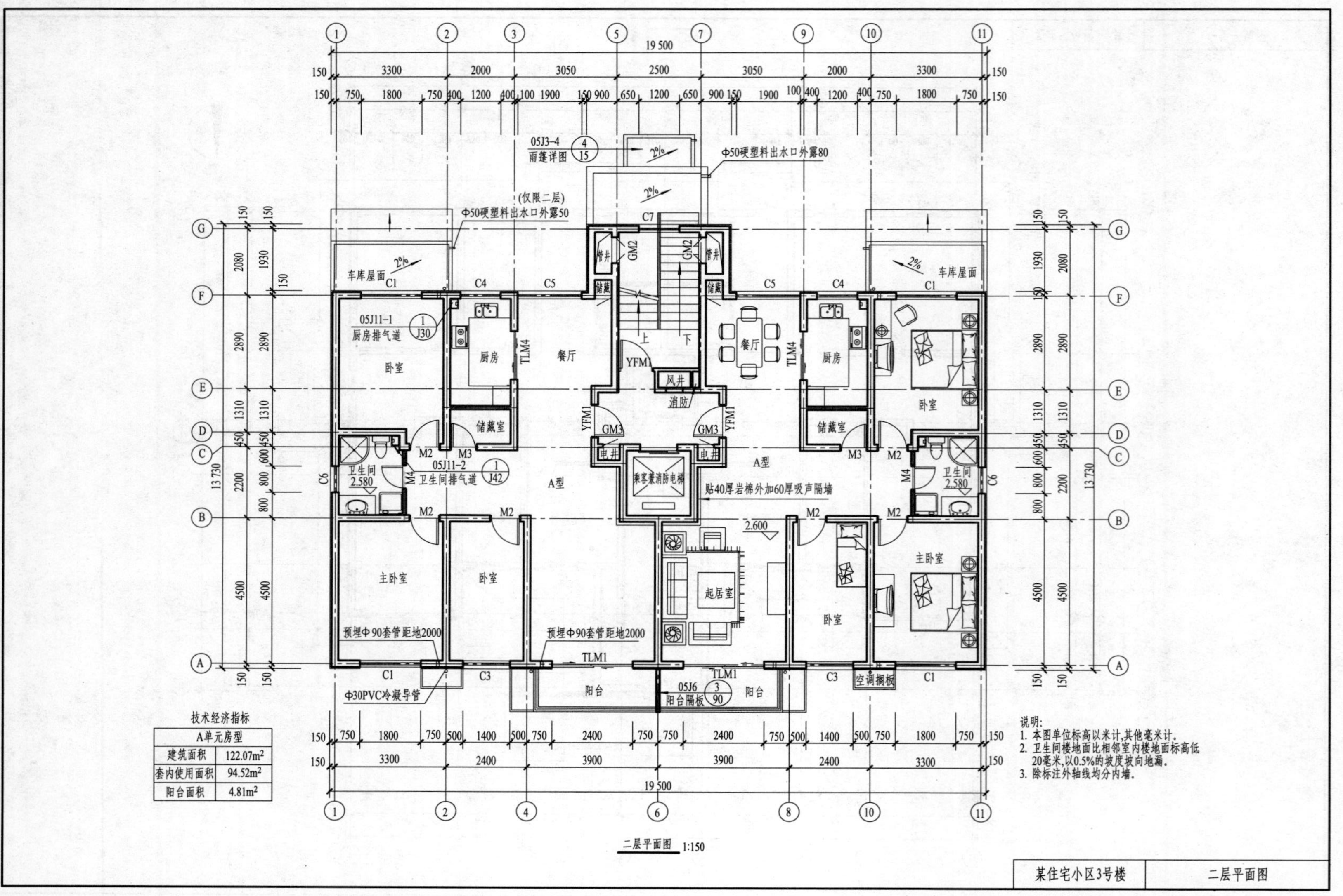

技术经济指标

A单元房型	
建筑面积	122.07m²
套内使用面积	94.52m²
阳台面积	4.81m²

二层平面图 1:150

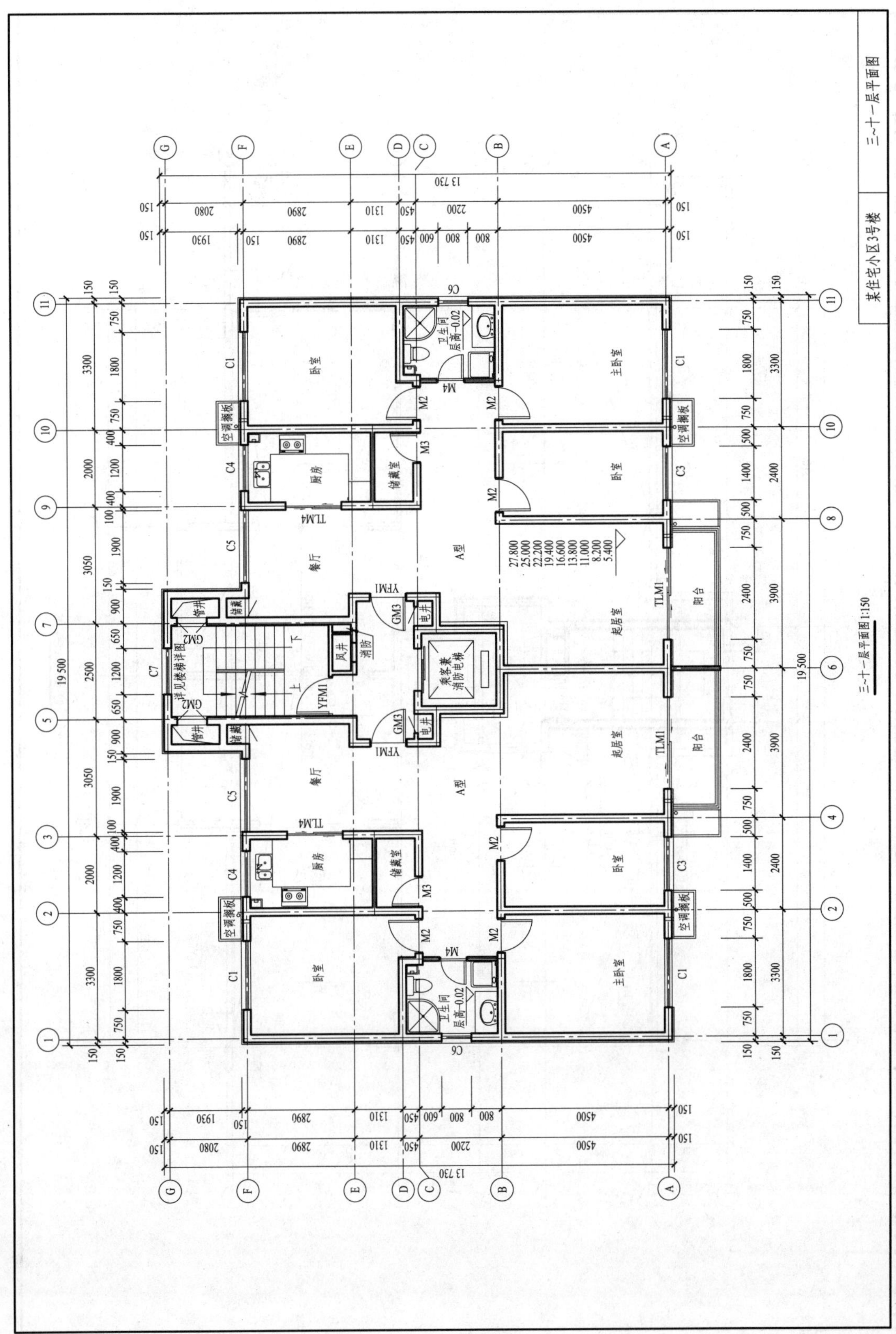
某住宅小区3号楼
三~十一层平面图
三~十一层平面图 1:150

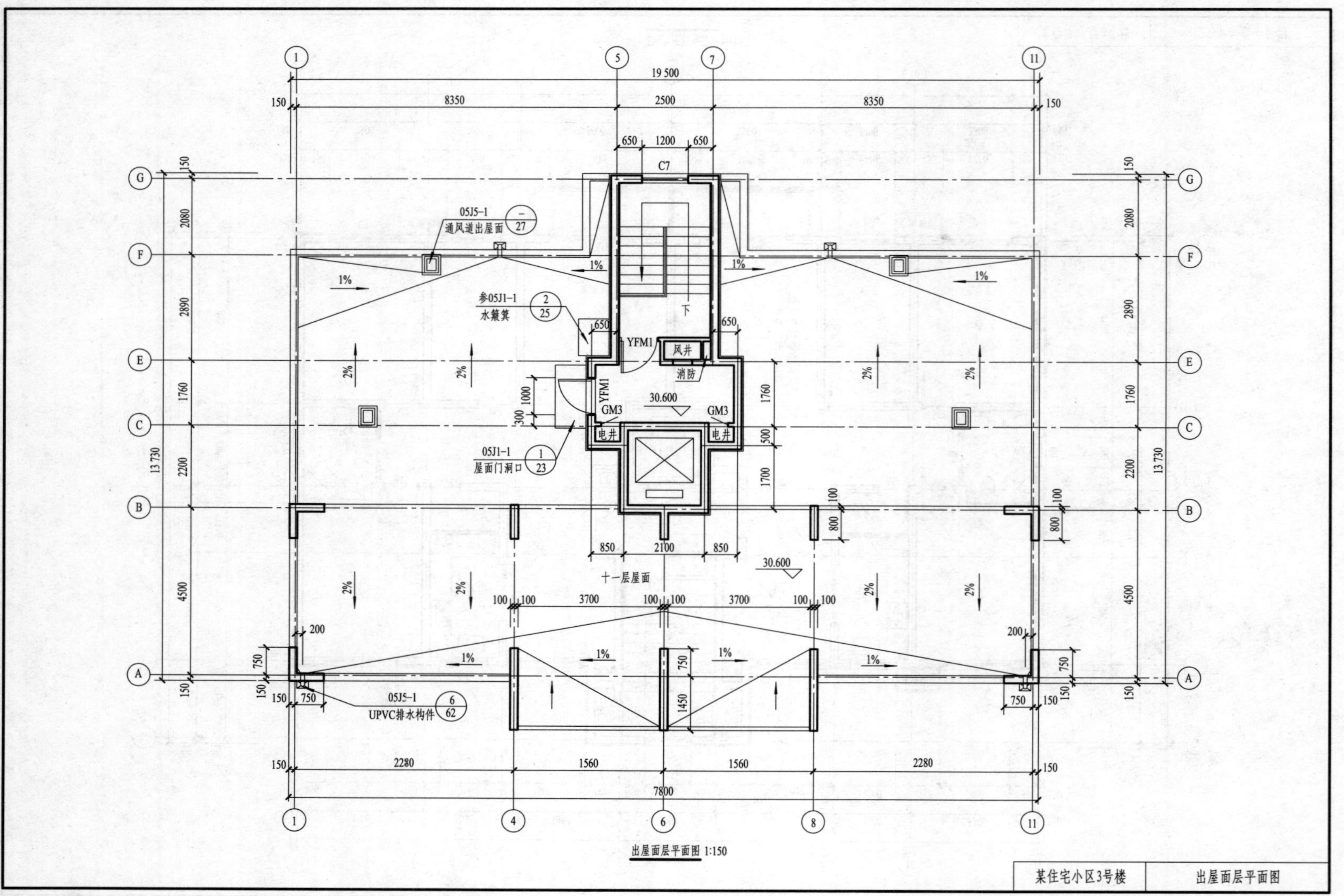
05J5-1
通风道出屋面
参05J1-1
水簸箕
YFM1
风井
消防
30.600
GM3
电井
05J1-1
屋面门洞口
C7
下
十一层屋面
05J5-1
UPVC排水构件
19 500
13 730
7800
出屋面层平面图 1:150
某住宅小区3号楼
出屋面层平面图

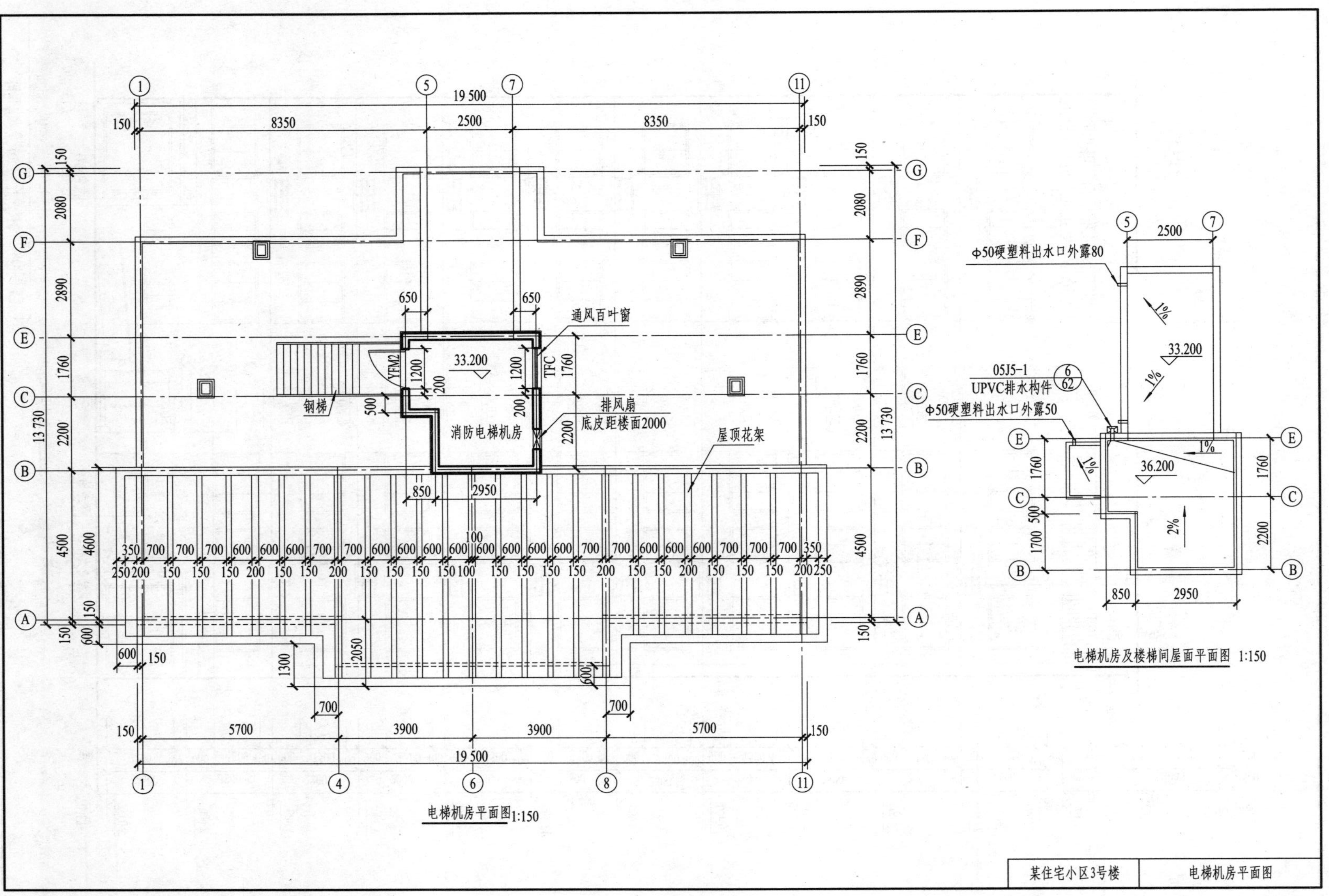
通风百叶窗
TFC
YFM2
钢梯
消防电梯机房
33.200
排风扇
底皮距楼面2000
屋顶花架
电梯机房平面图 1:150
Φ50硬塑料出水口外露80
05J5-1
UPVC排水构件
Φ50硬塑料出水口外露50
36.200
电梯机房及楼梯间屋面平面图 1:150
某住宅小区3号楼
电梯机房平面图

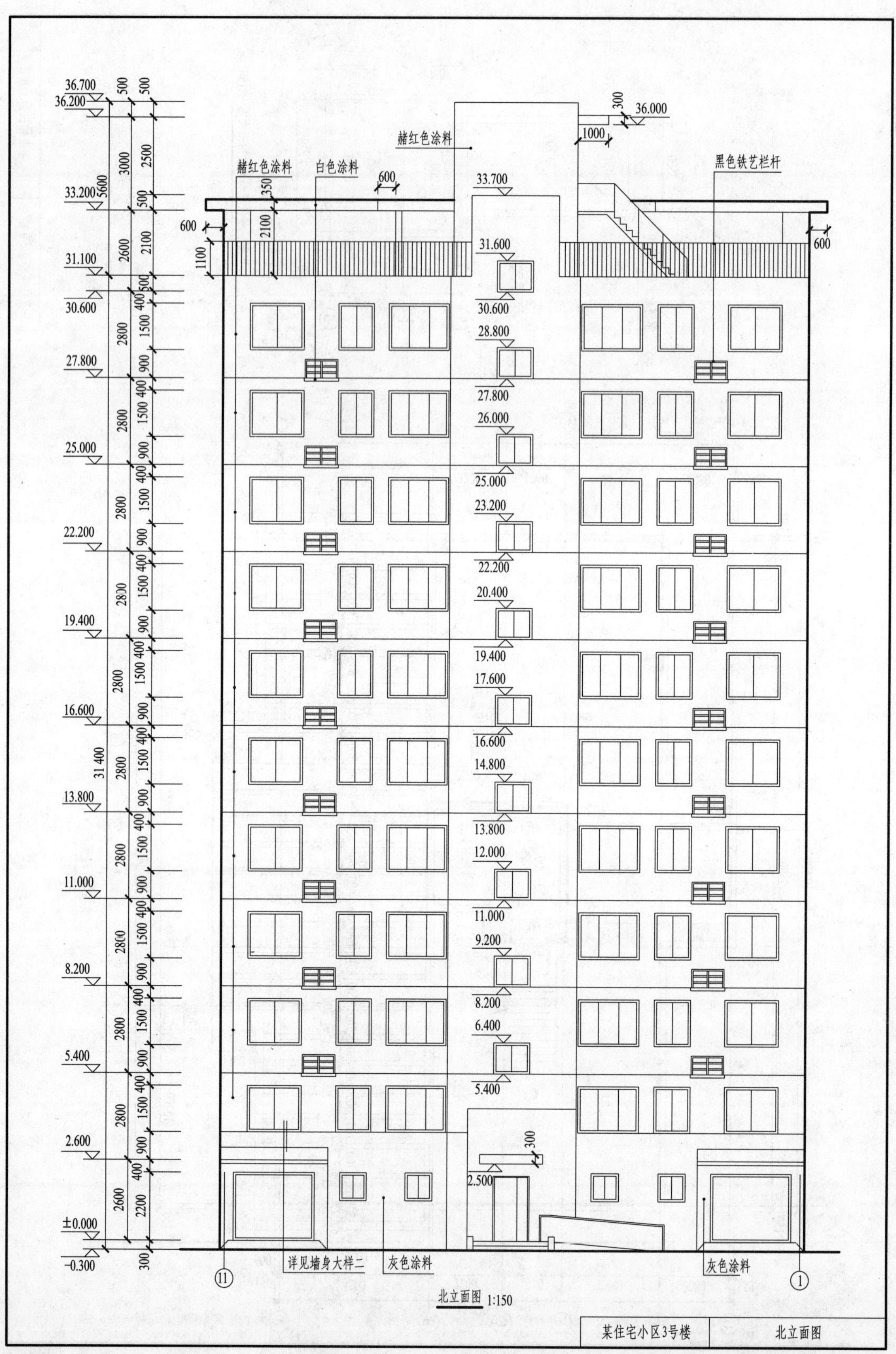
赭红色涂料
白色涂料
赭红色涂料
黑色铁艺栏杆
36.000
33.700
31.600
30.600
28.800
27.800
26.000
25.000
23.200
22.200
20.400
19.400
17.600
16.600
14.800
13.800
12.000
11.000
9.200
8.200
6.400
5.400
2.500
36.700
36.200
33.200
31.100
30.600
27.800
25.000
22.200
19.400
16.600
13.800
11.000
8.200
5.400
2.600
±0.000
-0.300
31 400
详见墙身大样二
灰色涂料
灰色涂料
11
1
北立面图 1:150
某住宅小区3号楼
北立面图

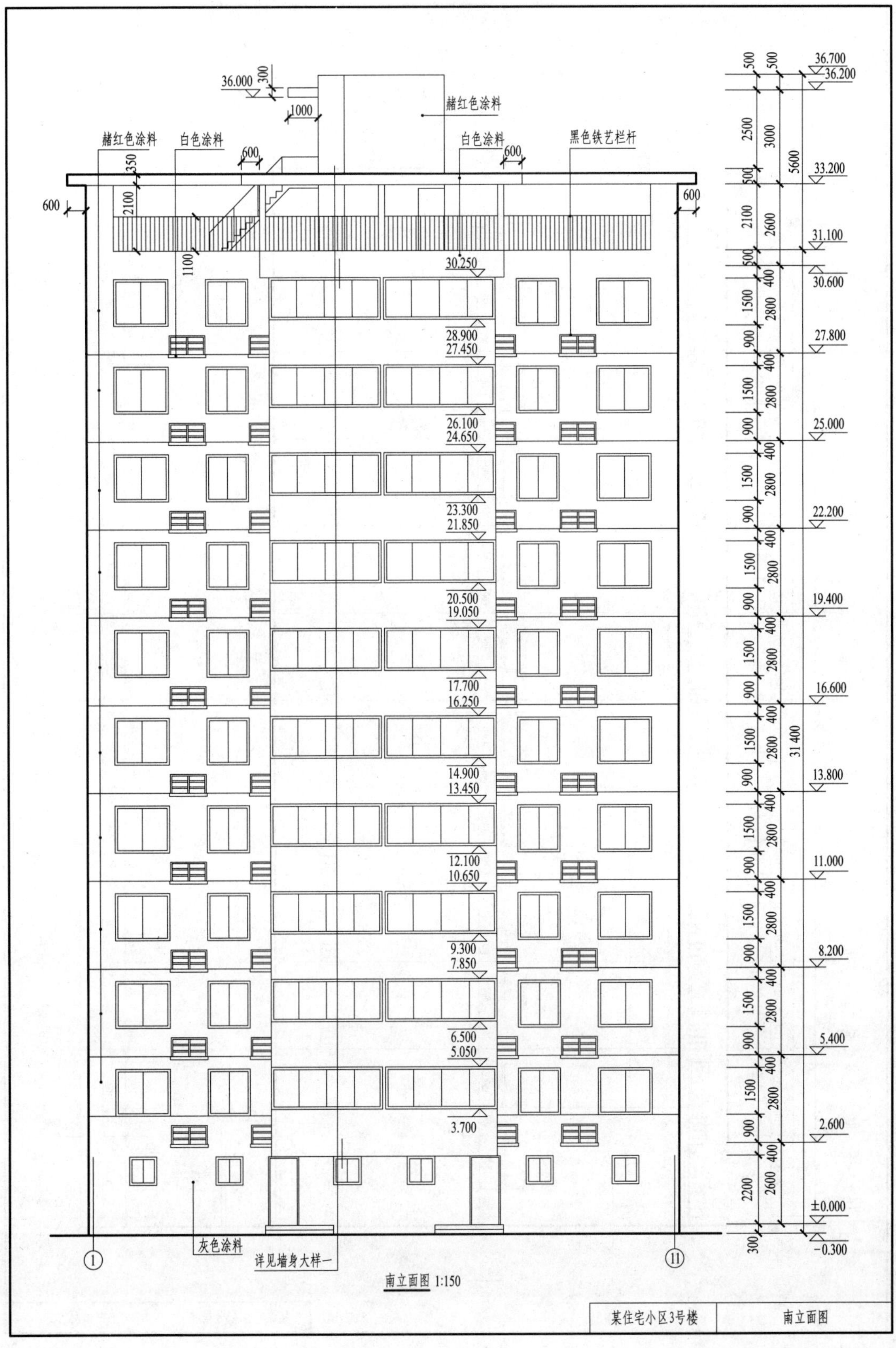

36.000
300
1000
赭红色涂料
白色涂料
600
350
2100
1100
黑色铁艺栏杆
30.250
28.900
27.450
26.100
24.650
23.300
21.850
20.500
19.050
17.700
16.250
14.900
13.450
12.100
10.650
9.300
7.850
6.500
5.050
3.700
36.700
36.200
33.200
31.100
30.600
27.800
25.000
22.200
19.400
16.600
13.800
11.000
8.200
5.400
2.600
±0.000
-0.300
31 400
5600
灰色涂料
详见墙身大样一
南立面图 1:150
某住宅小区3号楼
南立面图

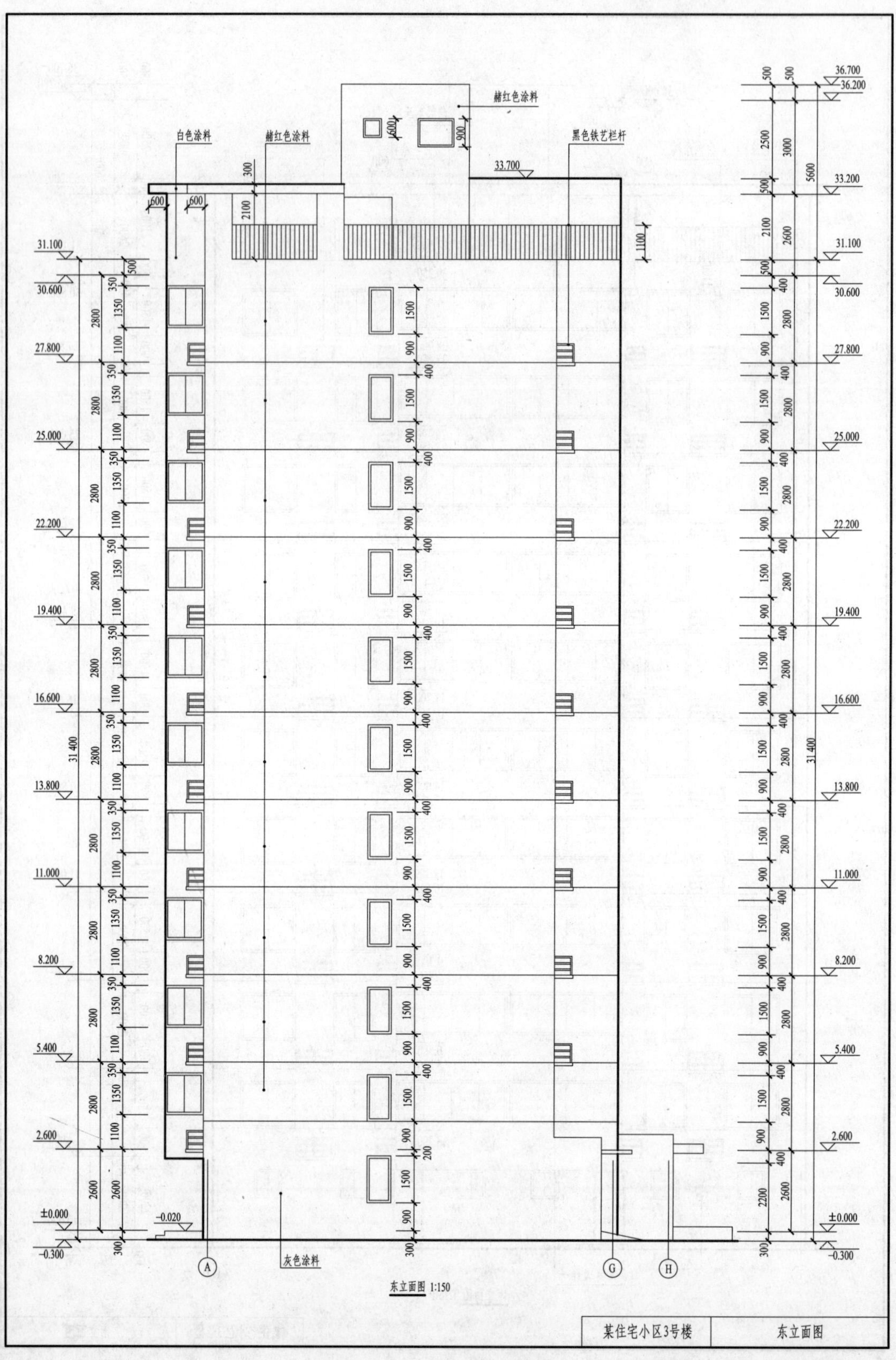
白色涂料
赭红色涂料
赭红色涂料
黑色铁艺栏杆
灰色涂料
33.700
36.700
36.200
33.200
31.100
30.600
27.800
25.000
22.200
19.400
16.600
13.800
11.000
8.200
5.400
2.600
±0.000
-0.300
-0.020
31 400
东立面图 1:150
某住宅小区3号楼
东立面图

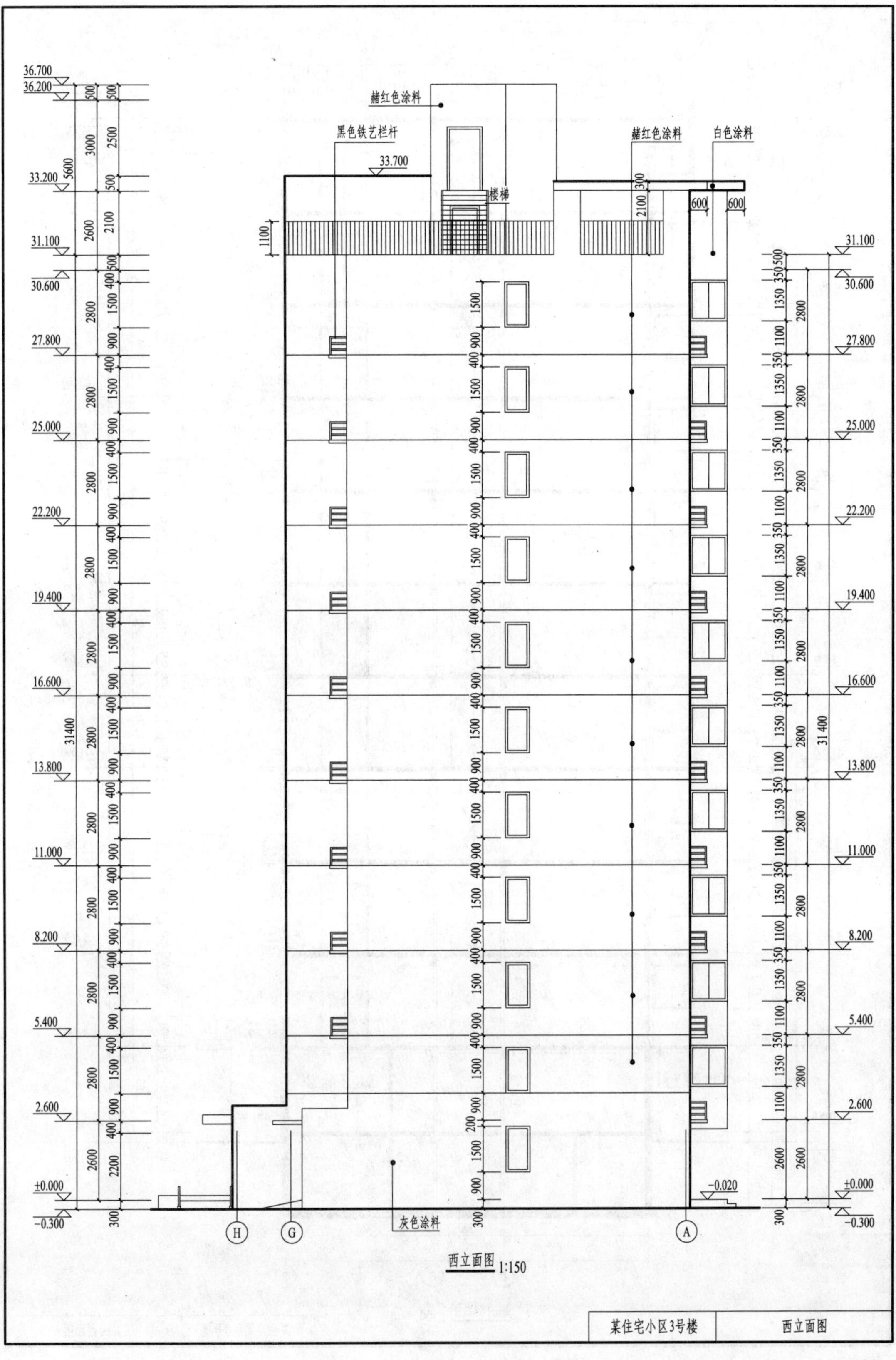
赭红色涂料
黑色铁艺栏杆
33.700
楼梯
赭红色涂料
白色涂料
灰色涂料
-0.020
36.700
36.200
33.200
31.100
30.600
27.800
25.000
22.200
19.400
16.600
13.800
11.000
8.200
5.400
2.600
±0.000
-0.300
31400
31 400
H
G
A
某住宅小区3号楼
西立面图

西立面图 1:150

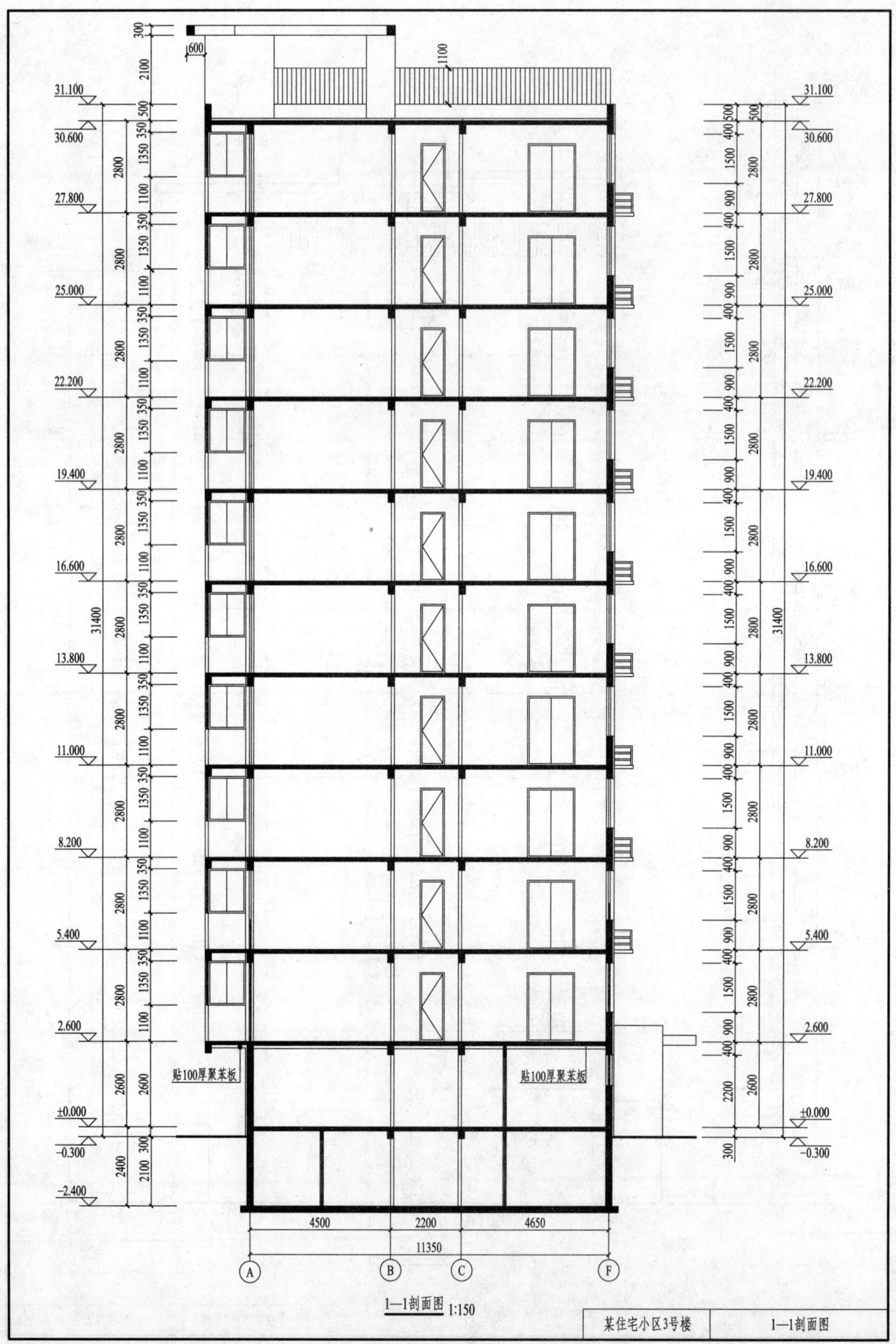

31.100
30.600
27.800
25.000
22.200
19.400
16.600
13.800
11.000
8.200
5.400
2.600
±0.000
-0.300
-2.400
31400
贴100厚聚苯板
贴100厚聚苯板
4500
2200
4650
11350
A
B
C
F
1—1剖面图 1:150
某住宅小区3号楼
1—1剖面图

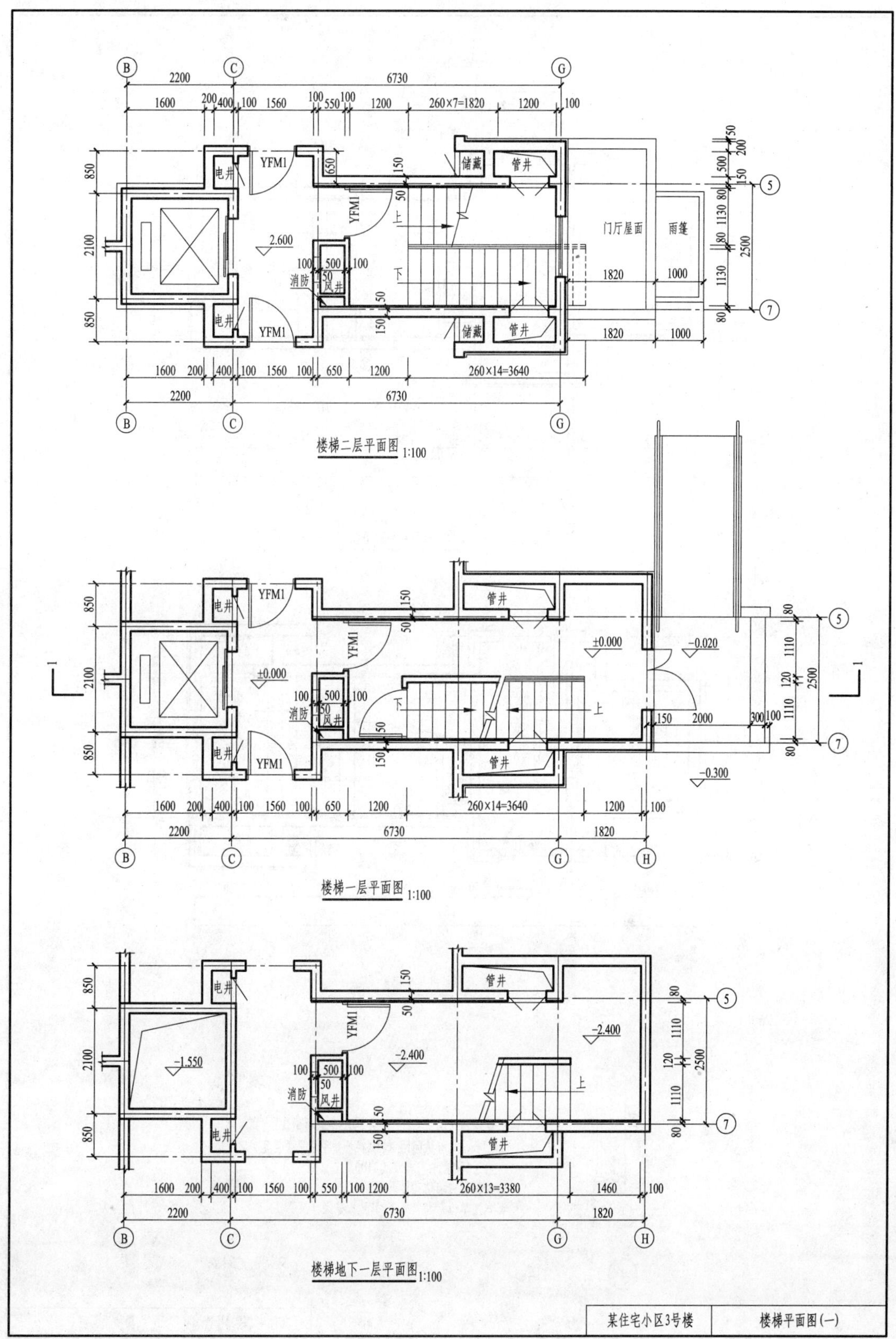
楼梯二层平面图 1:100
楼梯一层平面图 1:100
楼梯地下一层平面图 1:100
某住宅小区3号楼
楼梯平面图(一)

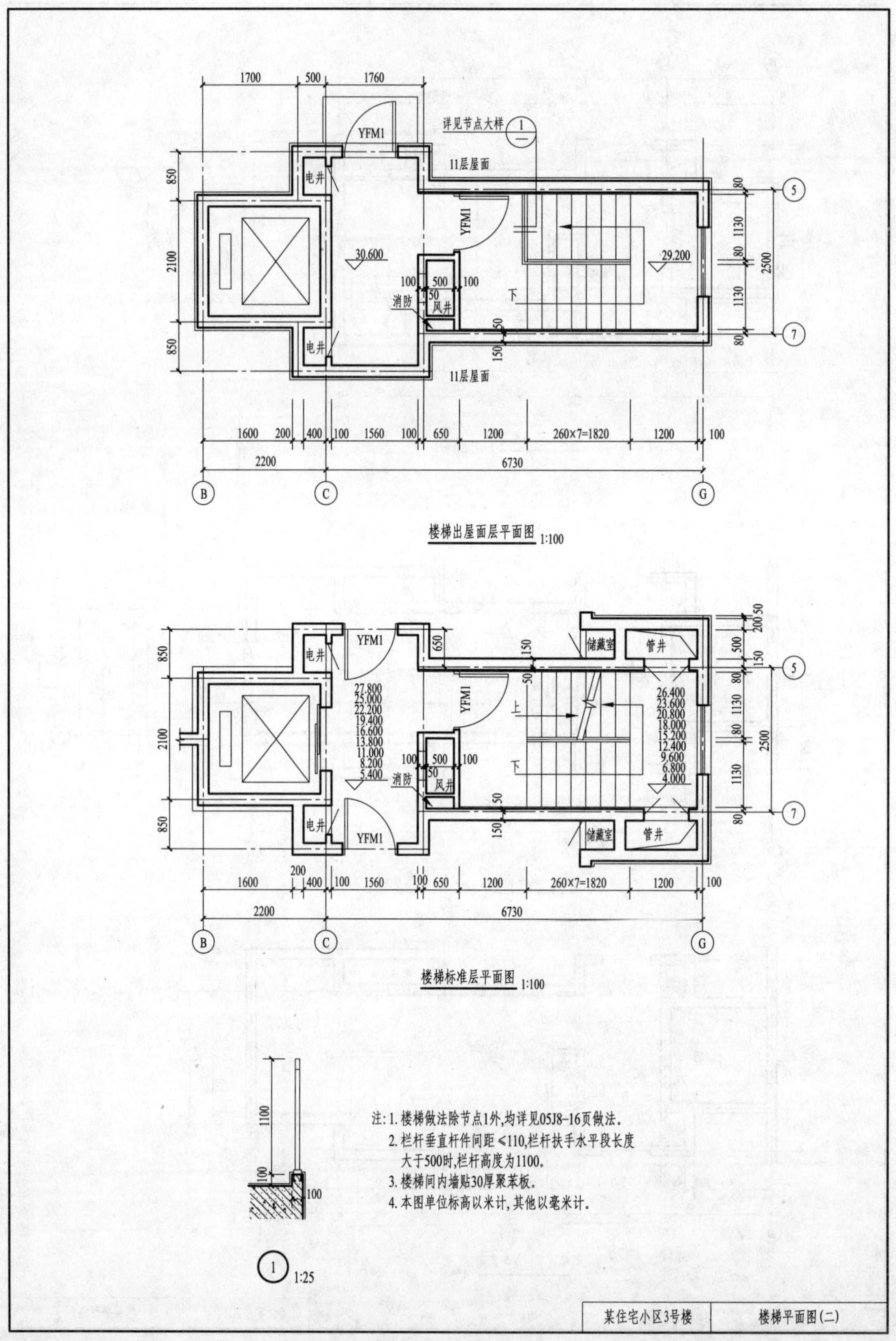
1700
500
1760
YFM1
详见节点大样
1
11层屋面
电井
YFM1
30.600
29.200
100
500
100
50
消防
风井
下
电井
11层屋面
850
2100
850
80
1130
80
1130
80
2500
5
7
1600
200
400
100
1560
100
650
1200
260×7=1820
1200
100
2200
6730
B
C
G
楼梯出屋面层平面图 1:100
储藏室
管井
电井
YFM1
650
150
27.800
25.000
22.200
19.400
16.600
13.800
11.000
8.200
5.400
上
下
26.400
23.600
20.800
18.000
15.200
12.400
9.600
6.800
4.000
消防
风井
电井
YFM1
储藏室
管井
楼梯标准层平面图 1:100
1100
100
100
注：1. 楼梯做法除节点1外，均详见05J8–16页做法。
2. 栏杆垂直杆件间距≤110，栏杆扶手水平段长度大于500时，栏杆高度为1100。
3. 楼梯间内墙贴30厚聚苯板。
4. 本图单位标高以米计，其他以毫米计。
1
1:25
某住宅小区3号楼
楼梯平面图(二)

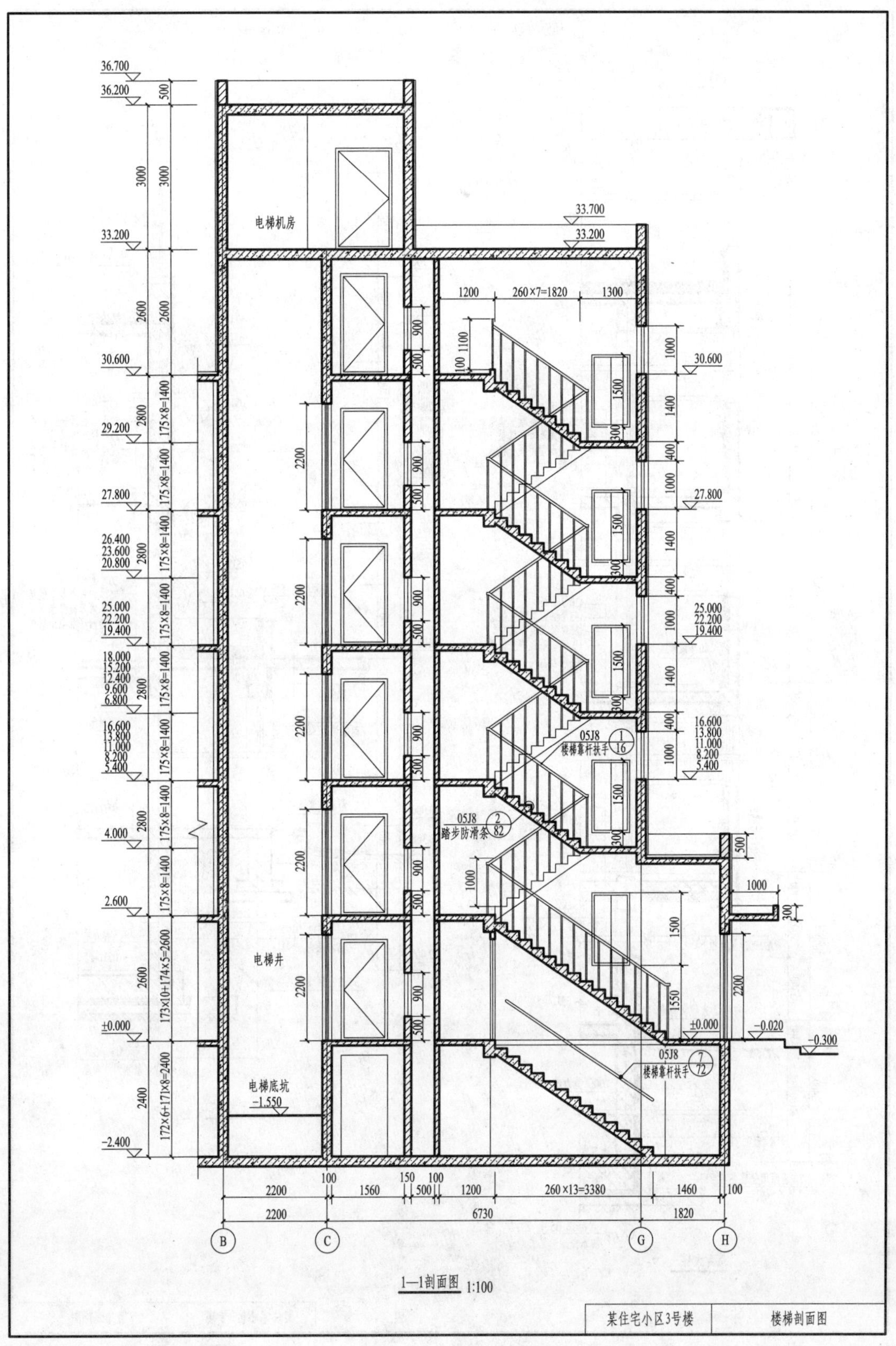
36.700
36.200
33.200
30.600
29.200
27.800
26.400
23.600
20.800
25.000
22.200
19.400
18.000
15.200
12.400
9.600
6.800
16.600
13.800
11.000
8.200
5.400
4.000
2.600
±0.000
-2.400
33.700
33.200
电梯机房
电梯井
电梯底坑
-1.550
1200
260×7=1820
1300
260×13=3380
05J8
1/16
楼梯靠杆扶手
05J8
2/82
踏步防滑条
05J8
7/72
楼梯靠杆扶手
175×8=1400
173×10+174×5=2600
172×6+171×8=2400
±0.000
-0.020
-0.300
2200
1560
500
1200
1460
6730
1820
B
C
G
H
1—1剖面图 1:100
某住宅小区3号楼
楼梯剖面图

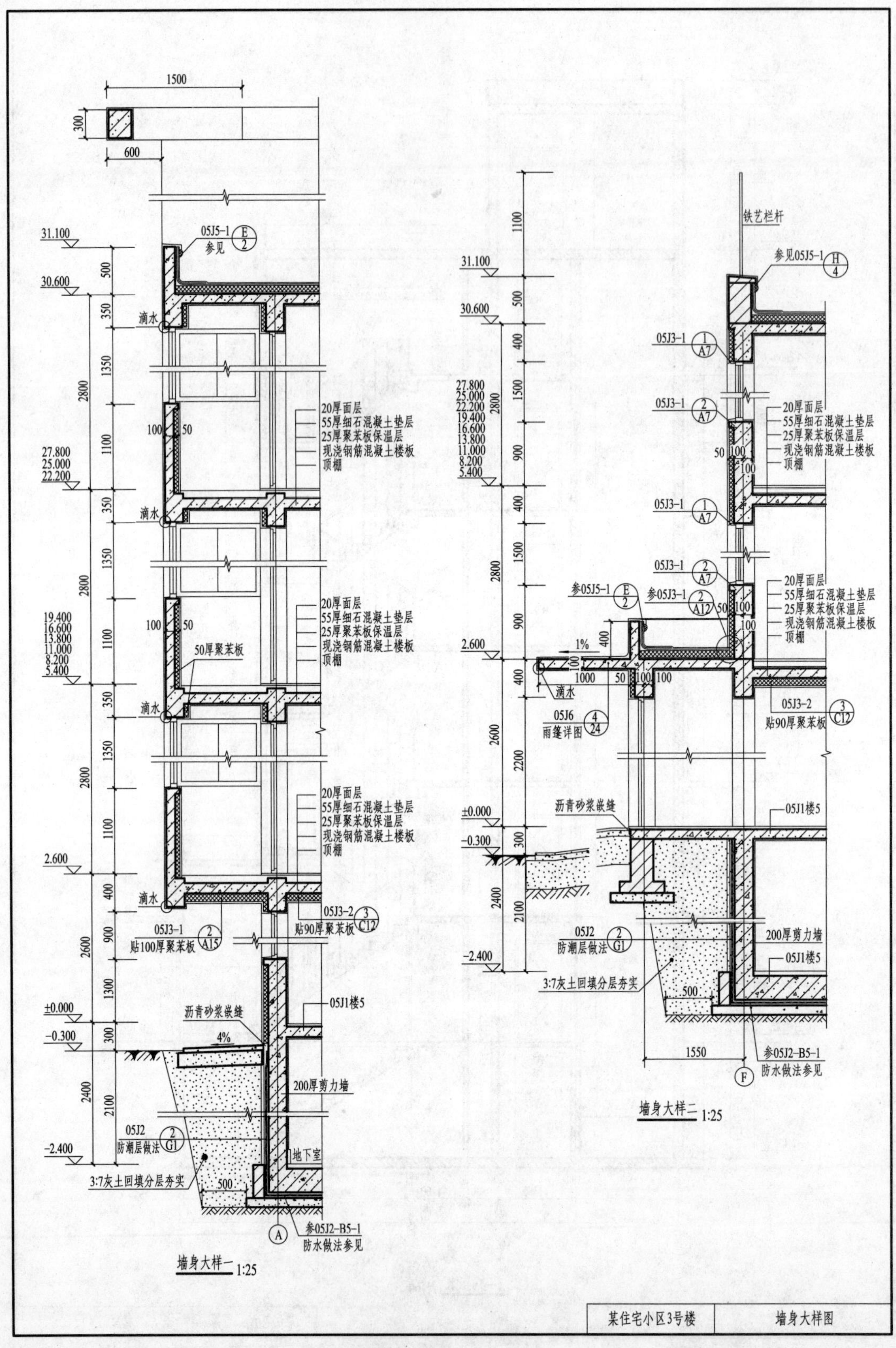

1500
300
600
31.100
05J5-1
参见
E
2
30.600
滴水
500
350
1350
2800
1100
100
50
20厚面层
55厚细石混凝土垫层
25厚聚苯板保温层
现浇钢筋混凝土楼板
顶棚
27.800
25.000
22.200
19.400
16.600
13.800
11.000
8.200
5.400
50厚聚苯板
2.600
400
900
2600
1300
05J3-1
贴100厚聚苯板
A15
05J3-2
贴90厚聚苯板
C12
±0.000
-0.300
沥青砂浆嵌缝
4%
05J1楼5
200厚剪力墙
2400
2100
05J2
防潮层做法
G1
-2.400
地下室
3:7灰土回填分层夯实
500
A
参05J2-B5-1
防水做法参见
墙身大样一 1:25
铁艺栏杆
参见05J5-1
H
4
05J3-1
1
A7
2
1500
参05J5-1
参05J3-1
A12
1%
1000
雨篷详图
05J6
24
2200
-0.300
1550
F
墙身大样二 1:25
某住宅小区3号楼
墙身大样图

结构设计总说明

序号	图纸名称	图号	图纸规格	备注
1	结构设计总说明	结-01	A1	
2	基础平面布置图	结-02	A2	
3	地下室剪力墙布置图	结-03	A2	
4	地下室剪力墙暗柱配筋图	结-04	A2	
5	一层剪力墙布置图	结-05	A2	
6	一层剪力墙暗柱配筋图	结-06	A2	
7	二～十一层剪力墙布置图	结-07	A2	
8	二～十一层剪力墙暗柱配筋图	结-08	A2	
9	屋顶部分剪力墙布置图	结-09	A1	
10	屋顶部分剪力墙暗柱配筋图	结-10	A1	
11	剪力墙节点详图	结-11	A1	
12	地下室梁、板配筋图	结-12	A1	
13	一层梁、板配筋图	结-13	A2	
14	二～十层梁、板配筋图	结-14	A1	
15	十一层梁、板配筋图	结-15	A1	
16	屋顶部分梁、板配筋图	结-16	A2	
17	楼梯配筋图	结-17	A2	

××建筑设计研究院			建设单位	××房地产开发公司
项目负责人		图纸目录	项目名称	××小区住宅楼
专业负责人			子项名称	3号楼

一、工程结构概况

本工程主体为十一层，地下一层，采用剪力墙结构，基础为筏板基础。

二、设计遵循的规范、规程、规定及技术条件

1. 建筑结构荷载规范（GB 50009—2001）

2. 建筑抗震设计规范（GB 50011—2010）

3. 建筑地基基础设计规范（GB 50007—2011）

4. 混凝土结构设计规范（GB 50010—2010）

5. 砌体结构设计规范（GB 50003—2011）

6. 高层建筑混凝土结构技术规程（JGJ 3—2010）

7. 建筑结构可靠度设计统一标准（GB 50068—2001）

8. 建筑物抗震构造详图（11G329-1）

三、自然条件

1. 设计基准期50年；结构的设计使用年限为50年。未经设计许可或技术鉴定，不得改变结构用途和使用环境。

2. 本工程建筑物重要类别为丙类，建筑结构的安全等级为二级，结构重要性系数采用1.0。

3. 本工程抗震设防烈度为7度，设计基本地震加速度值为0.15g，特征周期为0.35s，设计地震分组为第一组，抗震设防类别为丙类。本工程剪力墙抗震等级为三级，地下一层及一层为加强区。

4. 本工程环境类别：基础及外露混凝土为二b类，厕所为二a类，其余为一类。

5. 本工程多层部分持力层为2层粉土（承载力特征值140kPa），高层部分持力层为3层细砂（承载力特征值180kPa），场地类别Ⅱ类，场地土类型为中硬场地土，属抗震一般地段。地基基础设计等级为乙级。地下水为在4.70～5.30m之间。

6. 场地土标准冻结深度0.8m。

7. 基本风压0.40kN/m^2；基本雪压0.35kN/m^2。

四、活荷载标准值

楼面、车库4.0kN/m^2；储藏间5.0kN/m^2；卧室2.0kN/m^2；卫生间2.0kN/m^2；阳台2.5kN/m^2；楼梯3.5kN/m^2

屋面：0.50kN/m^2（不上人）　2.00kN/m^2（上人）

五、主要结构材料

1. 钢筋：Φ为HPB300级钢筋，Φ为HRB335级钢筋；钢筋强度标准值的保证率不得小于95%。抗震等级为一、二的框架结构其纵向受力普通钢筋抗拉强度实测值与屈服强度实测值的比值不应小于1.25，且屈服强度实测值与强度标准值的比值不应大于1.3。

2. 混凝土强度等级：基础垫层为C15；基础为C30；其他部位混凝土强度等级均为C30。

六、基础

1. 基槽开挖时，如果遇到地下水时，应采取有效的排水及降水措施，以保证基础工程的正常进行。

2. 基槽开挖至基底标高以上200mm时，应进行普遍钎探，作好记录，并会同甲方、设计、监理等有关单位共同验槽，确定持力层准确无误后方可进行下一道工序。

3. 基础施工完成以后，应及时进行回填。回填土为3∶7灰土分层夯实。回填土内的有机质含量应小于5%。夯实系数0.97。

4. 回填土回填至设计地面标高后，方可进行上部结构的施工。

5. 地下室基础底板及外墙采用抗渗混凝土，抗渗等级为S6。

七、钢筋混凝土构造要求

1. 纵向受力钢筋的混凝土保护层最小厚度（钢筋外边缘至混凝土表面的距离）不应小于钢筋的直径，且符合表一的规定。

2. 钢筋锚固长度见表二。

3. 钢筋混凝土现浇板：

(1) 板的底部钢筋伸入支座大于等于$5d$，且应伸至支座中心线。

(2) 板的中间支座上部钢筋（负筋）两端直钩长度为板厚减15mm，板的边支座负筋在梁内锚固长度应满足受拉钢筋的最小锚固长度l_a，且不小250mm。

某住宅小区3号楼	设计总说明(一)

(3) 双向板的底部钢筋，短跨钢筋置下排，长跨钢筋置上排。

(4) 当板底与梁底平时，板的下部钢筋伸入梁内须置于梁的下部纵向钢筋之上。

(5) 板上孔洞应预留，避免后凿，一般结构平面图中只示出洞口尺寸大于300mm的孔洞，施工时各工种必须根据各专业图纸配合土建预留全部孔洞，当孔洞尺寸小于等于300mm时，洞边不再另加钢筋，板内钢筋由洞边绕过，不得截断。当洞口尺寸大于等于300mm时，应设洞边加筋，按平面图示出的要求施工。当平面图未交待时，一般按如下要求：洞口每侧各二根，其截面积不得小于被洞口截断之钢筋面积，且不小于2Φ14，长度为单向板受力方向以及双向板的两个方向沿跨度通长，并锚入支座大于等于5d，且应伸至支座中心线。单向板的非受力方向洞口加筋长度为洞宽加两侧各40d。

(6) 图中注明的后浇板，注明配筋的，钢筋不断；未注明配筋的均双向配筋Φ8@150，置于板底，待设备安装完毕后，再用同强度等级混凝土浇筑，板厚同周围楼板。

(7) 楼板上后砌隔墙的位置应严格遵守建筑施工图，不可随意砌筑，对墙下无梁的后砌隔墙，应按建筑施工图所示位置在墙下板内设置2Φ16的纵向加强钢筋（沿墙通长，两端锚入支座250mm）。

(8) 板内分布钢筋包括楼梯跑板，除注明外，分布钢筋均为Φ6@200。

(9) 楼板及梁混凝土宜一次浇筑。浇筑间隔超过2h，应设置施工缝，位置应符合施工验收规范的规定及具体设计要求。施工缝处应增加插铁，数量为主筋面积的30%，长度1600mm，伸入施工缝两侧各800mm。板的附加筋用Φ12放于板厚中间，梁的附加筋用Φ16放于梁的上下部位。

(10) 当板厚大于等于130mm时，上层设置双向构造钢筋Φ6@200，与负筋搭接。

(11) 所有板筋（受力或非受力筋）当要搭接接长时，其搭接长度应符合11G329－1，在同一截面由接头的钢筋截面面积不得超过钢筋总截面面积的25%。

(12) 对于配有双层钢筋的楼板或基础底板，除注明做法要求外，均应加支撑钢筋，其形式如ᒧ，支撑筋的高度除另有注明外，应为h=板厚－20，以保证上下层钢筋位置准确，支撑钢筋用Φ12，每平方米设置一个。

3. 剪力墙连梁

(1) 钢筋规格应按设计采用，钢筋代换应征得设计单位的同意。

(2) 梁内第一根箍筋距柱边或梁边50mm起。

(3) 在梁跨中2/3范围内开不大于Φ150的洞，洞位于梁高的中间1/3，在具体设计未说明时，按图一施工。

(4) 剪力墙构造见剪力墙节点详图。

八、其他

1. 各工种按要求须要设置预埋件的应配合土建工种施工，将本工种需要的埋件留全，预埋件不得采用冷加工钢筋。

2. 施工应符合现行《混凝土结构工程施工及验收规范》(GB 50204—2002)。

3. 所有梁、板在未达到设计强度之前不允许拆梁、板下支撑。施工期不得堆载。

4. 施工中应密切与水电配合，注意及时预留管沟及孔洞。

表一　混凝土保护层的最小厚度　　mm

环境类别	板、墙	梁、柱
一	15	20
二a	20	25
二b	25	35
三a	30	40
三b	40	50

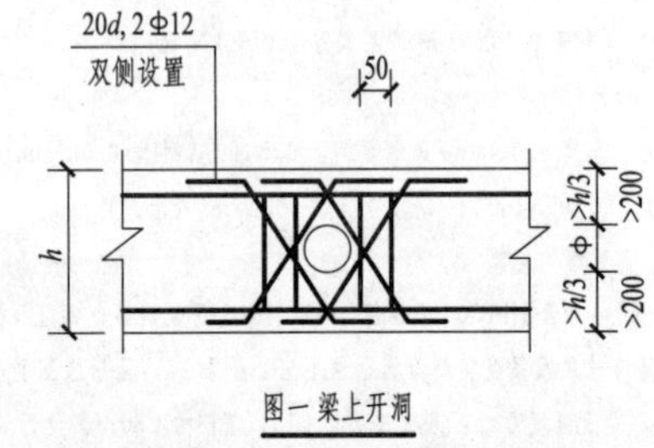

图一 梁上开洞

表二　受拉钢筋抗震基本锚固长度 l_{abE}

钢筋种类	抗震等级	混凝土强度等级								
		C20	C25	C30	C35	C40	C45	C50	C55	C60
HPB300	一、二级	45d	39d	35d	32d	29d	28d	26d	25d	24d
	三级	41d	36d	32d	29d	26d	25d	24d	23d	22d
	四级	39d	34d	30d	28d	25d	24d	23d	22d	21d
HPB335 HRBF335	一、二级	44d	38d	33d	31d	29d	26d	25d	24d	24d
	三级	40d	35d	31d	28d	26d	24d	23d	22d	22d
	四级	38d	33d	29d	27d	25d	23d	22d	21d	21d
HPB400 HRBF335 RRB400	一、二级	—	46d	40d	37d	33d	32d	31d	30d	29d
	三级	—	42d	37d	34d	30d	29d	28d	27d	26d
	四级	—	40d	35d	32d	29d	28d	27d	26d	25d

某住宅小区3号楼	设计总说明(二)

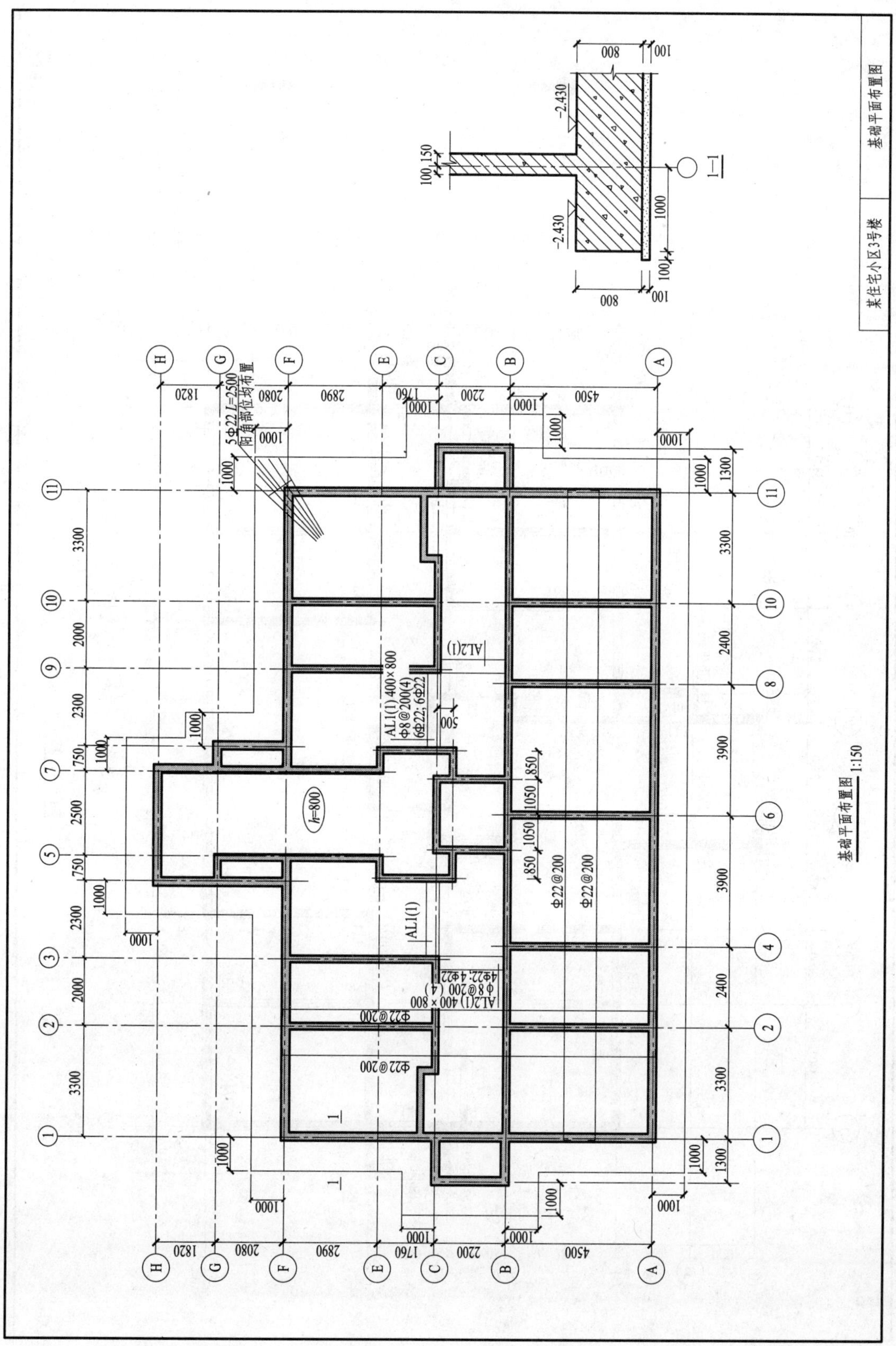
基础平面布置图
某住宅小区3号楼
1—1
基础平面布置图 1:150
h=800
AL1(1) 400×800
ϕ8@200(4)
6Φ22; 6Φ22
AL2(1) 400×800
ϕ8@200 (4)
4Φ22; 4Φ22
Φ22@200
5Φ22 L=2500
阳角部位均布置

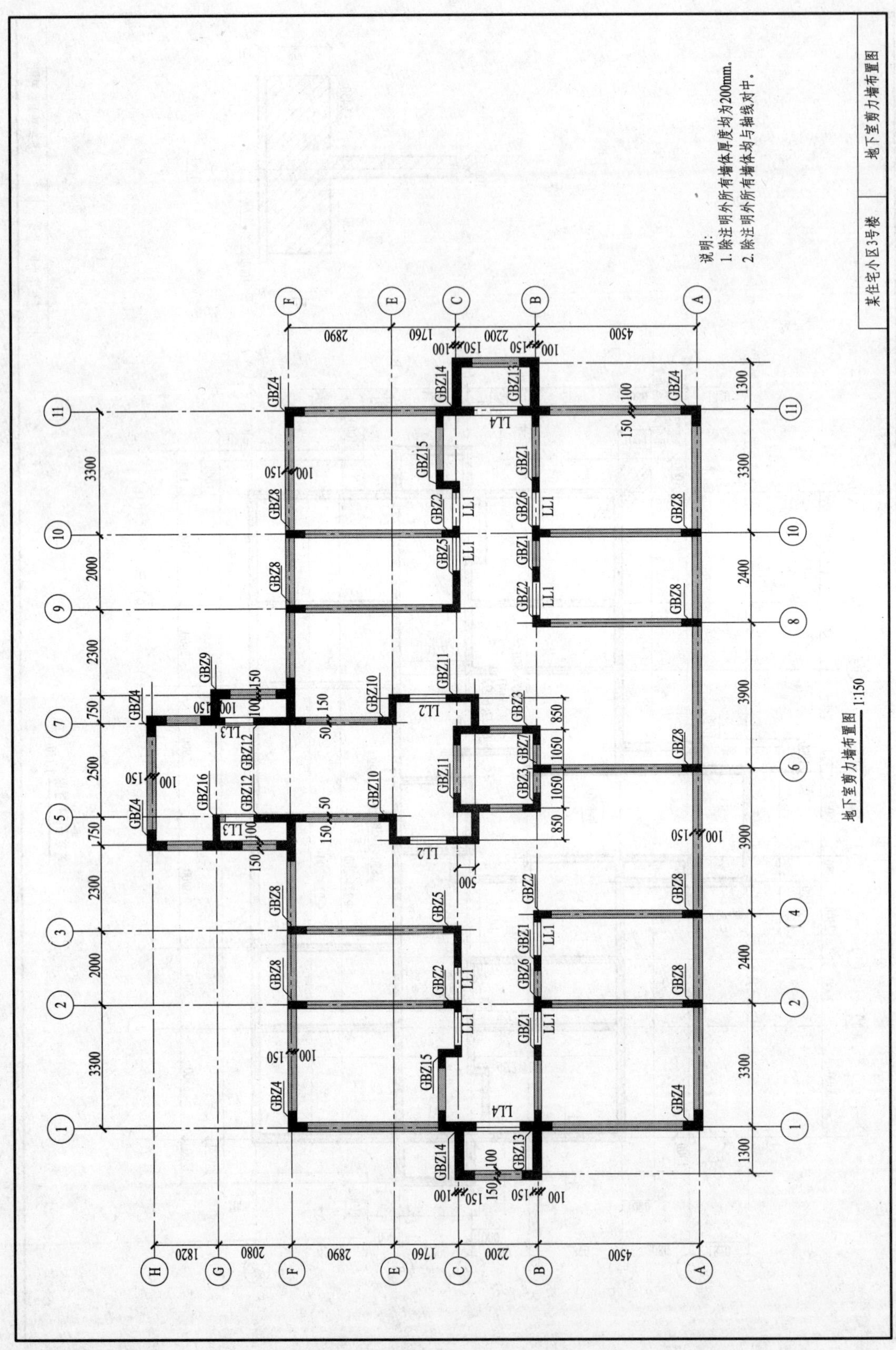
说明:
1. 除注明外所有墙体厚度均为200mm.
2. 除注明外所有墙体均与轴线对中。
地下室剪力墙布置图 1:150
某住宅小区3号楼
地下室剪力墙布置图

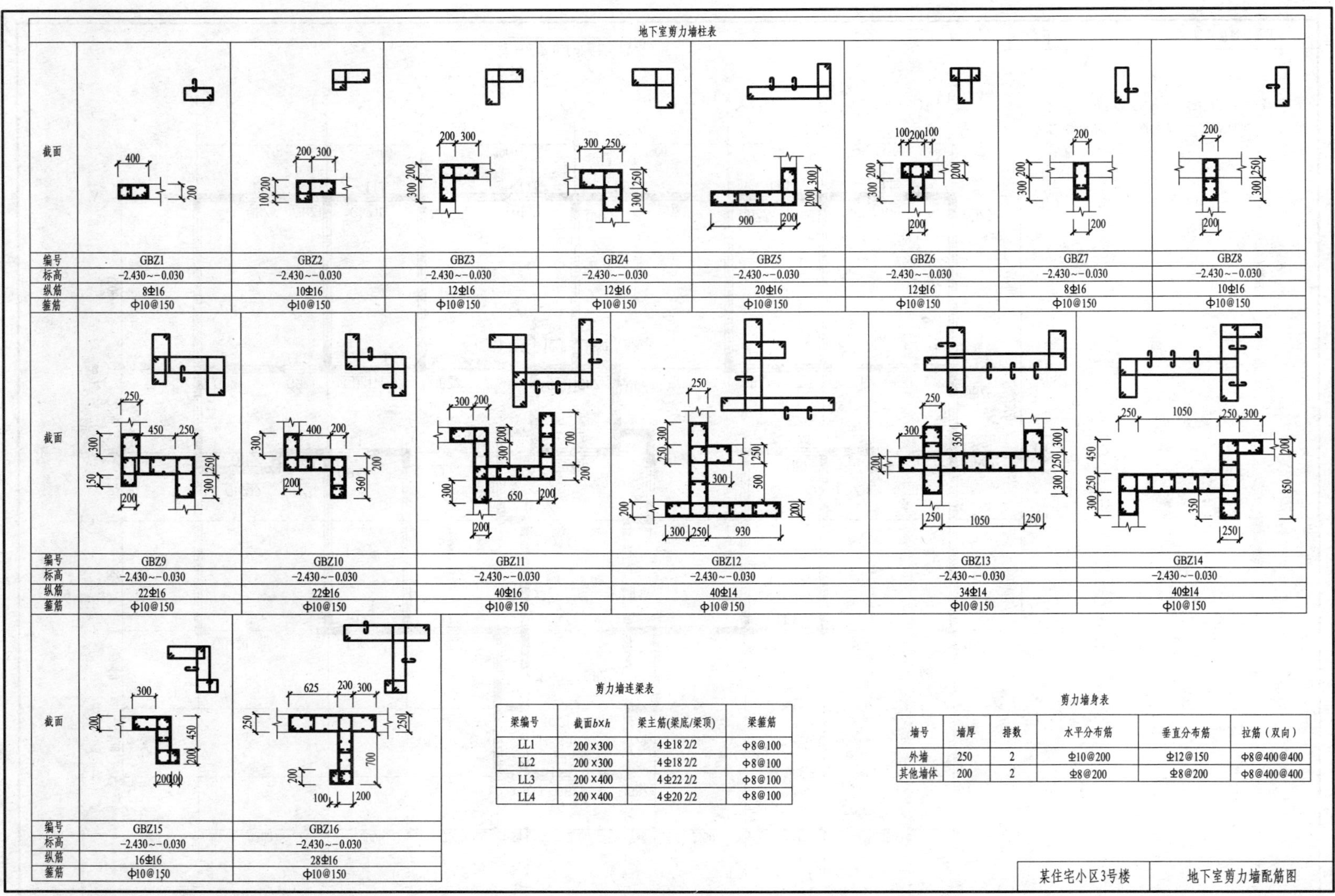

剪力墙连梁表

梁编号	截面b×h	梁主筋(梁底/梁顶)	梁箍筋
LL1	200×300	4Φ18 2/2	Φ8@100
LL2	200×300	4Φ18 2/2	Φ8@100
LL3	200×400	4Φ22 2/2	Φ8@100
LL4	200×400	4Φ20 2/2	Φ8@100

剪力墙身表

墙号	墙厚	排数	水平分布筋	垂直分布筋	拉筋（双向）
外墙	250	2	Φ10@200	Φ12@150	Φ8@400@400
其他墙体	200	2	Φ8@200	Φ8@200	Φ8@400@400

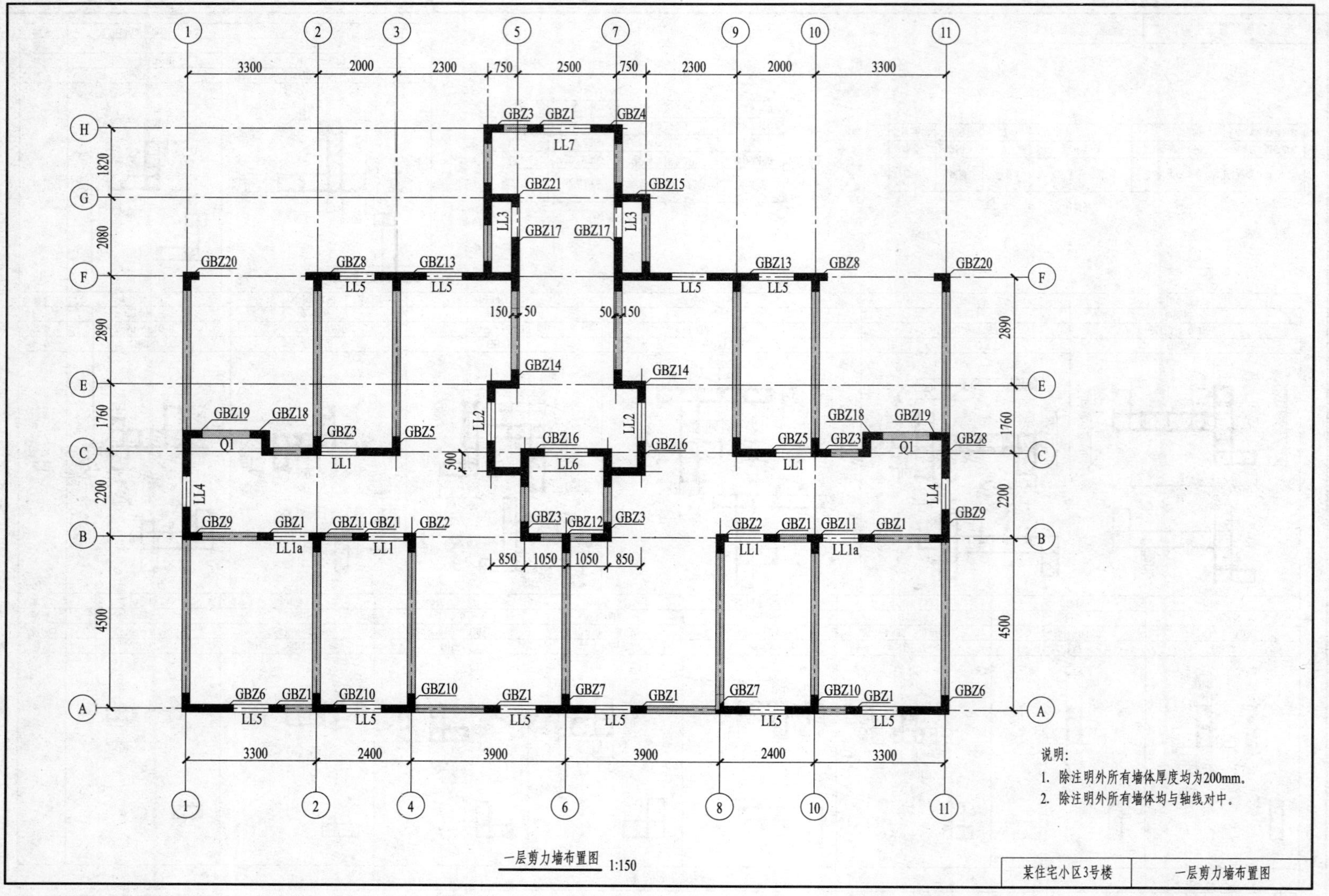

一层剪力墙布置图 1:150

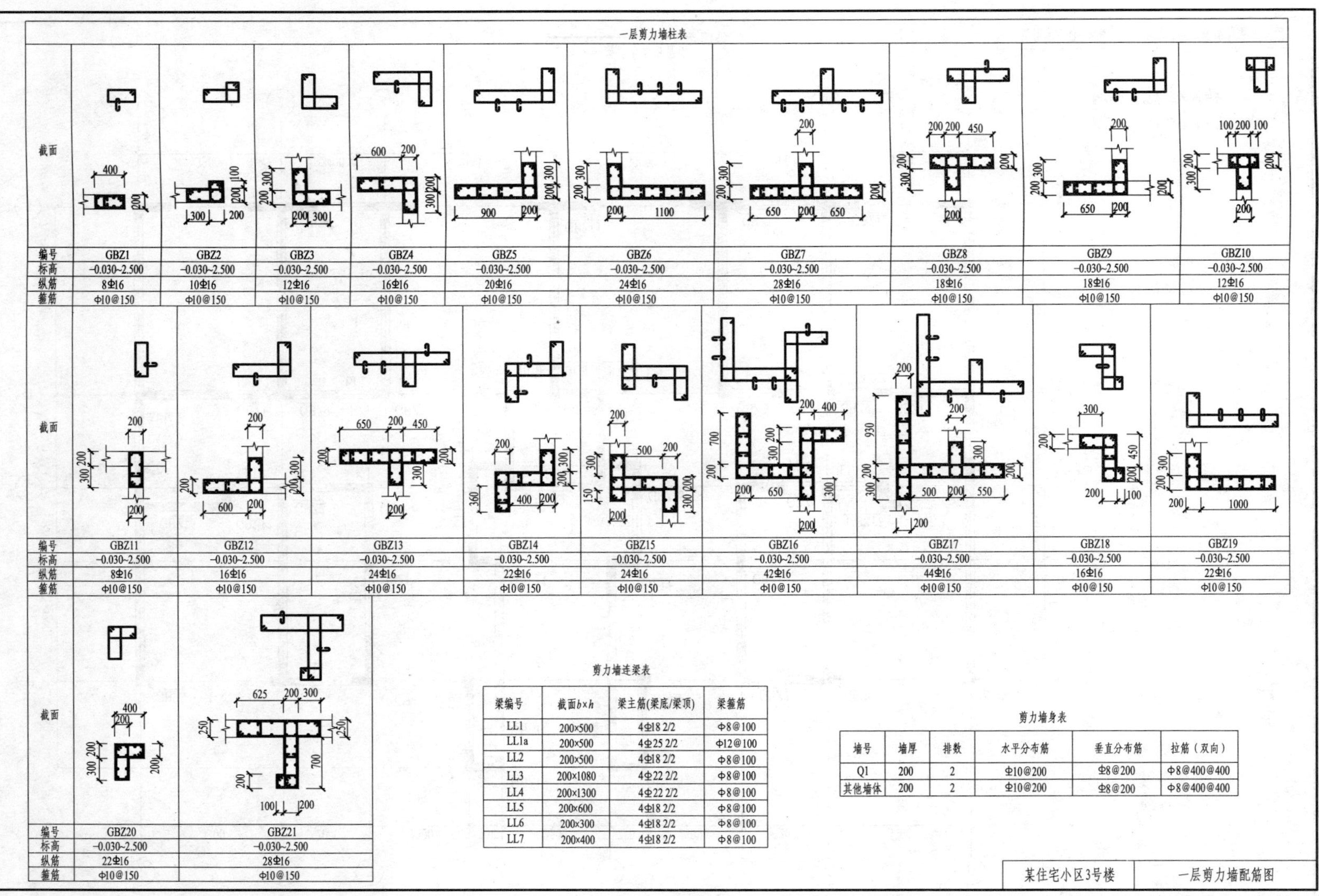

一层剪力墙柱表

编号	GBZ1	GBZ2	GBZ3	GBZ4	GBZ5	GBZ6	GBZ7	GBZ8	GBZ9	GBZ10
标高	−0.030~2.500	−0.030~2.500	−0.030~2.500	−0.030~2.500	−0.030~2.500	−0.030~2.500	−0.030~2.500	−0.030~2.500	−0.030~2.500	−0.030~2.500
纵筋	8Φ16	10Φ16	12Φ16	16Φ16	20Φ16	24Φ16	28Φ16	18Φ16	18Φ16	12Φ16
箍筋	Φ10@150	Φ10@150	Φ10@150	Φ10@150	Φ10@150	Φ10@150	Φ10@150	Φ10@150	Φ10@150	Φ10@150

编号	GBZ11	GBZ12	GBZ13	GBZ14	GBZ15	GBZ16	GBZ17	GBZ18	GBZ19
标高	−0.030~2.500	−0.030~2.500	−0.030~2.500	−0.030~2.500	−0.030~2.500	−0.030~2.500	−0.030~2.500	−0.030~2.500	−0.030~2.500
纵筋	8Φ16	16Φ16	24Φ16	22Φ16	24Φ16	42Φ16	44Φ16	16Φ16	22Φ16
箍筋	Φ10@150	Φ10@150	Φ10@150	Φ10@150	Φ10@150	Φ10@150	Φ10@150	Φ10@150	Φ10@150

编号	GBZ20	GBZ21
标高	−0.030~2.500	−0.030~2.500
纵筋	22Φ16	28Φ16
箍筋	Φ10@150	Φ10@150

剪力墙连梁表

梁编号	截面 $b \times h$	梁主筋(梁底/梁顶)	梁箍筋
LL1	200×500	4Φ18 2/2	Φ8@100
LL1a	200×500	4Φ25 2/2	Φ12@100
LL2	200×500	4Φ18 2/2	Φ8@100
LL3	200×1080	4Φ22 2/2	Φ8@100
LL4	200×1300	4Φ22 2/2	Φ8@100
LL5	200×600	4Φ18 2/2	Φ8@100
LL6	200×300	4Φ18 2/2	Φ8@100
LL7	200×400	4Φ18 2/2	Φ8@100

剪力墙身表

墙号	墙厚	排数	水平分布筋	垂直分布筋	拉筋（双向）
Q1	200	2	Φ10@200	Φ8@200	Φ8@400@400
其他墙体	200	2	Φ10@200	Φ8@200	Φ8@400@400

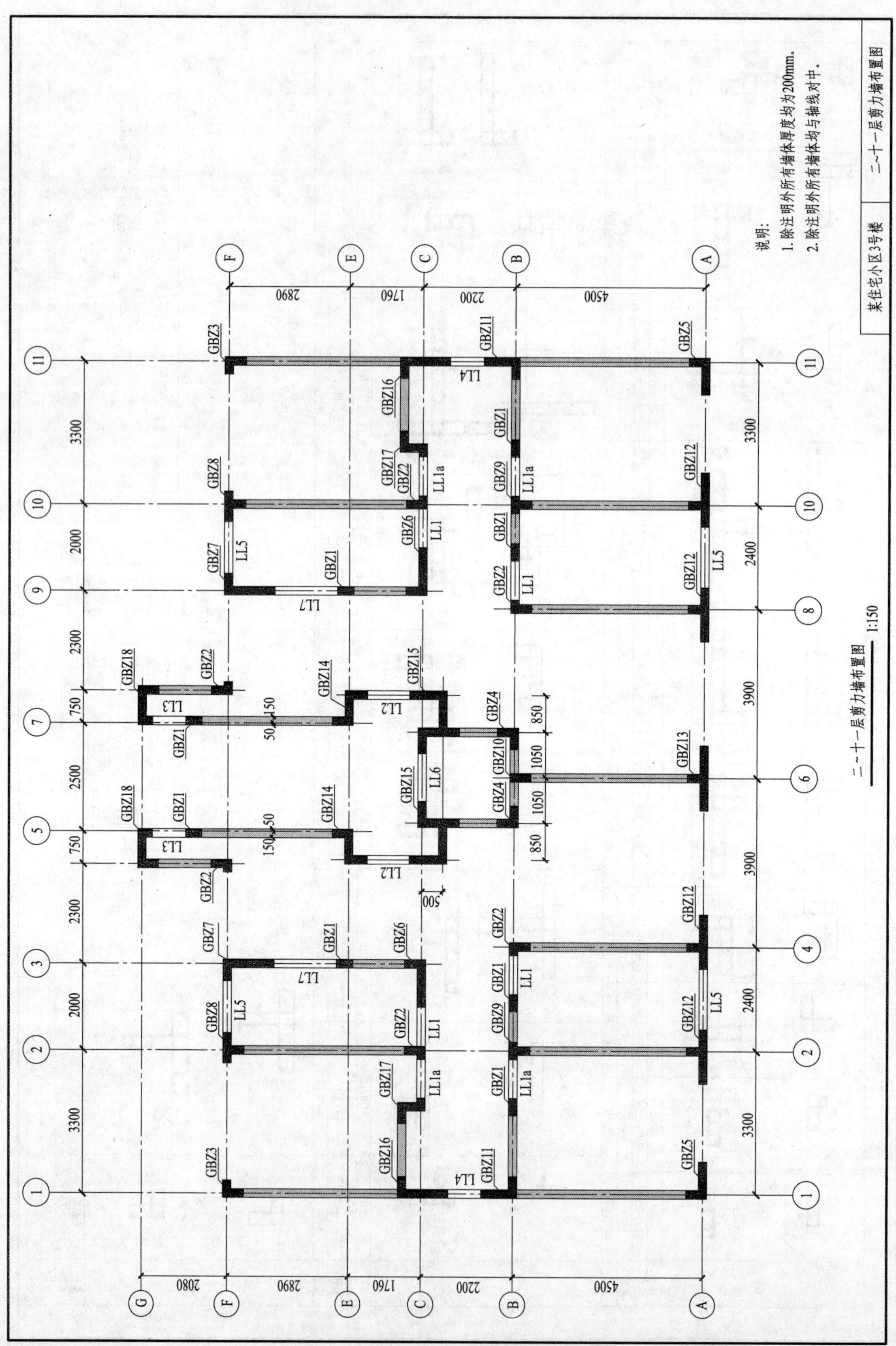

说明：
1.除注明外所有墙体厚度均为200mm。
2.除注明外所有墙体均与轴线对中。
某住宅小区3号楼
二～十一层剪力墙布置图
二～十一层剪力墙布置图 1:150

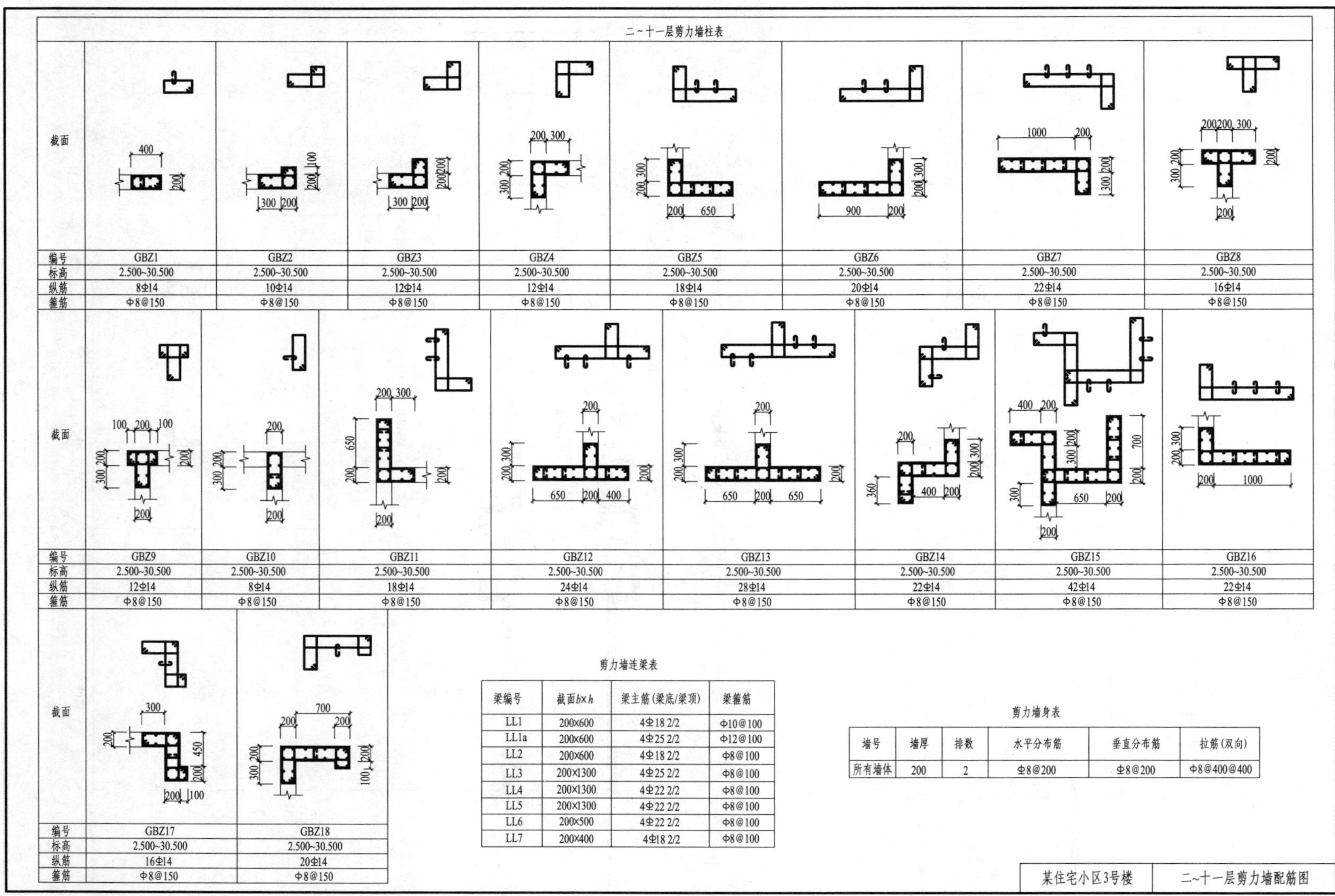

二~十一层剪力墙柱表

编号	标高	纵筋	箍筋
GBZ1	2.500~30.500	8Φ14	Φ8@150
GBZ2	2.500~30.500	10Φ14	Φ8@150
GBZ3	2.500~30.500	12Φ14	Φ8@150
GBZ4	2.500~30.500	12Φ14	Φ8@150
GBZ5	2.500~30.500	18Φ14	Φ8@150
GBZ6	2.500~30.500	20Φ14	Φ8@150
GBZ7	2.500~30.500	22Φ14	Φ8@150
GBZ8	2.500~30.500	16Φ14	Φ8@150
GBZ9	2.500~30.500	12Φ14	Φ8@150
GBZ10	2.500~30.500	8Φ14	Φ8@150
GBZ11	2.500~30.500	18Φ14	Φ8@150
GBZ12	2.500~30.500	24Φ14	Φ8@150
GBZ13	2.500~30.500	28Φ14	Φ8@150
GBZ14	2.500~30.500	22Φ14	Φ8@150
GBZ15	2.500~30.500	42Φ14	Φ8@150
GBZ16	2.500~30.500	22Φ14	Φ8@150
GBZ17	2.500~30.500	16Φ14	Φ8@150
GBZ18	2.500~30.500	20Φ14	Φ8@150

剪力墙连梁表

梁编号	截面b×h	梁主筋(梁底/梁顶)	梁箍筋
LL1	200×600	4Φ18 2/2	Φ10@100
LL1a	200×600	4Φ25 2/2	Φ12@100
LL2	200×600	4Φ18 2/2	Φ8@100
LL3	200×1300	4Φ25 2/2	Φ8@100
LL4	200×1300	4Φ22 2/2	Φ8@100
LL5	200×1300	4Φ22 2/2	Φ8@100
LL6	200×500	4Φ22 2/2	Φ8@100
LL7	200×400	4Φ18 2/2	Φ8@100

剪力墙身表

墙号	墙厚	排数	水平分布筋	垂直分布筋	拉筋(双向)
所有墙体	200	2	Φ8@200	Φ8@200	Φ8@400@400

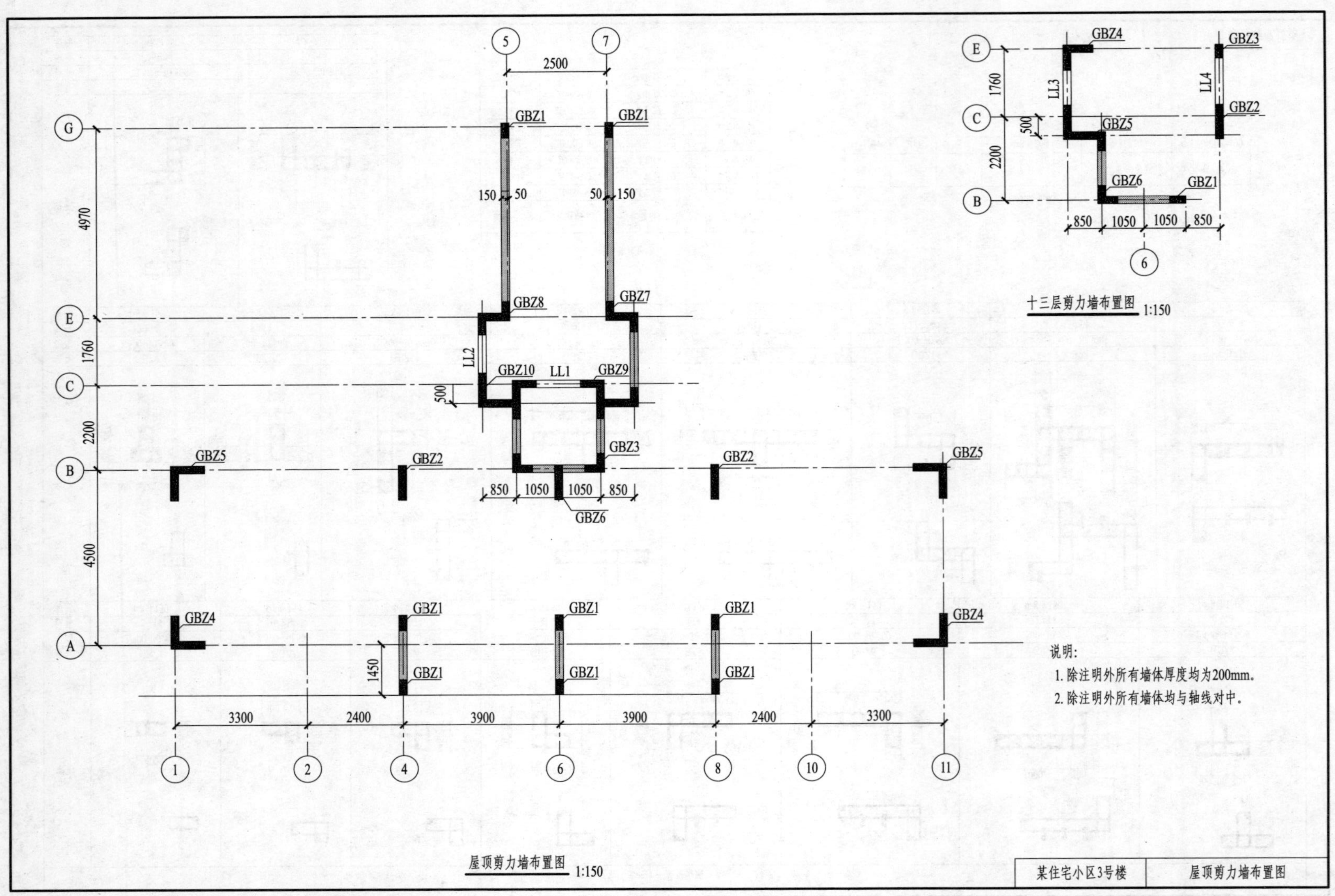
十三层剪力墙布置图 1:150
说明：
1. 除注明外所有墙体厚度均为200mm。
2. 除注明外所有墙体均与轴线对中。
屋顶剪力墙布置图 1:150
某住宅小区3号楼
屋顶剪力墙布置图

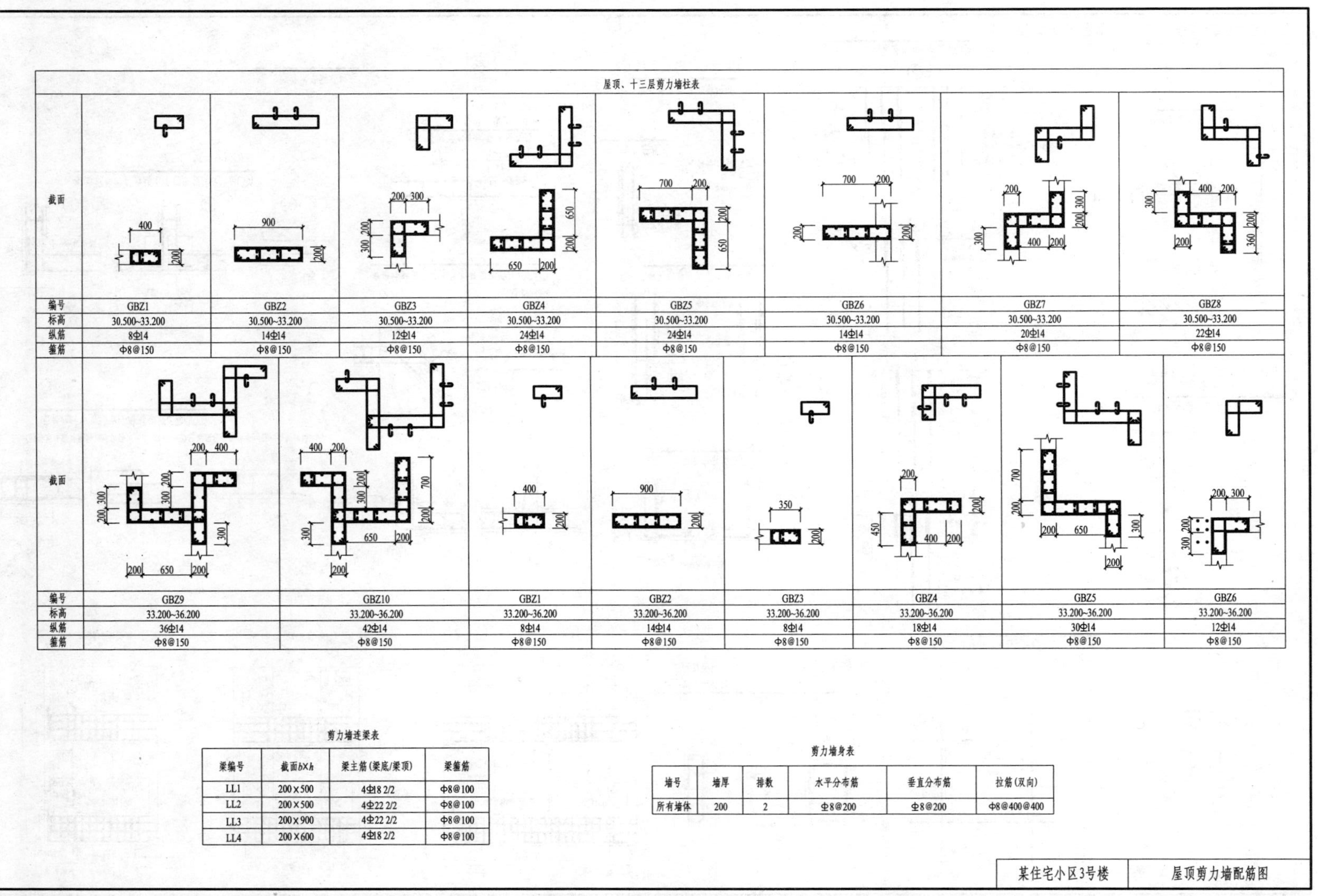

屋顶、十三层剪力墙柱表

编号	GBZ1	GBZ2	GBZ3	GBZ4	GBZ5	GBZ6	GBZ7	GBZ8
标高	30.500~33.200	30.500~33.200	30.500~33.200	30.500~33.200	30.500~33.200	30.500~33.200	30.500~33.200	30.500~33.200
纵筋	8Φ14	14Φ14	12Φ14	24Φ14	24Φ14	14Φ14	20Φ14	22Φ14
箍筋	Φ8@150	Φ8@150	Φ8@150	Φ8@150	Φ8@150	Φ8@150	Φ8@150	Φ8@150

编号	GBZ9	GBZ10	GBZ1	GBZ2	GBZ3	GBZ4	GBZ5	GBZ6
标高	33.200~36.200	33.200~36.200	33.200~36.200	33.200~36.200	33.200~36.200	33.200~36.200	33.200~36.200	33.200~36.200
纵筋	36Φ14	42Φ14	8Φ14	14Φ14	8Φ14	18Φ14	30Φ14	12Φ14
箍筋	Φ8@150	Φ8@150	Φ8@150	Φ8@150	Φ8@150	Φ8@150	Φ8@150	Φ8@150

剪力墙连梁表

梁编号	截面b×h	梁主筋(梁底/梁顶)	梁箍筋
LL1	200×500	4Φ18 2/2	Φ8@100
LL2	200×500	4Φ22 2/2	Φ8@100
LL3	200×900	4Φ22 2/2	Φ8@100
LL4	200×600	4Φ18 2/2	Φ8@100

剪力墙身表

墙号	墙厚	排数	水平分布筋	垂直分布筋	拉筋(双向)
所有墙体	200	2	Φ8@200	Φ8@200	Φ8@400@400

某住宅小区3号楼	屋顶剪力墙配筋图

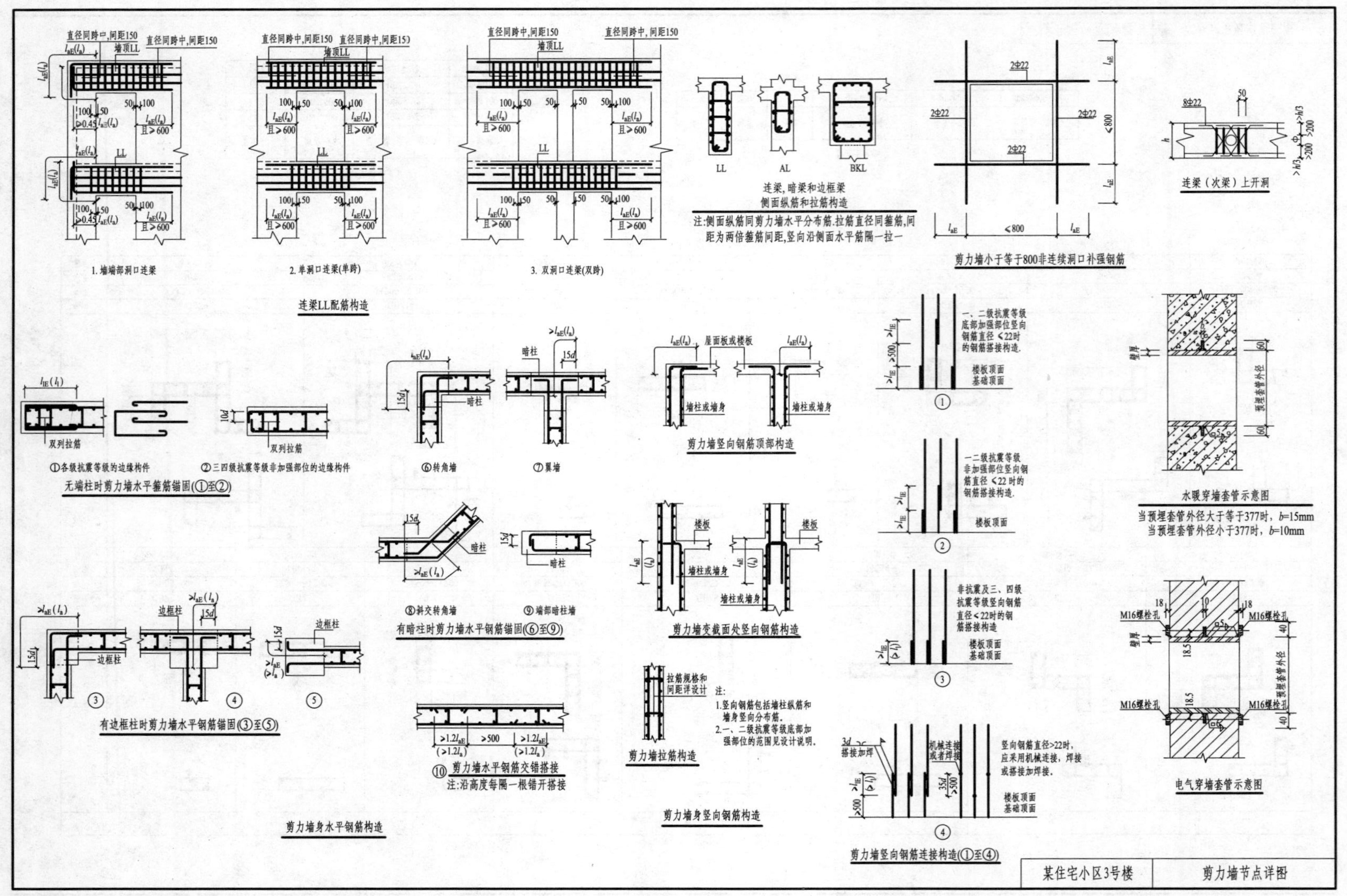

直径同跨中,间距150
墙顶LL
LL
1. 墙端部洞口连梁
2. 单洞口连梁(单跨)
3. 双洞口连梁(双跨)
连梁LL配筋构造
LL
AL
BKL
连梁,暗梁和边框梁
侧面纵筋和拉筋构造
注:侧面纵筋同剪力墙水平分布筋.拉筋直径同箍筋,间距为两倍箍筋间距,竖向沿侧面水平筋隔一拉一
剪力墙小于等于800非连续洞口补强钢筋
连梁（次梁）上开洞
双列拉筋
①各级抗震等级的边缘构件
②三四级抗震等级非加强部位的边缘构件
无端柱时剪力墙水平箍筋锚固(①至②)
暗柱
⑥转角墙
⑦翼墙
⑧斜交转角墙
⑨端部暗柱墙
有暗柱时剪力墙水平钢筋锚固(⑥至⑨)
边框柱
有边框柱时剪力墙水平钢筋锚固(③至⑤)
⑩ 剪力墙水平钢筋交错搭接
注:沿高度每隔一根错开搭接
剪力墙身水平钢筋构造
屋面板或楼板
墙柱或墙身
剪力墙竖向钢筋顶部构造
楼板
剪力墙变截面处竖向钢筋构造
拉筋规格和间距详设计
剪力墙拉筋构造
注:
1.竖向钢筋包括墙柱纵筋和墙身竖向分布筋.
2.一、二级抗震等级底部加强部位的范围见设计说明.
剪力墙身竖向钢筋构造
一、二级抗震等级底部加强部位竖向钢筋直径＜22时的钢筋搭接构造.
一二级抗震等级非加强部位竖向钢筋直径＜22时的钢筋搭接构造.
非抗震及三、四级抗震等级竖向钢筋直径＜22时的钢筋搭接构造
竖向钢筋直径>22时,应采用机械连接,焊接或搭接加焊接.
楼板顶面
基础顶面
剪力墙竖向钢筋连接构造(①至④)
水暖穿墙套管示意图
当预埋套管外径大于等于377时，b=15mm
当预埋套管外径小于377时，b=10mm
M16螺栓孔
电气穿墙套管示意图
某住宅小区3号楼
剪力墙节点详图

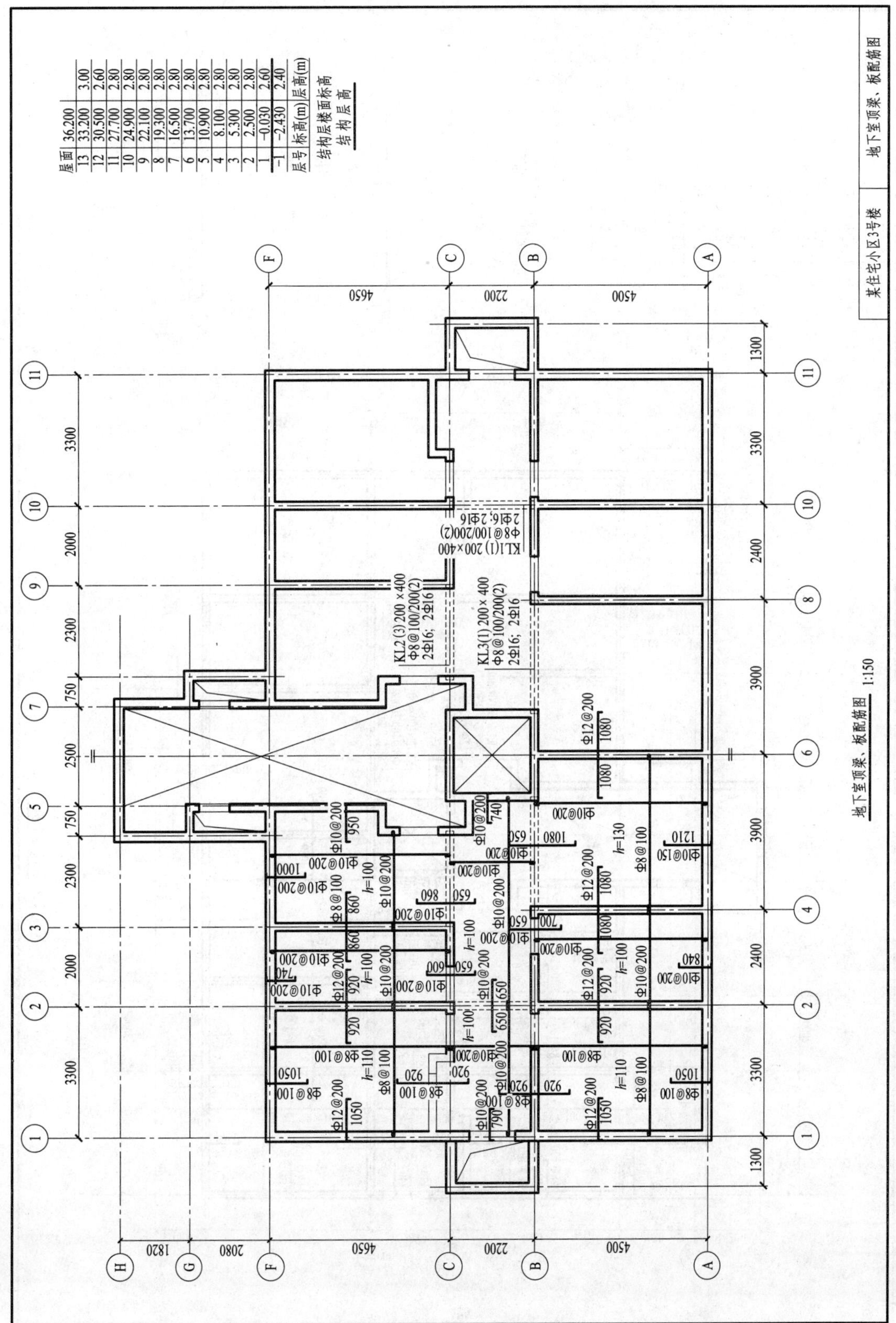

层号	标高(m)	层高(m)
屋面	36.200	
13	33.200	3.00
12	30.500	2.60
11	27.700	2.80
10	24.900	2.80
9	22.100	2.80
8	19.300	2.80
7	16.500	2.80
6	13.700	2.80
5	10.900	2.80
4	8.100	2.80
3	5.300	2.80
2	2.500	2.80
1	−0.030	2.60
−1	−2.430	2.40

结构层楼面标高
结构层高

地下室顶梁、板配筋图　1:150

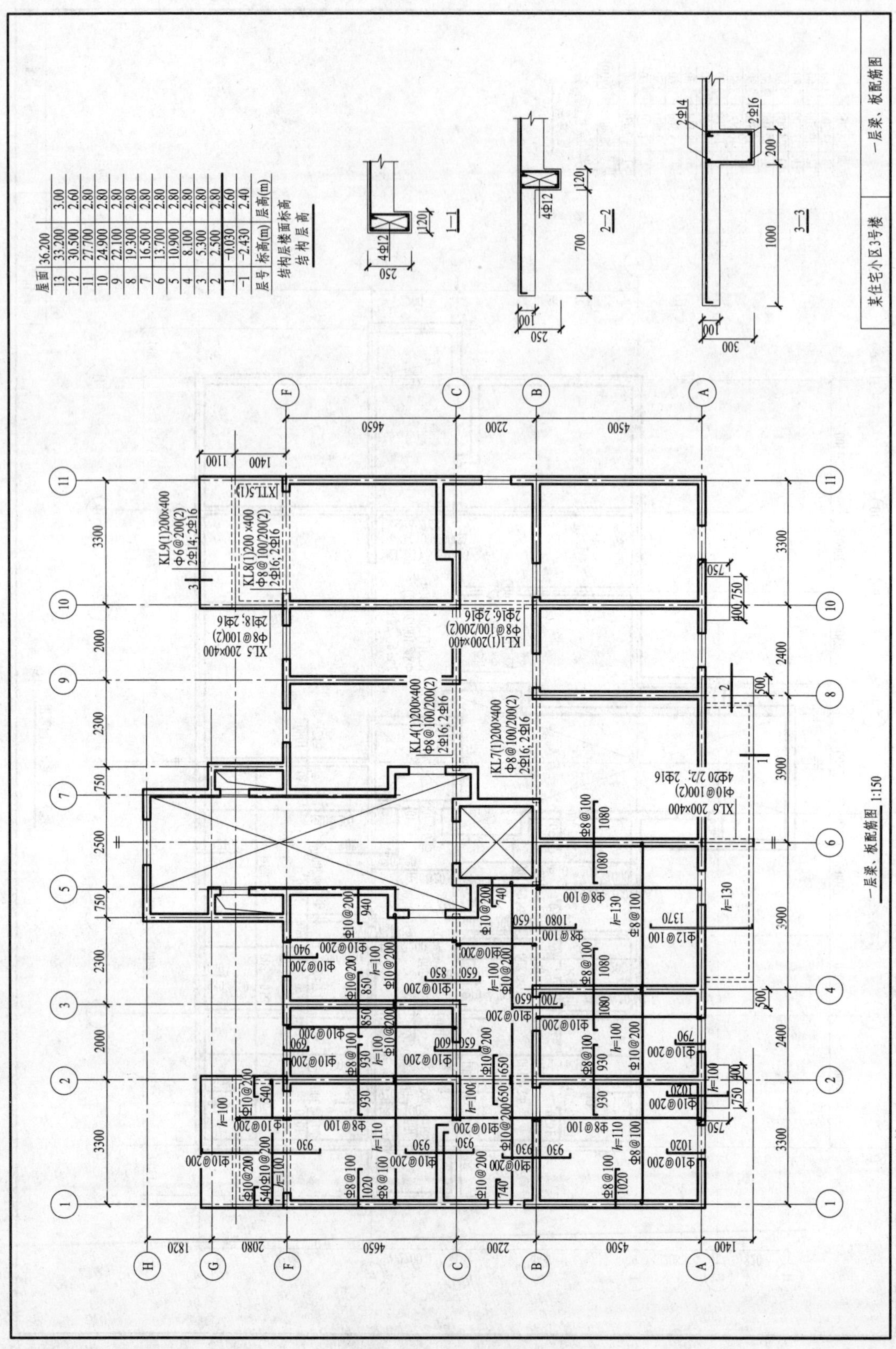
一层梁、板配筋图 1:150
某住宅小区3号楼
一层梁、板配筋图
结构层楼面标高
结构层高

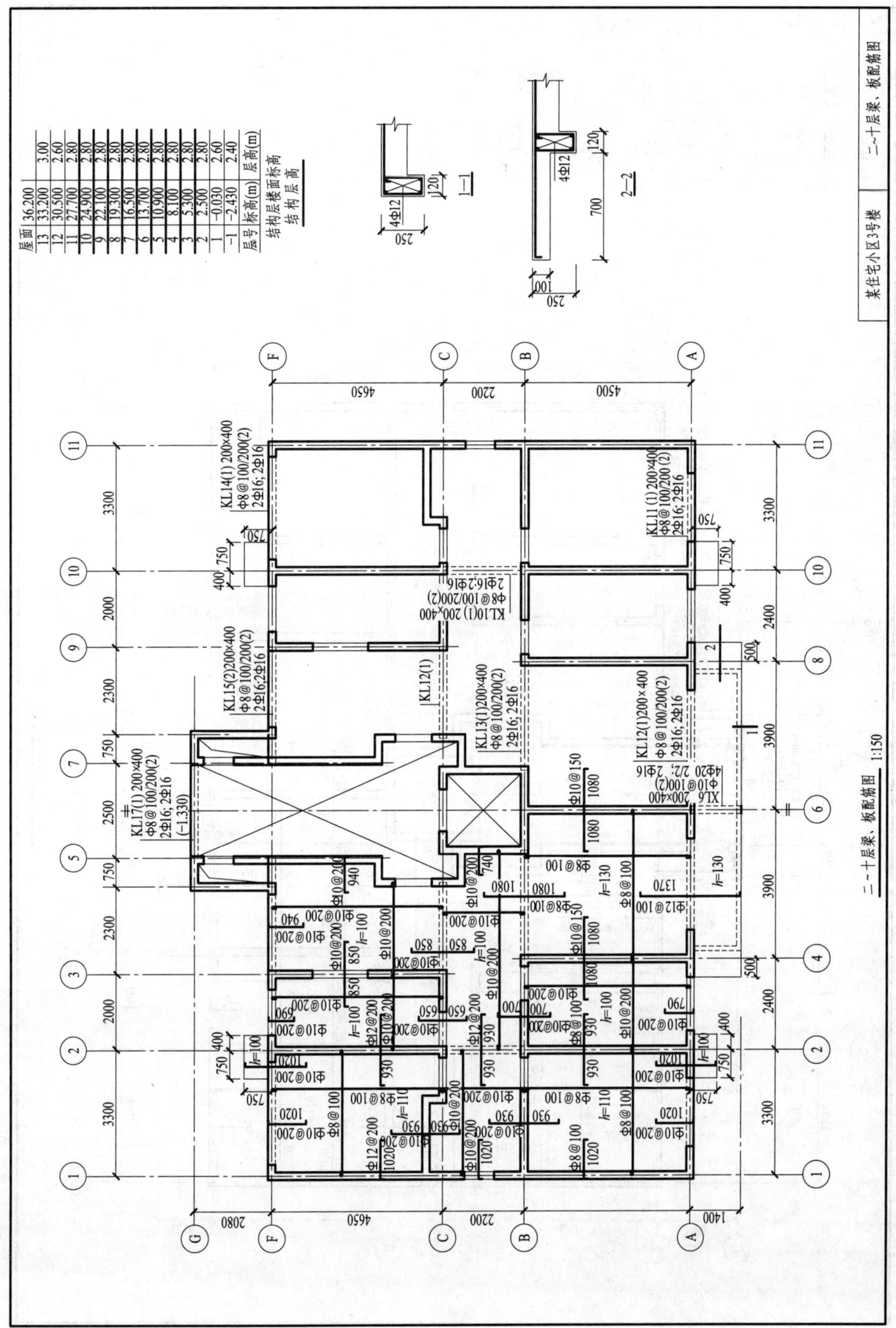

屋面 36.200
13 33.200 3.00
12 30.500 2.60
11 27.700 2.80
10 24.900 2.80
9 22.100 2.80
8 19.300 2.80
7 16.500 2.80
6 13.700 2.80
5 10.900 2.80
4 8.100 2.80
3 5.300 2.80
2 2.500 2.80
1 −0.030 2.60
−1 −2.430 2.40
层号 标高(m) 层高(m)
结构层楼面标高
结构层高
1—1
2—2
二~十层梁、板配筋图 1:150
某住宅小区3号楼
二~十层梁、板配筋图

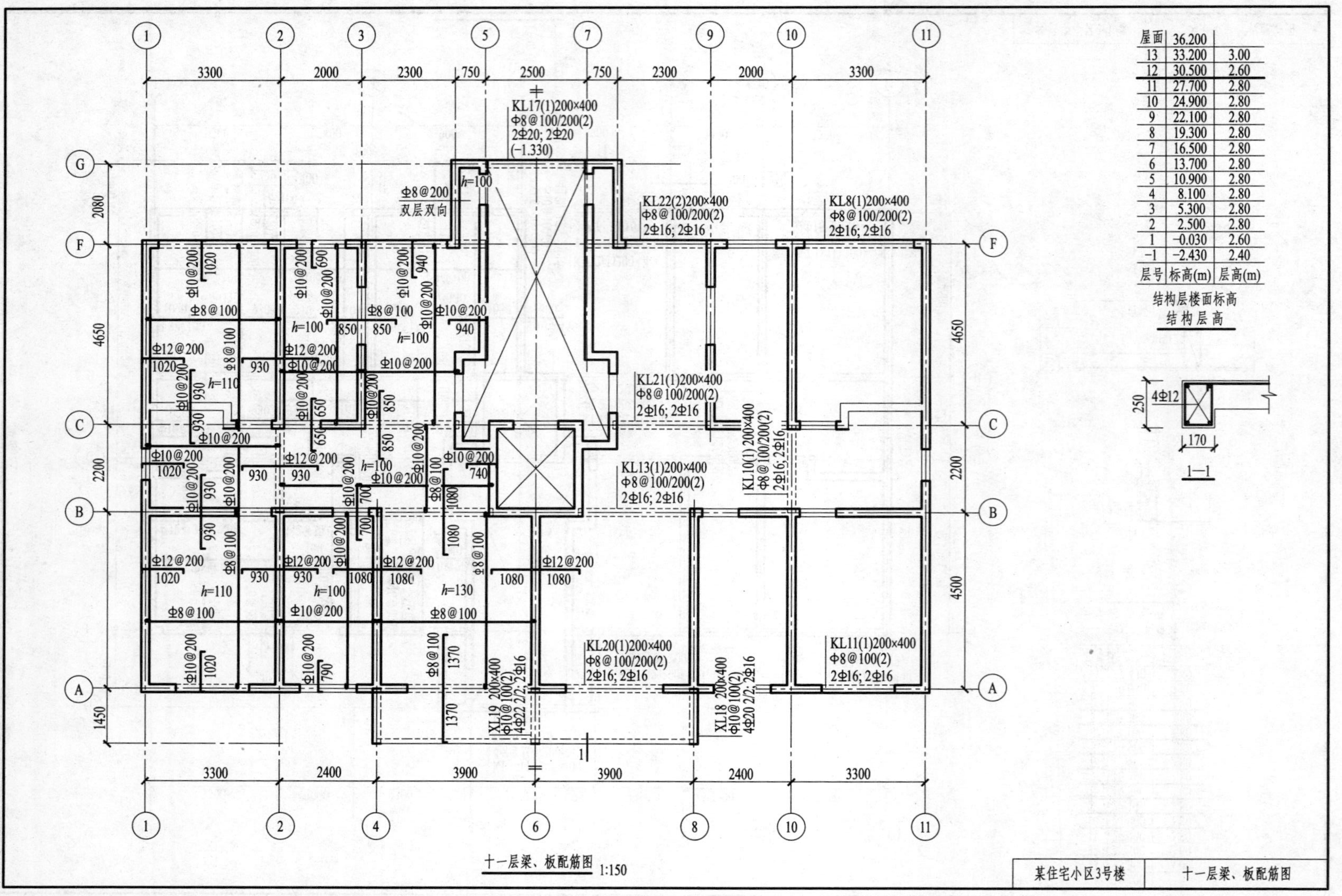

KL17(1)200×400
Φ8@100/200(2)
2Φ20; 2Φ20
(−1.330)
KL22(2)200×400
Φ8@100/200(2)
2Φ16; 2Φ16
KL8(1)200×400
Φ8@100/200(2)
2Φ16; 2Φ16
KL21(1)200×400
Φ8@100/200(2)
2Φ16; 2Φ16
KL13(1)200×400
Φ8@100/200(2)
2Φ16; 2Φ16
KL10(1) 200×400
Φ8@100/200(2)
2Φ16; 2Φ16
KL20(1)200×400
Φ8@100/200(2)
2Φ16; 2Φ16
KL11(1)200×400
Φ8@100(2)
2Φ16; 2Φ16
XL19 200×400
Φ10@100(2)
4Φ22 2/2; 2Φ16
XL18 200×400
Φ10@100(2)
4Φ20 2/2; 2Φ16
Φ8@200
双层双向
屋面 36.200
13 33.200 3.00
12 30.500 2.60
11 27.700 2.80
10 24.900 2.80
9 22.100 2.80
8 19.300 2.80
7 16.500 2.80
6 13.700 2.80
5 10.900 2.80
4 8.100 2.80
3 5.300 2.80
2 2.500 2.80
1 −0.030 2.60
−1 −2.430 2.40
层号 标高(m) 层高(m)
结构层楼面标高
结构层高
4Φ12
250
170
1—1
十一层梁、板配筋图 1:150
某住宅小区3号楼
十一层梁、板配筋图

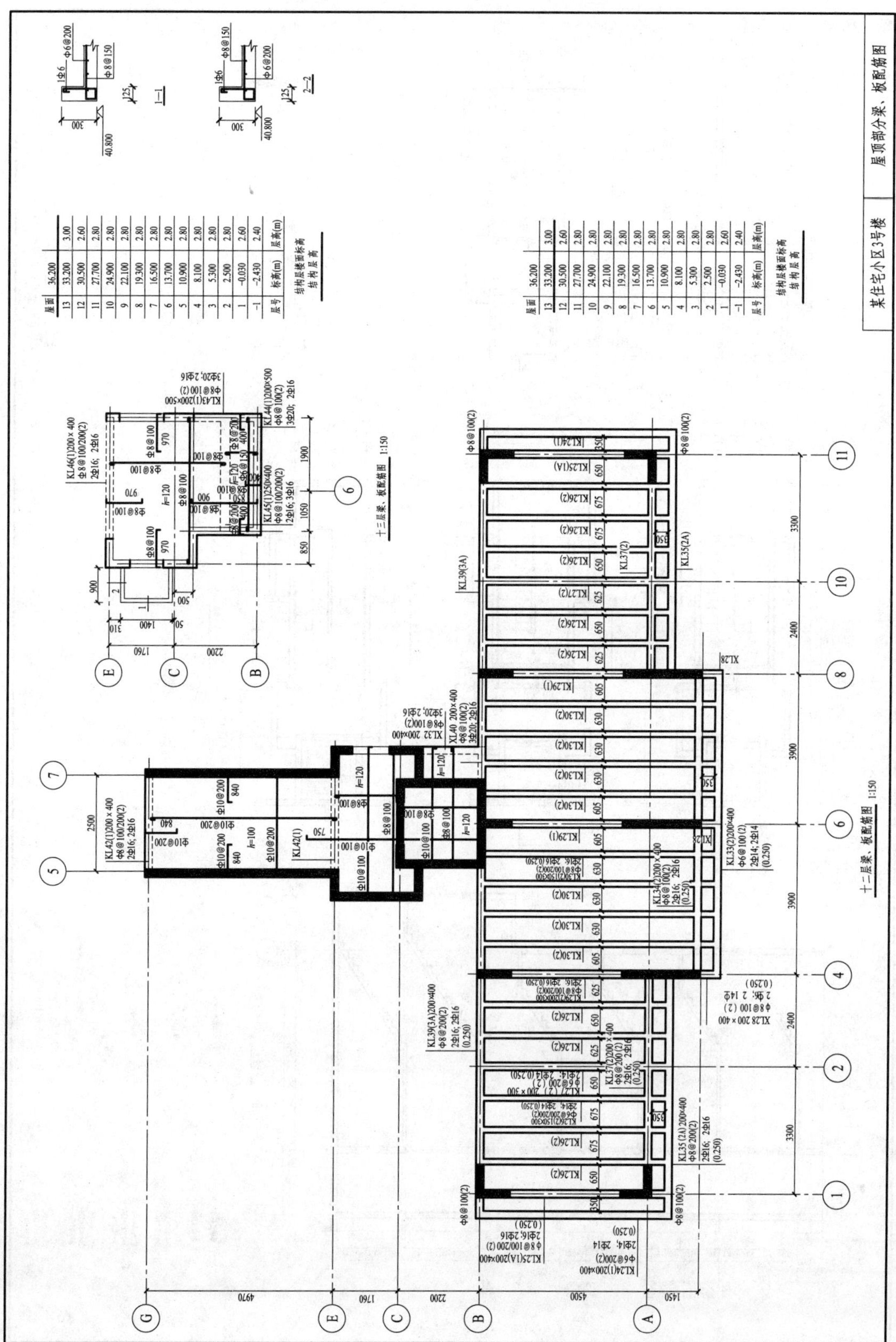

层号	标高(m)	层高(m)
屋面	36.200	
13	33.200	3.00
12	30.500	2.60
11	27.700	2.80
10	24.900	2.80
9	22.100	2.80
8	19.300	2.80
7	16.500	2.80
6	13.700	2.80
5	10.900	2.80
4	8.100	2.80
3	5.300	2.80
2	2.500	2.80
1	−0.030	2.60
−1	−2.430	2.40

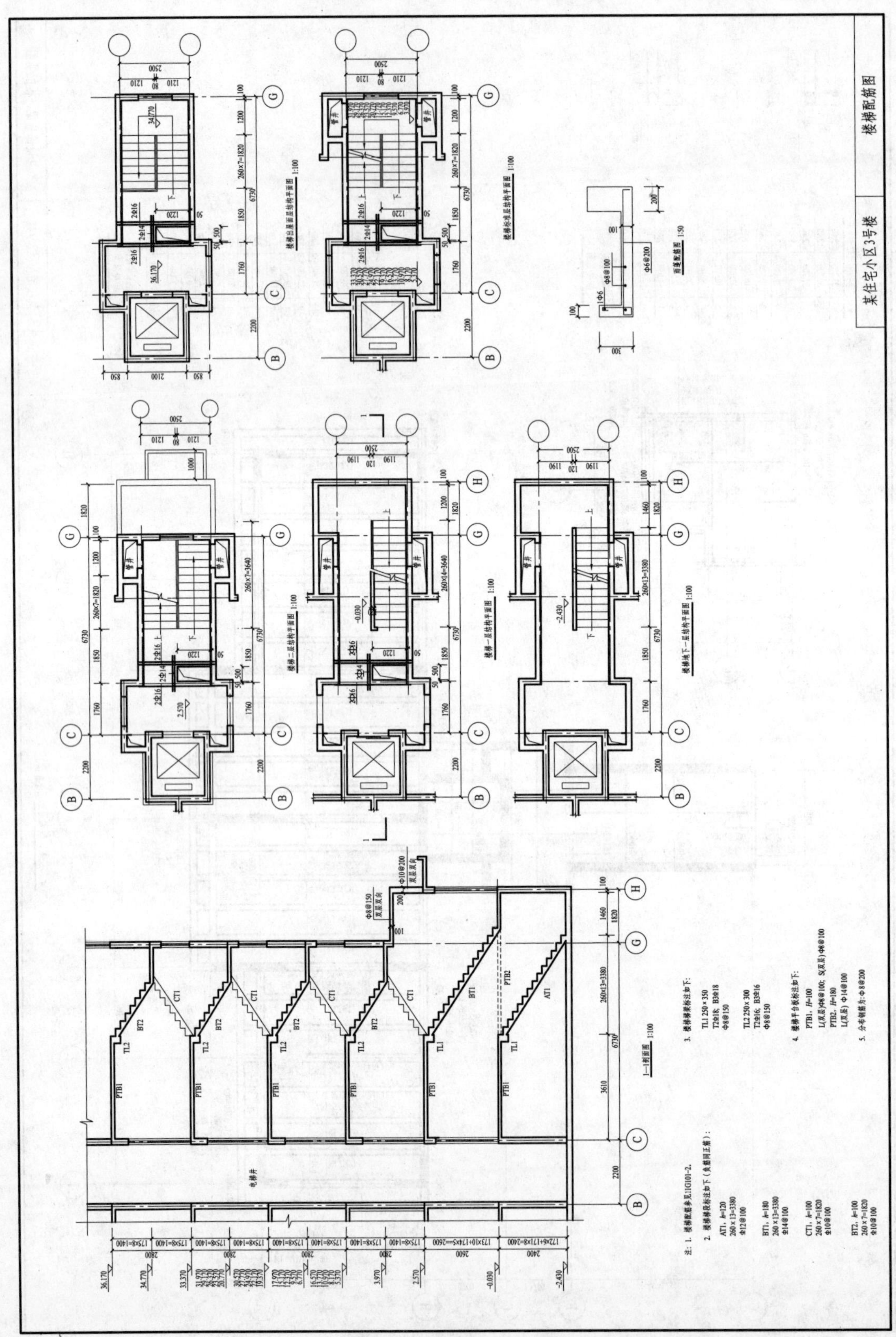
某住宅小区3号楼
楼梯配筋图

参 考 文 献

［1］ 何铭新，郎宝敏，陈星铭．建筑工程制图［M］．4版．北京：高等教育出版社，2008．

［2］ 李国生、黄水生，主编．土建工程制图［M］．广州：华南理工大学出版社，2005．

［3］ 樊琳娟，刘志麟．建筑识图与构造［M］．北京：科学出版社，2005．

［4］ 周坚．建筑识图［M］．北京：中国电力出版社，2007．